JN007941

稚魚、エビ、カニ、イカ、タコの子どもたちの生態

世界で一番美しい
海に浮遊する
幼生図鑑

The most beautiful photographs of drifting larvae by Yukako Yokota

横田有香子 写真／水口博也 編

さまざまな生物の存在が交錯しながら、
豊かな生物の世界をつくりあげる。
サルパのなかまに体を寄せるマダコ科の
一種とオオトガリズキンウミノミ。

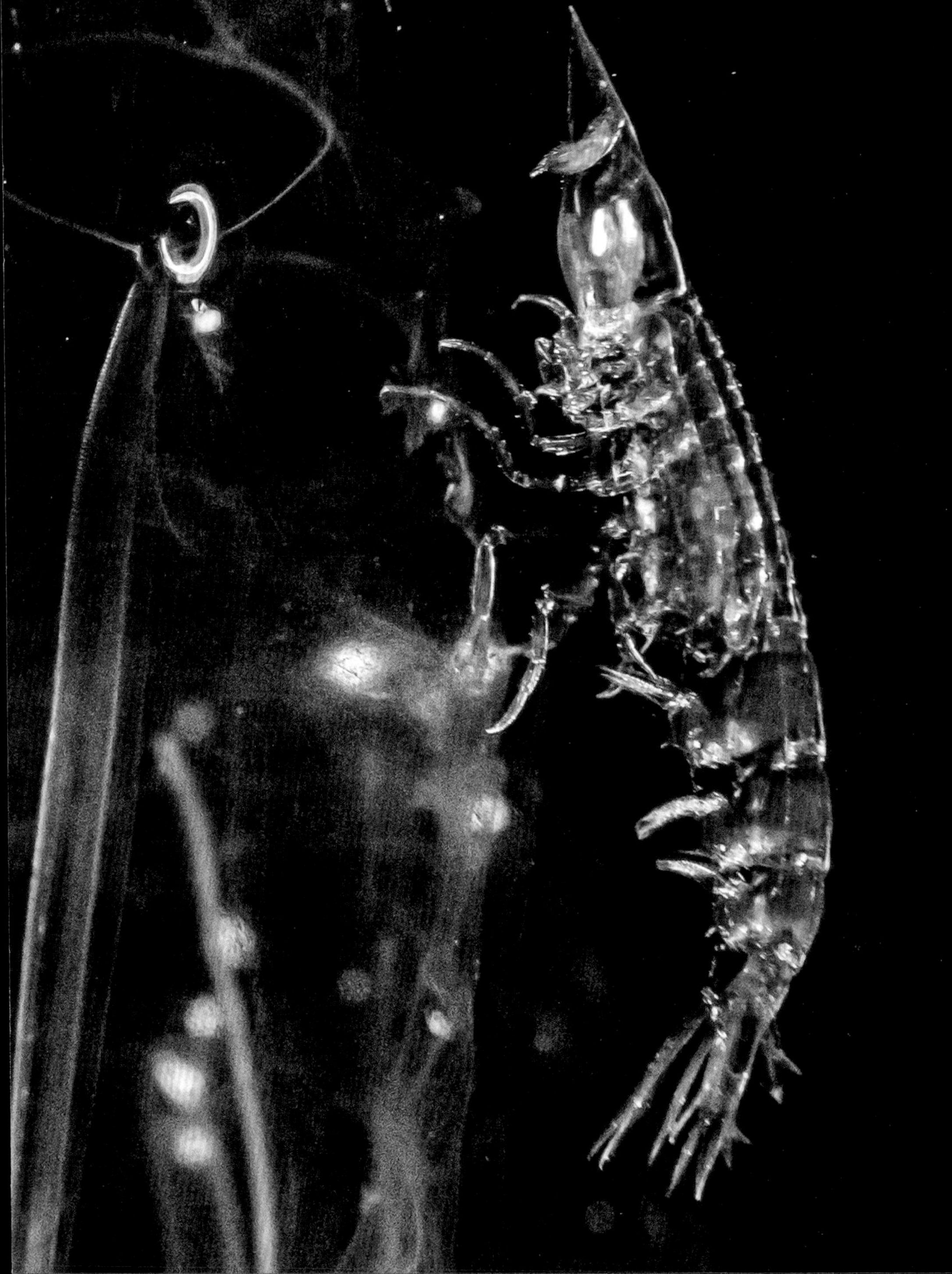

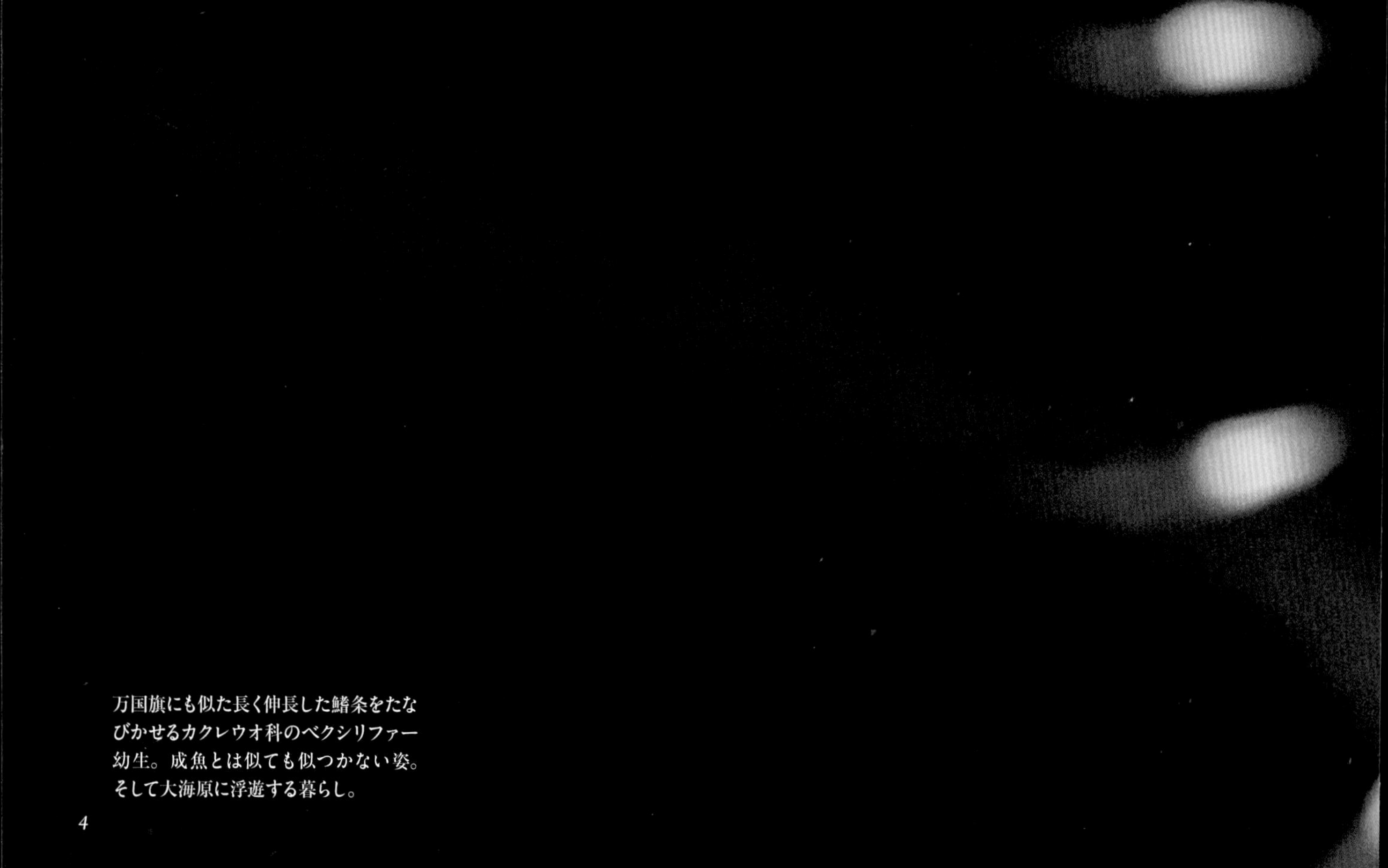

万国旗にも似た長く伸長した鰭条をたなびかせるカクレウオ科のベクシリファー幼生。成魚とは似ても似つかない姿。そして大海原に浮遊する暮らし。

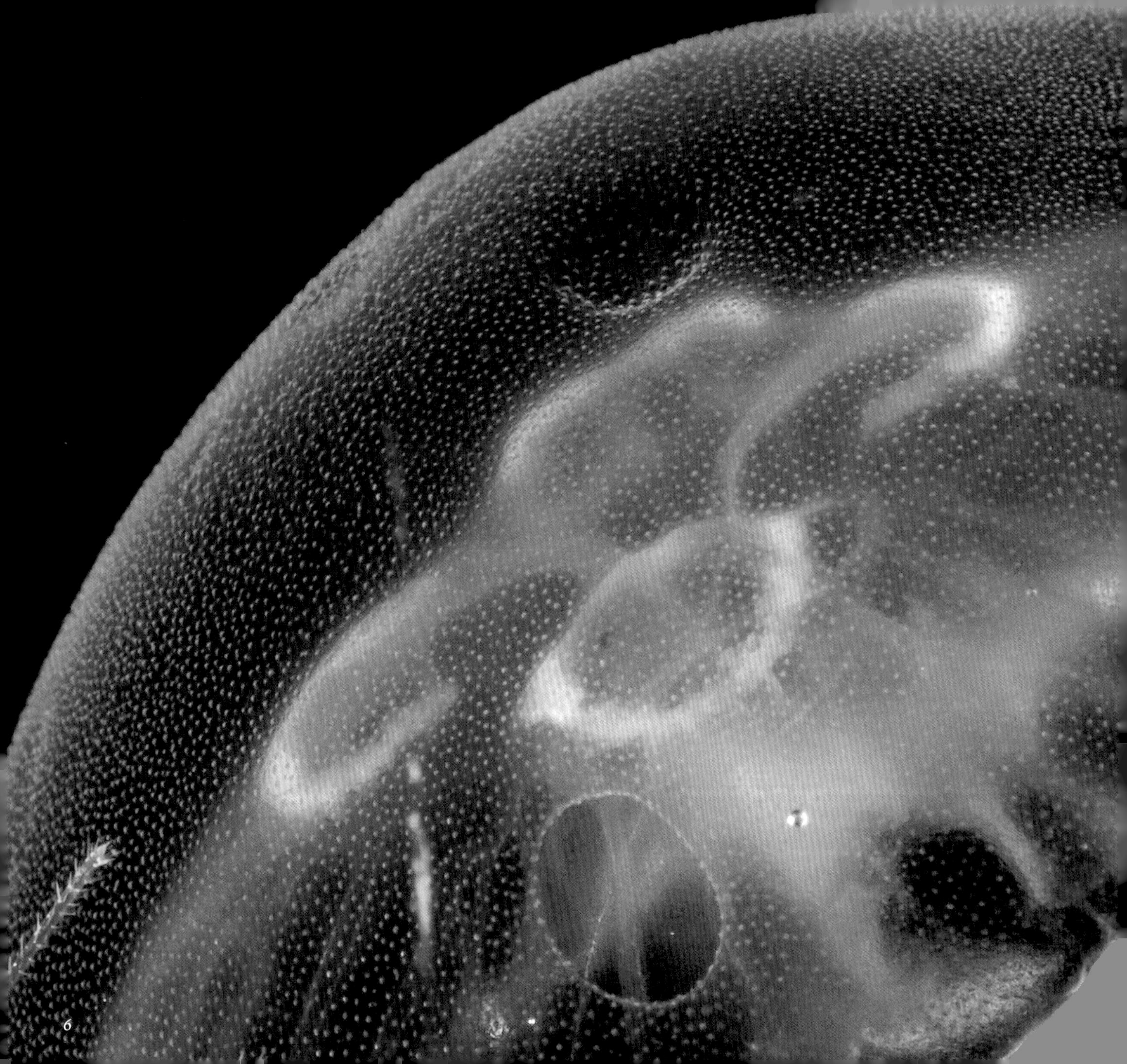
6

ミズクラゲに乗って海中を旅するウチワエビ属の幼生フィロゾーマ。フィロゾーマにとってミズクラゲは、旅の乗り物であるとともに食料にもなる。（写真　水口博也）

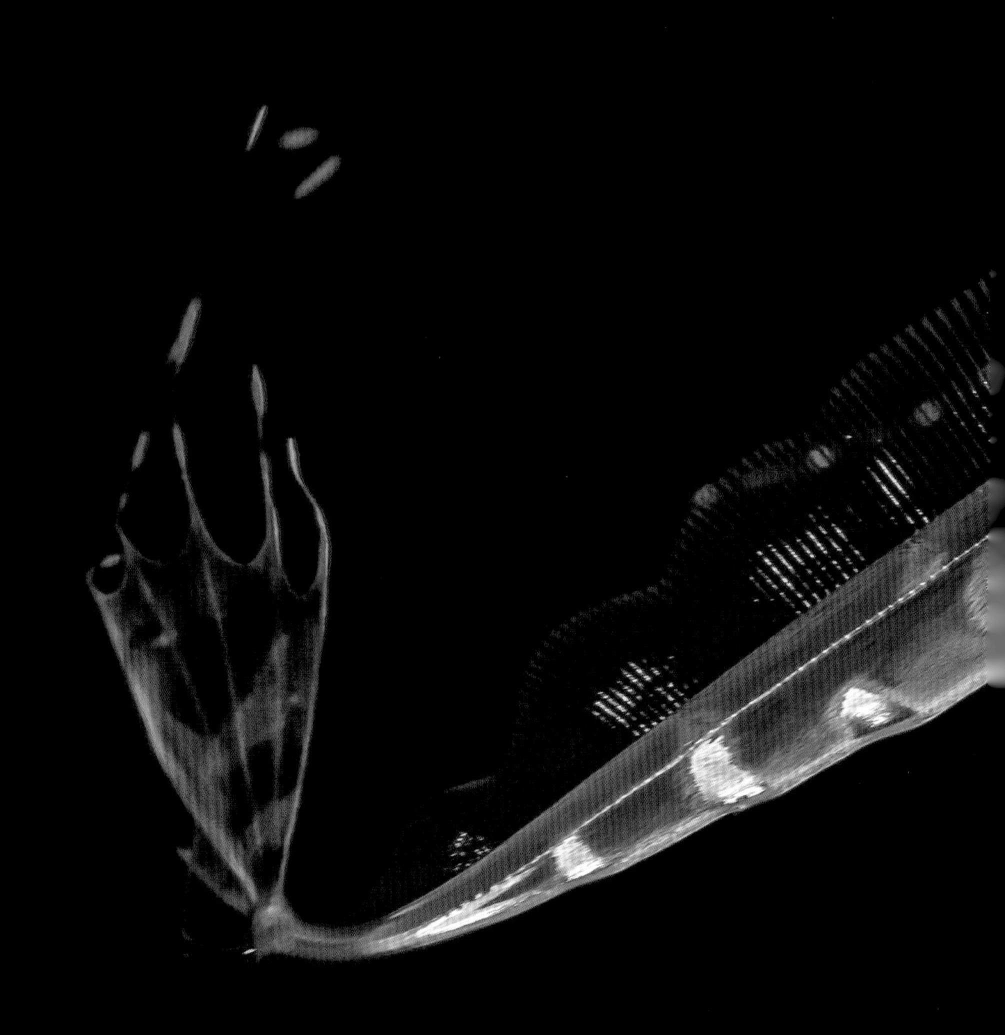

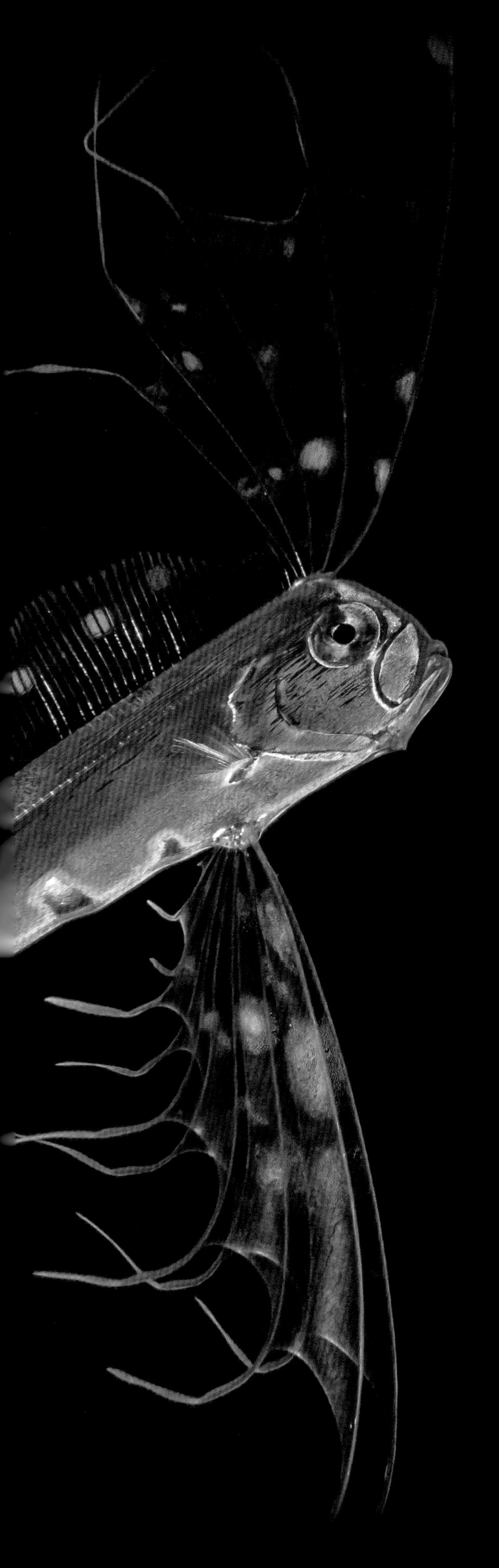

成魚になれば深海に棲んで、けっして直接出会うことなど望めない魚種も、仔稚魚の間はときに浅場に姿を見せることがある。フリソデウオ科の一種。

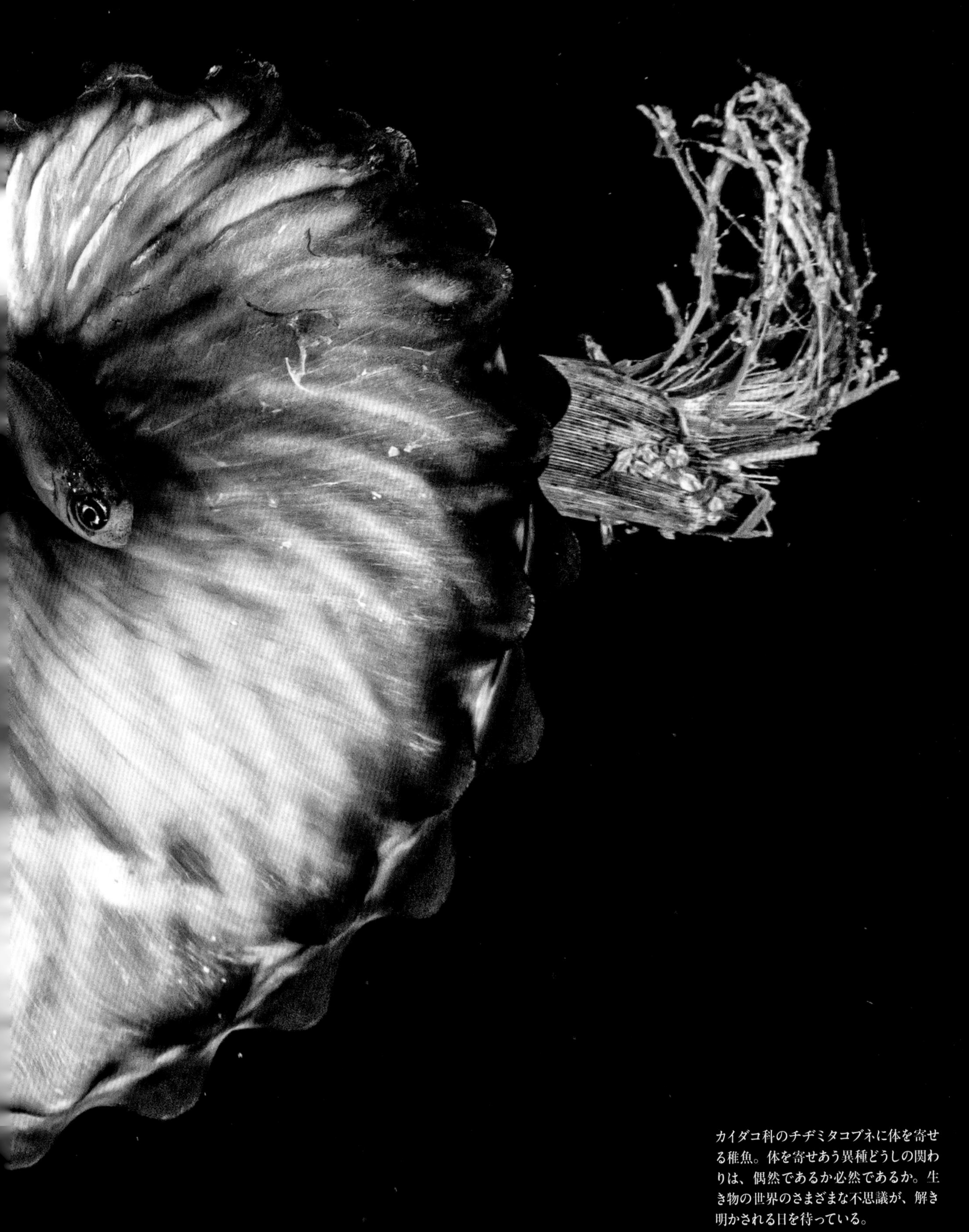

カイダコ科のチヂミタコブネに体を寄せる稚魚。体を寄せあう異種どうしの関わりは、偶然であるか必然であるか。生き物の世界のさまざまな不思議が、解き明かされる日を待っている。

contents

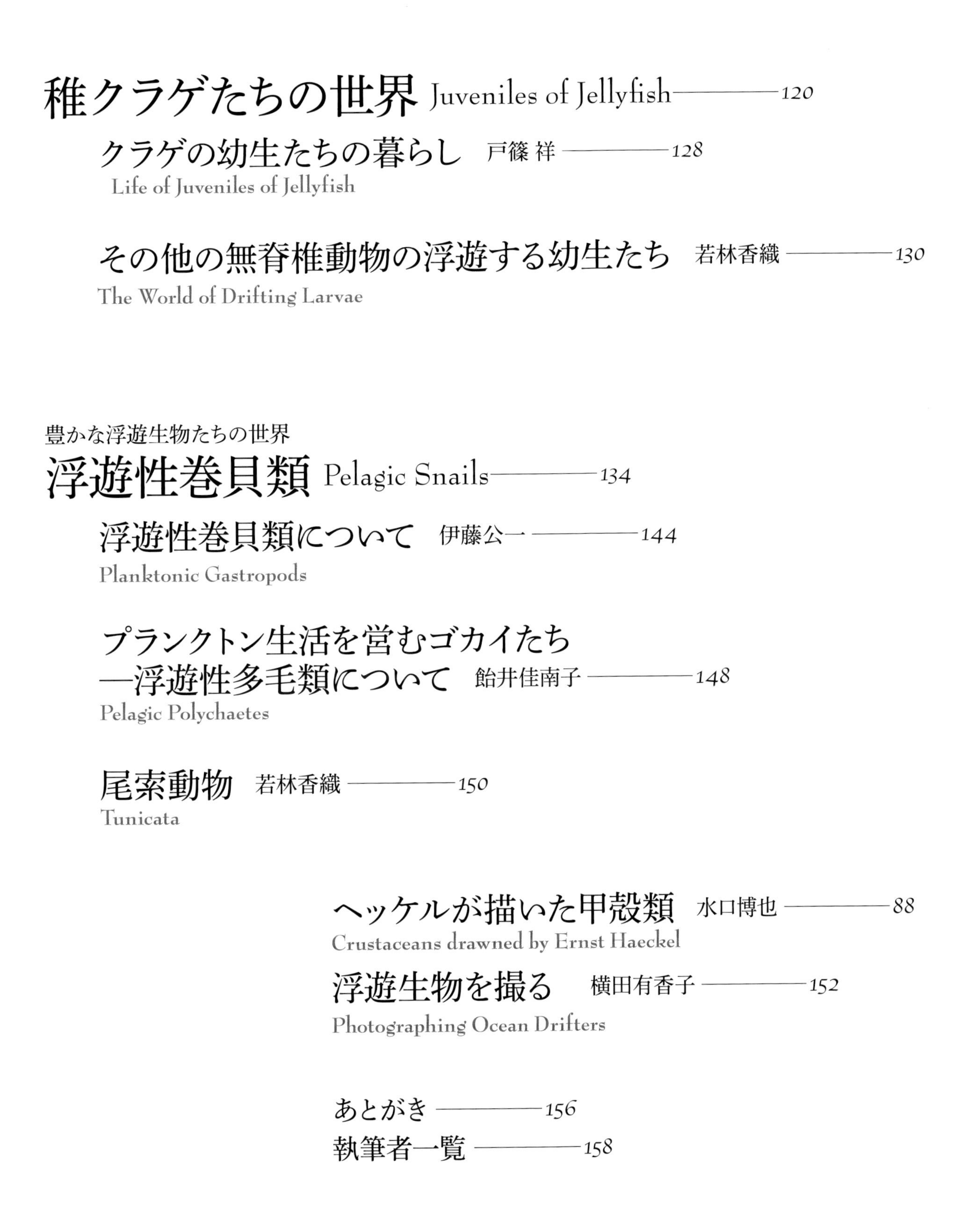

本書に記載された「体長」などのサイズは、写真に写された個体を前提にしたもの。
なお「体長」は頭部先端から胴部後端までの長さで、触手などの付属物は含めない。

漂流者たち

Encounter with Ocean Drifters

水口博也

もう30年近く前の話になる。ハワイ島の沖で、夜に強力な水中ライトを沈め、光に集まるさまざまな海洋生物の撮影をつづけていた写真家がいた。Ocean Driftersというタイトルで、さまざまな出版物に掲載された写真は、漆黒の海に漂う精緻な硝子細工を思わせる小生物や、反射する光を虹のきらめきに変えて夜の海を彩る浮遊生物たちを描きだして、生物の世界の底知れない奥行きと同時に、水中写真の新たな可能性を感じさせてくれるものだった。

写しだされていたのは、長く透明な鰭をベールのようにたなびかせて海中を漂いゆく幼い魚類たちの姿であり、波に抗うためか流れに乗るためか、鋏や触角を大きく拡げるカニやエビの幼生たちだった。さらには、色素胞のさまを万華鏡のなかの風景のように変幻に変化させながら、触手をのばして光に集まる獲物を捕らえようとするイカやタコの姿もあった。

何度かその撮影につきあわせてもらったことがあるけれど、まだフィルムカメラを使用していた当時、一眼レフカメラの暗いファインダーのなかに浮かびあがる微細な被写体に何とかピントあわせをしながらの撮影である。ほんとうなら連写したいところだが、36枚を撮影すれば—何とかカメラを2台携えても72枚にすぎない—フィルム交換のために浮上しなければならない状況を考えれば、1回1回のシャッターを丁寧に切るしかなかった時代だった。古い水中写真ファンならご存じのニコノスという水中カメラには、等倍までのクローズアップ撮影ができる中間リングがあり、レンズからつきだした撮影枠に被写体をあわせて撮影するという、じつに“原始的な”撮影方法も多用したものだ。

いくら丁寧にピントあわせをしようとも、自分の姿勢さえ定まらず揺れ動く流れのなかでは、微細な生物に正確にピントあわせを行うのはきわめてむずかしい。いま写真を見かえしてみても、当時費やしたはずの相当な努力量や労働量、目にしたと記憶のなかにあるさまざまな場面にくらべて、残されている写真が限りなく少ないことに、失望をまじえたほろ苦い感情を抱くばかりである。

しかしいま、高性能のデジタルカメラと、当時よりはずいぶん進んだ撮影技術と動物たちの生態に関する豊かな情報のおかげで、本書の写真を撮影した横田有香子さんをはじめ若い写真家たちが新しい作品を生みだし、ある作品は研究者たちさえうならせるものになりはじめている。とくに、夜の海に照らされるライトのなかに浮遊する生物たちのなかには、はじめて人の目に触れるものも数多く、研究者たちにとっても貴重な資料となりうるものである。

エイリアンのモデルにもなったタルマワシのなかま。

そうした写真のなかでとりわけ鑑賞者の目を惹くのは、1個1個の生物の奇抜な形態だけでなく、クラゲとその傘にのって漂うウチワエビ、セミエビたちの幼生フィロゾーマなど“ジェリーフィッシュライダー”のように2種の動物が共生する姿であったり、クローズアップで眺めれば怪獣映画を思わせる光景で別の生物を捕食する、迫力に満ちたさまでもある。透明なウミタルやサルパに寄生し、そのなかで子育ても行う甲殻類タルマワシは、映画エイリアンのモデルにもなった生物である。

*

野生生物をとらえる写真については、撮影された成果をその場に出向くことができない人びとと共有することで、野生動物や自然環境についての知識や情報を広く提供することこそが本来の目的だった。しかし、一方で写真家が自然のなかに足を踏みいれるとき、何らかのインパクトを環境に与えることも否定できない。

撮影者が少なかった時代は前者の、つまりは写真がもたらす価値が優先されたが、アマチュアを含めた多くの人びとが自然のなかに足を踏み入れるようになれば、オーバーツーリズムの問題も含め、後者の問題についてより意識を注がなければならなくなっている。それに思いを寄せることができなければ、自然写真家としての資質さえ問われかねない時代である。

そうした状況のなかで、海中の浮遊生物を撮影するという作業は、環境や対象となる動物へのインパクトはほぼ皆無ながら、いま科学者たちの目を惹く新たな写真、珍しい種をとらえた写真も数多く生みだし続けており、科学の世界においてもアートの世界においても、現代において生態写真が本来もつ意味と価値をもっとも発揮しうる分野のひとつだといっていい。

それにしても「漂流者Drifters」という言葉には、そこはかとなく不安定で居所のなさとともに、大きな波に流されながらもそれに抗おうとする確かな意志を感じさせる言葉でもある。この本の写真に写しだされる生きものたちが見せるさまざまな姿もまた、流れに漂い流されながらも自らの確かな生を主張している。とはいえ、この幼生たちのなかでいったいどれだけが大人といえるまでに成長できるかを思えば、その可能性が限りなく低いこともまた、見る者たちの感傷をかきたてる。

大海原に渡る波のなかで、1個1個の生物たちが見せる生活史のなかのある刹那に、1人の写真家が立ち会う。一期一会ともいえるこの出会いを精緻に記録し、観察することで積みあげられる煉瓦は、やがては自然科学の世界で堅個な建築物を創りだすだろう。

*

なお、本書のタイトルに使用している「幼生」という言葉は、変態をする——つまりは成体と大きく異なる形態を持つ時期がある——動物において、成体になるための変態をする前の状態を指す言葉である。したがって、甲殻類の幼生ゾエアやメガロパ、あるいは貝類の幼生ベリジャー、環形動物の幼生トロコフォア、ギボシムシ類の幼生トルナリアなどはともかく、魚類（ウナギやウツボのなかまのレプトケファルス幼生を除けば）やイカ、タコなど頭足類については「稚仔」あるいは「幼体」と呼ぶべきかもしれない。ただ、多くの読者、人びとにとってひとつのイメージに焦点を合わせやすい言葉として「幼生」を使用した。

また本書は、何より豊かな浮遊生物の世界を紹介することを目的にしている。そのために、本書の後半では幼生、幼体ではないが、浮遊性巻貝類を含む魅力ある浮遊生物たちの世界を"番外篇"として収録した。浮遊生物の代表としてならクラゲのなかまも本来紹介すべきだが、刺胞動物門のクラゲと有櫛（ゆうしつ）動物門のクシクラゲのなかまは、本書の姉妹版『世界で一番美しいクラゲ図鑑』（戸篠祥、水口博也編）があり、ご興味のあるかたは併せてご覧いただければと思う。

（みなくち・ひろや）

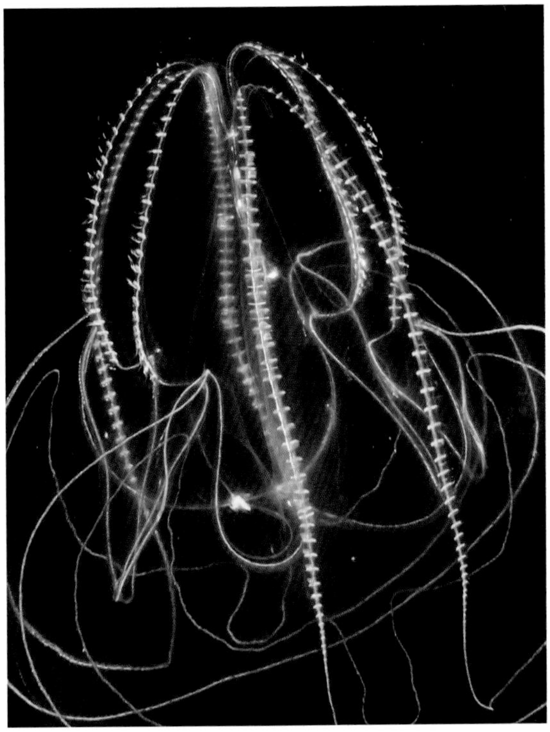

櫛板に虹の7色を散らしながら海中を漂うカブトクラゲ。

Coastal Fish

沿岸魚

あるものはベールのような鰭をひろげ、あるものは旗竿のように鰭をのばして、潮に乗る。
親になれば底生の種でも、仔稚魚期には海面近くで浮遊して暮らすものは多い。
そこには微細な餌が豊かに存在することもあるが、
漂い流れる暮らしは、生死をかけて分布を拡げるひとつの手段でもある。

解説 森 俊彰
Toshiaki Mori

仔魚：孵化してから、鰭条の全数が出揃うまでの期間。
稚魚：鰭条の全数が完全に揃った状態で、鱗が完全に発達するまでの期間
幼魚：発育の進んだ稚魚の段階を言うが、明確に定義される学術用語ではない。
着底後の形態や生態を明瞭にもちはじめた稚魚を指すこともある。

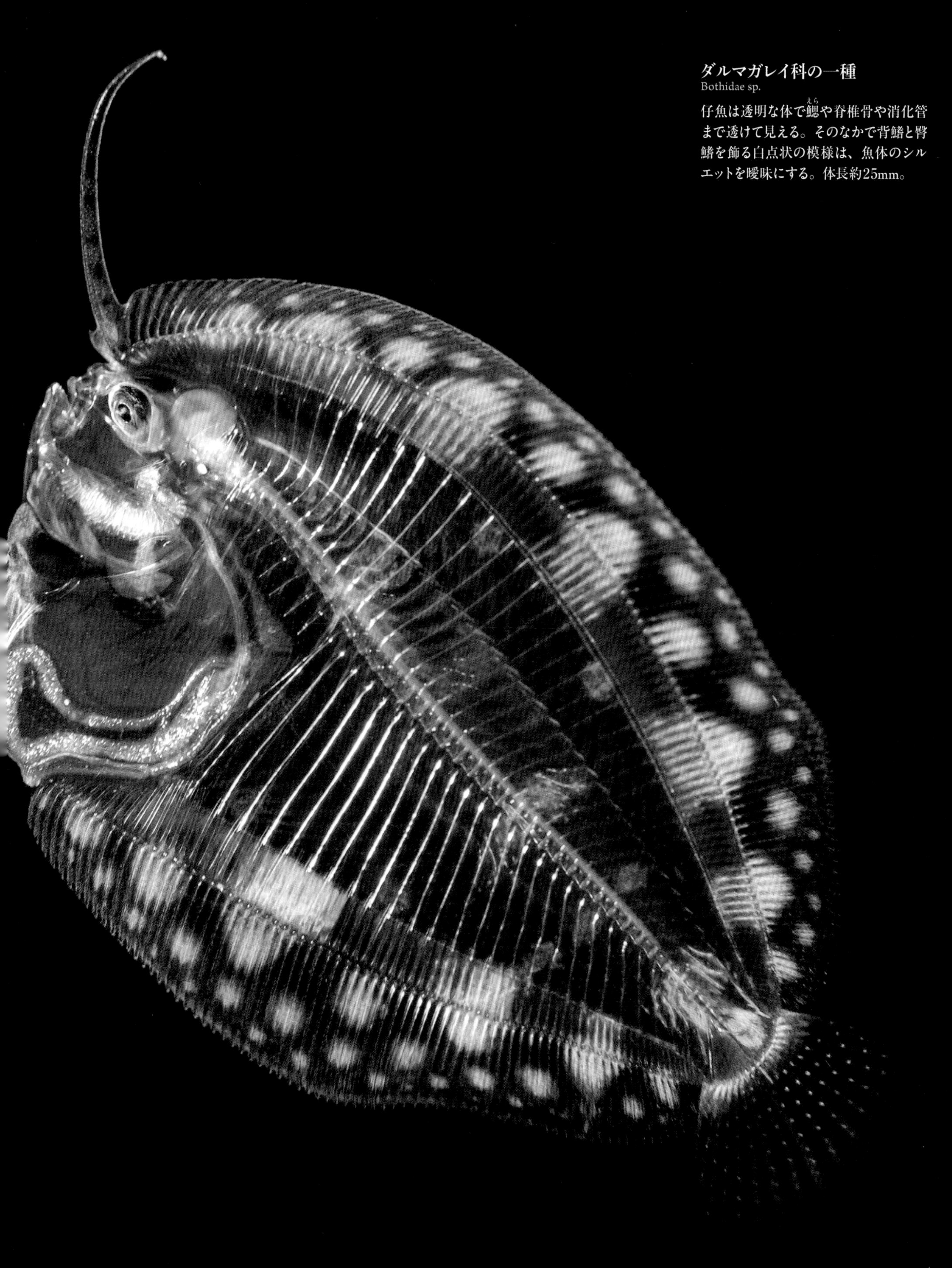

ダルマガレイ科の一種
Bothidae sp.

仔魚は透明な体で鰓(えら)や脊椎骨や消化管まで透けて見える。そのなかで背鰭と臀鰭を飾る白点状の模様は、魚体のシルエットを曖昧にする。体長約25mm。

スズキ目 Perciformes

テンジクダイ科 Apogonidae

温帯から熱帯の温かい海に分布する。多くは体長5～10㎝。夜行性で日中は岩の隙間などの暗所を好む。雌雄一対のペア産卵を行い、産卵された卵塊は雄が口のなかで孵化まで保育する。

クダリボウズギス属の一種
Gymnapogon sp.

浮遊期に見られる大きく広がった左右の腹鰭は、黄色に縁どられ、鰭と鰭をつなぐ膜には黒色斑紋が散在する。非常に目立つこの模様は、ミノカサゴ類に擬態しているとも思われる。体長約35mm。

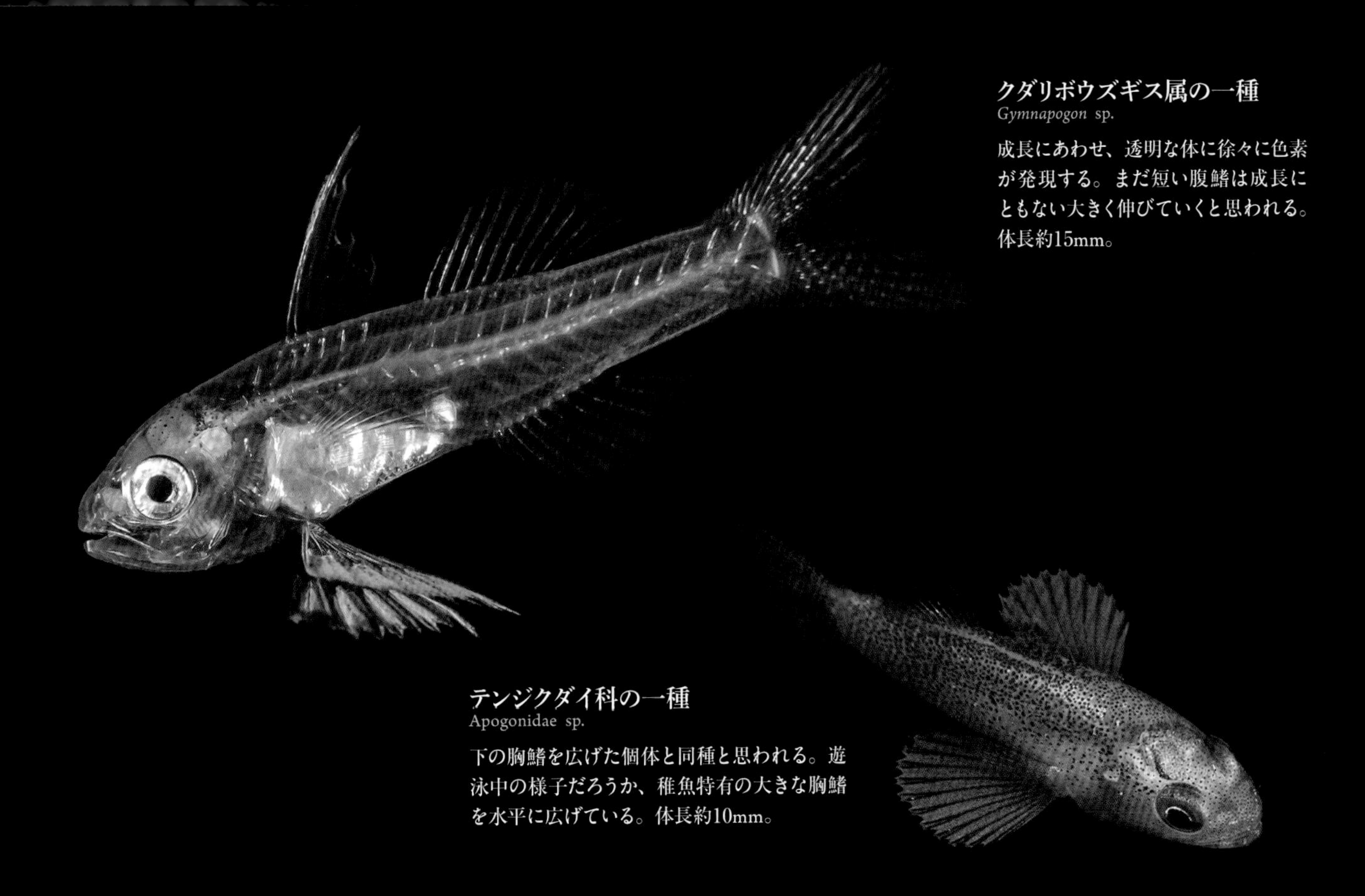

クダリボウズギス属の一種
Gymnapogon sp.

成長にあわせ、透明な体に徐々に色素が発現する。まだ短い腹鰭は成長にともない大きく伸びていくと思われる。体長約15mm。

テンジクダイ科の一種
Apogonidae sp.

下の胸鰭を広げた個体と同種と思われる。遊泳中の様子だろうか、稚魚特有の大きな胸鰭を水平に広げている。体長約10mm。

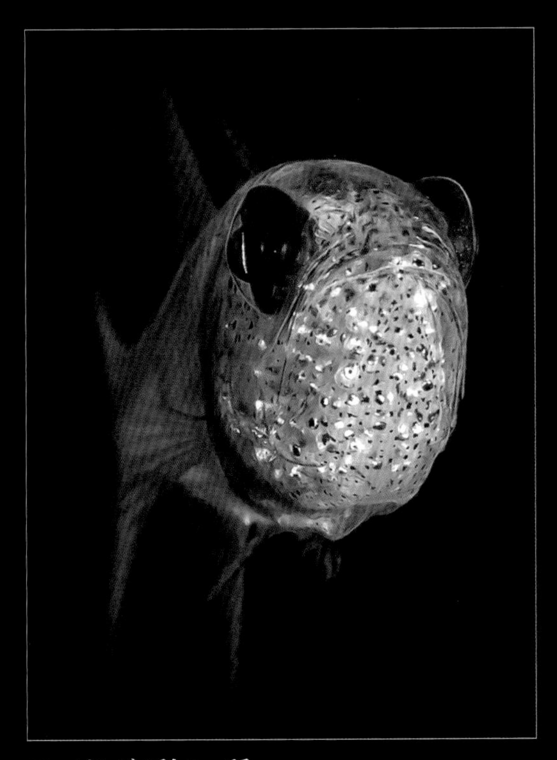

テンジクダイ科の一種
Apogonidae sp.

卵を口内で保護している雄。雄は、卵が孵化するまでは餌を食べずに保育する。口のなかには発眼した卵がたくさん見えており、孵化までもう少しだろう。

テンジクダイ科の一種
Apogonidae sp.

全身に黒色色素が発現している。胸鰭を大きく広げる様子は、ミノカサゴ属と同様に、自分を大きく見せているのかもしれない。体長約10mm。

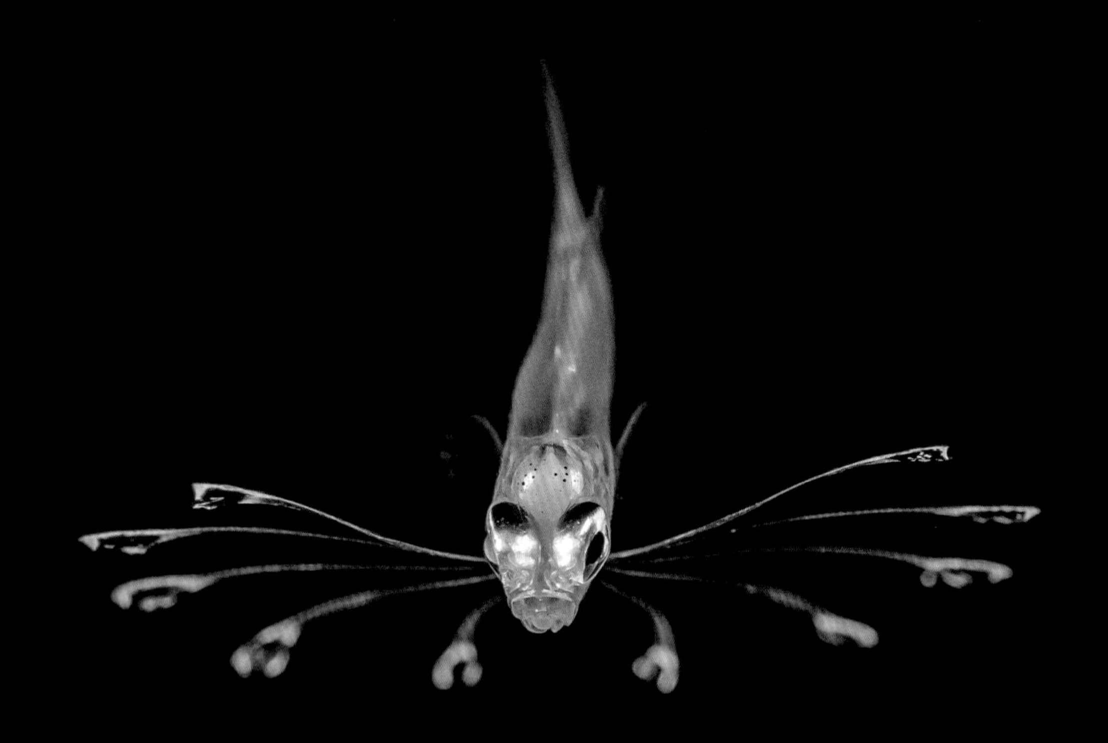

クダリボウズギス属の一種
Gymnapogon sp.

左右に大きく広がった腹鰭の先端は、膜状に広がり独立する。何かに擬態しているのだろうか、背面から見た姿は一見魚には見えない。体長約15mm。

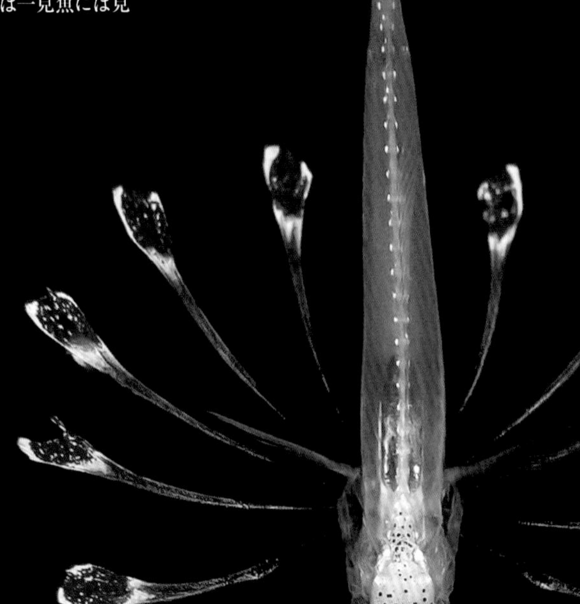

テンジクダイ科 Apogonidae

コミナトテンジクダイ亜科 Apogoninae

日本ではクダリボウズギス属を含む24属が含まれる。ちなみにクダリボウズギス属は国内に3種が生息するが、成魚の観察例が少なく、詳しい生態はわかっていない。稚魚期にはとりわけ腹鰭が特徴的な形状を見せる。

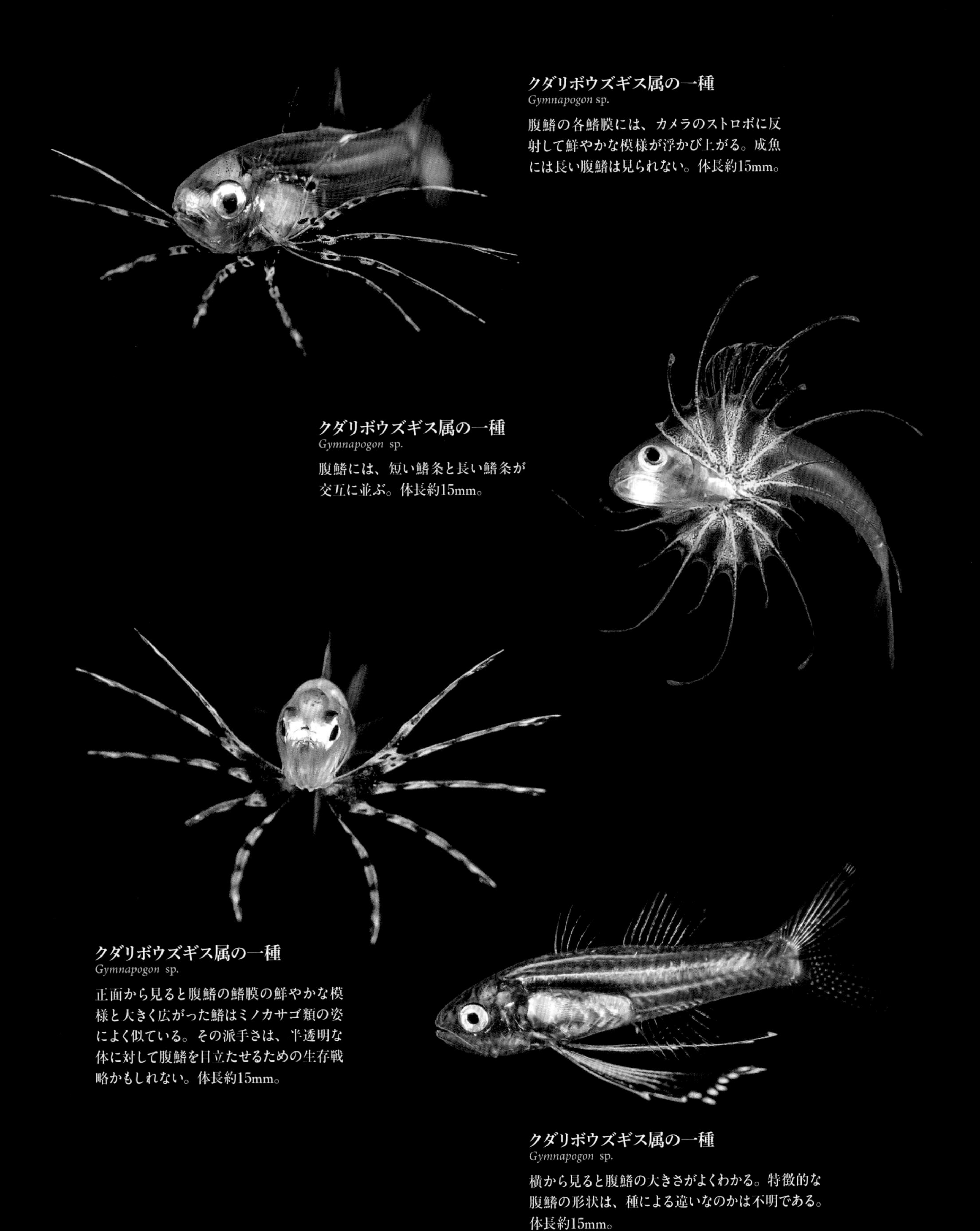

クダリボウズギス属の一種
Gymnapogon sp.

腹鰭の各鰭膜には、カメラのストロボに反射して鮮やかな模様が浮かび上がる。成魚には長い腹鰭は見られない。体長約15mm。

クダリボウズギス属の一種
Gymnapogon sp.

腹鰭には、短い鰭条と長い鰭条が交互に並ぶ。体長約15mm。

クダリボウズギス属の一種
Gymnapogon sp.

正面から見ると腹鰭の鰭膜の鮮やかな模様と大きく広がった鰭はミノカサゴ類の姿によく似ている。その派手さは、半透明な体に対して腹鰭を目立たせるための生存戦略かもしれない。体長約15mm。

クダリボウズギス属の一種
Gymnapogon sp.

横から見ると腹鰭の大きさがよくわかる。特徴的な腹鰭の形状は、種による違いなのかは不明である。体長約15mm。

スズキ目 Perciformes

ハタ科 Epinephelidae

成魚の大きさが体長30cmほどの小型種から、最大で2mを超える大型種まで含まれる。口は大きく、浅海種ではカラフルな体色をなす。雌雄で体色が異なる種類もおり、ほとんどの種類が雌から雄へ性転換をして繁殖を行う。

ハタ科の一種
Epinephelidae sp.

透明な体に上下に伸びる背鰭と腹鰭は、ハタ科の稚魚の特徴を表す。また鰓の角には鋸状の棘が発達している。伸長した鰭と棘は成長に従い短くなる。体長約10mm。

トゲメギス属の一種
Pseudogramma sp.

胸鰭が大きく、鰓蓋に棘が発達する。仔魚から稚魚では背鰭の２番目の鰭条が体と同じ長さに伸長する（写真の個体は、破損しているように見える）。この鰭は成魚ではなくなるため、浮遊期の特徴だろう。体長約20mm。

ヤミスズキ
Belonoperca chabanaudi

成魚の体色は黒色だが、稚魚ではオレンジ色の体に黒の水玉模様を持つ。稚魚の背鰭の2～6番目の鰭状は糸状に伸長するが、成魚ではなくなる。この個体はすでに消失しているようだ。体長約25mm。

キハッソク
Diploprion bifasciatur

仔魚から稚魚に成長するにともない、背鰭の2番目と3番目の鰭状が長くのびる。この鰭は自然界では欠損していることが多い。体長約20mm。

スズキ目 Perciformes

イソギンポ科 Blenniidae

円筒形の体で、背鰭と臀鰭の基底が長い。小型で頭部に皮弁を持つ種もいる。温帯から熱帯域に広く分布し、成魚になれば、主に沿岸の岩礁域やサンゴ礁で底生生活を送る。口には鋭い犬歯を持ち、小型の甲殻類や藻類を食べる。

ウナギギンポ属の一種
Xiphasia sp.

体がウナギのように細長い。仔稚魚期から両顎の先端に犬歯が発達する。ふだんは砂や泥に潜っているため、泳いでいる姿は珍しい。成魚では全長50㎝を超えるイソギンポ科最長の種類。体長約150mm。

イソギンポ科の一種
Blenniidae sp.

体は透明で、大きな胸鰭を羽ばたかせるように水中を漂う。下顎には鋭い犬歯が見える。イソギンポ科の多くは鰾を持たないため、海流に乗れないと沈んでしまう。体長約30mm。

イソギンポ科の一種
Blenniidae sp.

頭部に見られる複数の皮弁はイソギンポ科の特徴で、体の模様や頭部の皮弁の形状からセダカギンポと考えられる。体長約30mm。

イソギンポ科の一種
Blenniidae sp.

左の個体よりもさらに色素が発現したセダカギンポと思われる。頭部を上にして立ち泳ぎをする姿は、イソギンポ科の稚魚に共通する。浮遊期の終盤を迎え、サンゴ礁の着底場所を探しているのかもしれない。体長約40mm。

イソギンポ科の一種
Blenniidae sp.

各鰭は発達しているが、体の色素の発達が遅く、浮遊生活はまだまだ続きそうだ。驚くと体をくの字に曲げる姿勢は、防御態勢と思われる。体長約20mm。

イソギンポ科の一種
Blenniidae sp.

体はまだ透明だが、頭部と胸鰭に黒色色素胞が発達しはじめている。こうした仔稚魚は、ふだんは胸鰭をひろげて浮遊しているが、観察者が接近すると、さっと鰭を閉じて逃げ去る。体長約20mm。

スズキ目 Perciformes

ハゼ科 Gobiidae
クロユリハゼ科 Pterereleotridae

成魚は水底での暮らしに適した体形で、世界中の淡水域や海水域のさまざまな場所に適応して繁栄する。多くの種では、左右の腹鰭が鰭膜でつながって吸盤状となる。皮膚呼吸できる種類や、口と腹鰭吸盤を使い急な流れを上ることができる種類など多種多様だ。

ハゼ科の一種
Gobiidae sp.

透明な体のなかに空気が溜まった鰾が見える稚魚。この鰾と、大きく発達した胸鰭を使って水中を浮遊する。体長約10mm。

クロユリハゼ科の一種
Ptereleotridae sp.

一般的なハゼの仲間は底生生活を送るが、クロユリハゼの仲間の成魚は、海底から少し離れた海中を単独か群れで泳ぐ。外敵が近づくと物陰や海底の穴に逃げこむ。体長約15mm。

ハゼ科の一種
Gobiidae sp.

色づきはじめた体色と、体を覆いはじめた鱗や歯の発達は、着底に向けた準備を意味している。体長約20mm。

チョウチョウウオ属の一種
Chaetodon sp.

頭部に見える骨板はトリクチス幼生期の名残だ。浮遊期を終え、着底場所を探している時期かもしれない。トリクチス期が終了する大きさは、種によってそれぞれに異なる。体長約10mm。

カガミチョウチョウウオ
Chaetodon argentatus

チョウチョウウオのなかまのなかでは特徴的な網目模様を持つ。成長に伴う体色変化は少なく、すでに成魚と同じ体色をしている。体長約15mm。

ミナミハタタテダイ
Heniochus chrysostomus

成魚では背鰭の4番目の鰭条が伸びることから、他のチョウチョウウオの仲間と識別できる。幼魚では背鰭に眼状斑があり、成魚になるとなくなる。体長約40mm。

スズキ目 Perciformes

チョウチョウウオ科 Chaetodontidae

仔魚期に頭部全体が骨板で覆われる。この時期をトリクチス幼生と呼ぶ。稚魚後期になれば、多くの種が背鰭に眼状斑を持つが、成魚では消失する種もいる。サンゴのポリプ食の種や雑食の種が知られる。

スズキ目 Perciformes

イボオコゼ科 Aploactinidae
ミシマオコゼ科 Uranoscopidae

イボオコゼのなかまは、体が繊毛状の鱗で覆われ、触るとザラザラしている。あるものは海底の砂のなかに潜って頭だけを出し、ほとんど動かず接近する獲物を待ち伏せて捕食する。鰾を鳴らして音を出すことができる。
ミシマオコゼのなかまは、頭部が大きく箱のような体型。下顎が上顎よりも突出し、下顎の内側中央部に疑似餌のような皮弁が発達する。同様に、海底の砂に潜って口と目だけを砂から出して近づく魚を捕食する。

イボオコゼ科の一種
Aploachtinidae sp.

正面から見ると側扁した体がよくわかる。大きな胸鰭を使って移動し、砂のなかに潜り顔だけを出す種類もいる。体長約60mm。

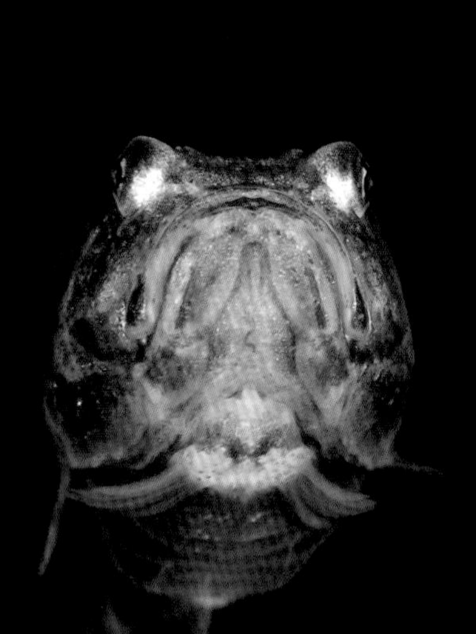

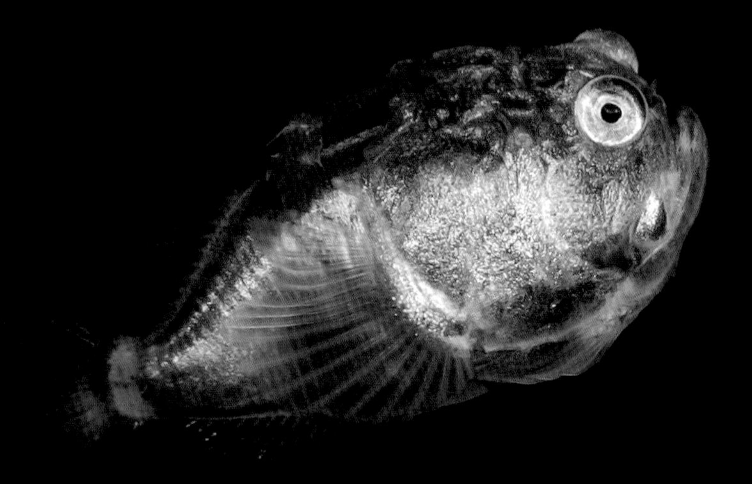

ミシマオコゼ科の一種
Uranoscopidae sp.

ミシマオコゼのなかまの稚魚は、頭部が著しく大きく、体の約半分を占める。浮遊生活後は海底での生活に適応し、上向きの大きな口を持つ。成魚では天を仰ぐように眼が上向きにつくが、この稚魚の眼は、まだ完全に上向きになっていない。体長約25mm。

スズキ目 Perciformes

フサカサゴ科 Scorpaenidae

浅海から深海まで生息し、底生生活をおくる。胸鰭が大きくよく発達し、鰭に毒を持つ種類もいる。深海性種では体色が赤や黒の種が多い（赤は深海ではほぼ見えない）。

ハダカハオコゼ
Taenianotus triacanthus

稚魚は全身が透明だが、底生生活に移ると周りのサンゴなどに合わせ黄色、茶色、赤色など鮮やかな体色へと変化する。脱皮をする魚としても知られる。体長約30mm。

フサカサゴ科の一種
Scorpaenidae sp.

大きな胸鰭が特徴で、胸鰭と腹鰭には、眼と同じ大きさの眼状斑が散在する。眼の上や吻端、口の下に見られる皮弁は成長とともに発達する。これらは種を特定する上で重要な形質になる。体長約15mm。

フサカサゴ科の一種
Scorpaenidae sp.

海底に着底すると岩礁やサンゴ礁に隠れて生活する。棘のような鋭い背鰭を立てて近づく外敵を威嚇する。複雑な体色の模様と頭部の皮弁で周囲に身を紛れこませる。体長約35mm。

フサカサゴ科 Scorpaenidae

ミノカサゴ亜科 Pteroinae

沿岸の岩礁やサンゴ礁に生息する。大きな胸鰭など長い鰭が美しいが、背鰭の棘には強い毒がある。卵はゼラチン質の袋に包まれて産み出される。
ミノカサゴのなかまは、夜になると海底近くで餌を探し、小魚を見つけると間合いをちぢめ、胸鰭で包みこむようにして追いつめる。

ミノカサゴ亜科の一種
Pteroininae sp.

胸鰭には黄色で縁どられた眼状斑が発達する。大きな胸鰭は外敵に体を大きく見せることで、身を守るのに役立っているのかもしれない。体長約15mm。

ミノカサゴ亜科の一種
Pteroininae sp.

頭部には棘と皮弁が発達する。また、頭部には線状の黒色色素が、胸鰭には斑紋状の模様が発達している。大きな胸鰭の先端は糸状に伸び、泳ぐたびに揺らめく様子が想像できる。体長約20mm。

ミノカサゴ亜科の一種
Pteroininae sp.

体全体に色素が現れはじめているが、とりわけ胸鰭により早く発現するのは、胸鰭を広げて自分を誇示するなど、生存するうえで重要な役割を担っていることを思わせる。体長約15mm。

セトミノカサゴ
Parapterois heterura

大きな胸鰭を発達させる点は他の個体と同様だが、色素の発現パターンが異なる。胸鰭の先端に色素を発達させると見え方も異なる。成魚は水深50～300mの砂泥底に生息する。体長約15mm。

ミノカサゴ亜科の一種
Pteroininae sp.

正面から見ると頭部の棘や皮弁がわかりやすい。自分の存在をアピールする胸鰭は、遊泳時にはあまり使われず、通常は尾鰭を使って遊泳する。体長約約10mm。

スズキ目 Perciformes のさまざまな稚魚たち

セミホウボウ *Dactyloptena orientalis*
(セミホウボウ科 Dactylopteridae)

成魚では大きな胸鰭が特徴。胸鰭の前方の独立した鰭条を手指のように使い、砂をかきわけて小動物を見つけ捕食する。体長約40mm。

オニオコゼ科の一種
Synanceiidae sp.

成魚は背鰭に毒を持つ種類が多く、あまり泳ぎまわらず岩陰でじっと隠れている。大きな胸鰭で這うように移動することもある。仔魚は透明で胸鰭は大きい。体長約10mm。

キツネアマダイ科の一種
Malacanthidae sp.

成魚の体は細長く、サンゴ礁域に生息する。頭部全体に棘が発達する仔魚期はディケロリンクス幼生と呼ばれる。体長約30mm。

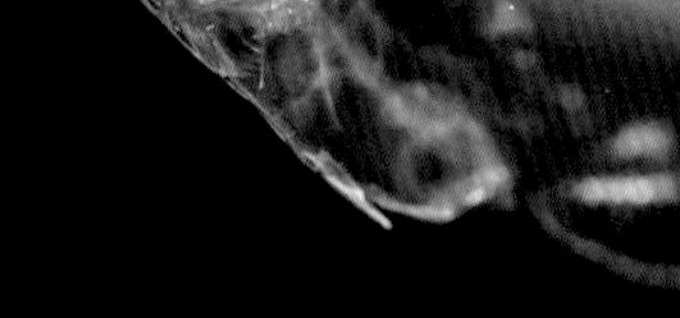

テンス属の一種 *Iniistius* sp.
(ベラ科 Labridae)

仔稚魚期に見られる背鰭の伸長は、成魚になっても残る。テンスのなかまでは、浮遊期に枯葉に擬態していると考えられる種もいる。体長約20mm。

ゴンベ科の一種
Cirrhitidae sp.

ゴンベのなかまは成魚になれば、水深30mより浅いサンゴ礁の枝状のサンゴの間に生息する。体長約1㎝の仔魚では下顎の先端に黒化したひげ状突起を有する。大きな胸鰭はサンゴ礁に体を固定着底するのに役立つ。浮遊中は、体を丸くする姿勢がよく見られる。体長約20mm。

イズハナダイ属の一種 *Plectranthias* sp.
(ハナダイ亜科 Anthiinae)

稚魚期の伸長した背鰭は成魚ではなくなる。ハナダイのなかまも多くの種が、雌から雄へと性転換を行い繁殖する。体長約15mm。

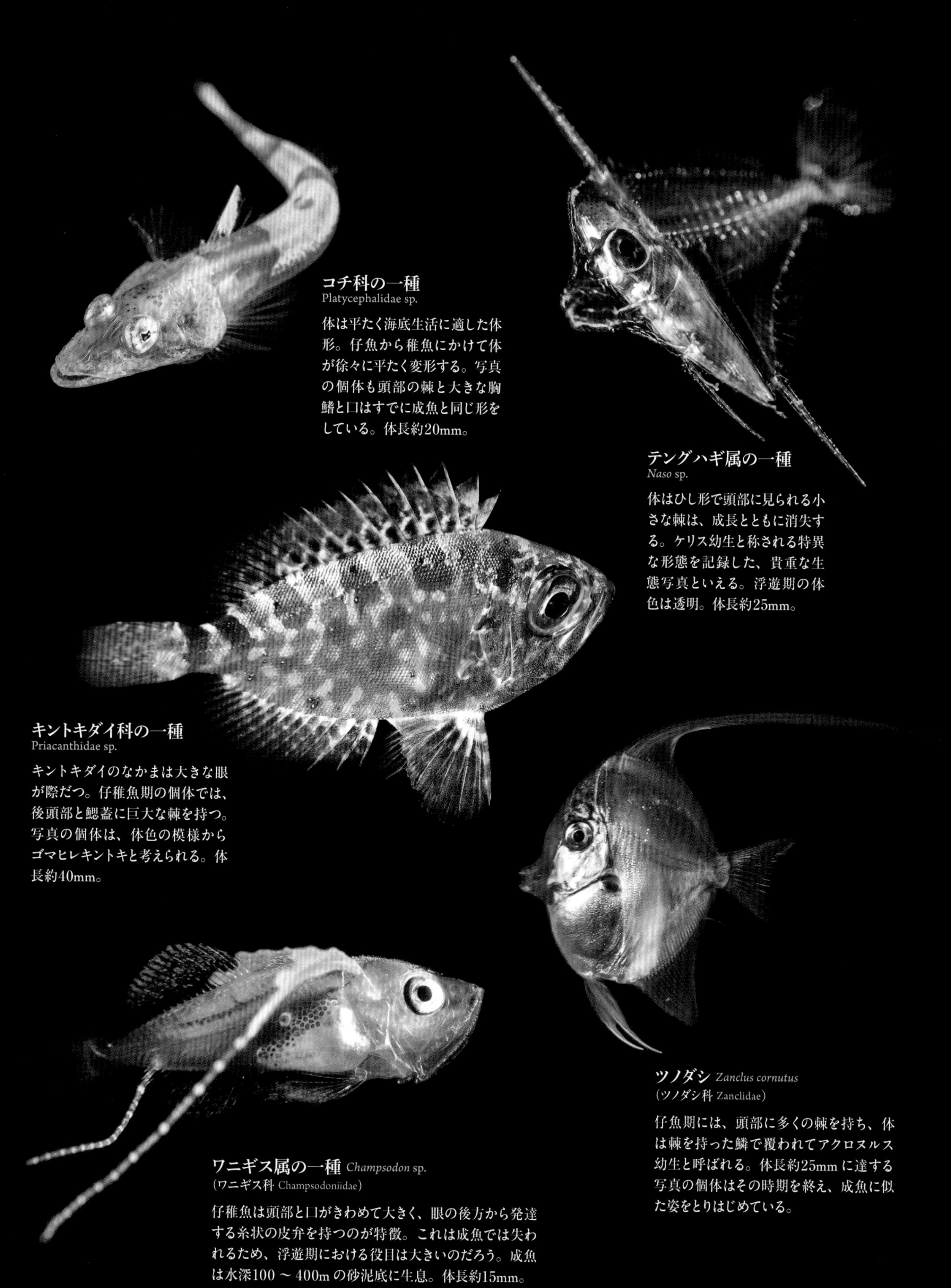

コチ科の一種
Platycephalidae sp.

体は平たく海底生活に適した体形。仔魚から稚魚にかけて体が徐々に平たく変形する。写真の個体も頭部の棘と大きな胸鰭と口はすでに成魚と同じ形をしている。体長約20mm。

テングハギ属の一種
Naso sp.

体はひし形で頭部に見られる小さな棘は、成長とともに消失する。ケリス幼生と称される特異な形態を記録した、貴重な生態写真といえる。浮遊期の体色は透明。体長約25mm。

キントキダイ科の一種
Priacanthidae sp.

キントキダイのなかまは大きな眼が際だつ。仔稚魚期の個体では、後頭部と鰓蓋に巨大な棘を持つ。写真の個体は、体色の模様からゴマヒレキントキと考えられる。体長約40mm。

ツノダシ *Zanclus cornutus*
（ツノダシ科 Zanclidae）

仔魚期には、頭部に多くの棘を持ち、体は棘を持った鱗で覆われてアクロヌルス幼生と呼ばれる。体長約25mmに達する写真の個体はその時期を終え、成魚に似た姿をとりはじめている。

ワニギス属の一種 *Champsodon* sp.
（ワニギス科 Champsodoniidae）

仔稚魚は頭部と口がきわめて大きく、眼の後方から発達する糸状の皮弁を持つのが特徴。これは成魚では失われるため、浮遊期における役目は大きいのだろう。成魚は水深100 ～ 400mの砂泥底に生息。体長約15mm。

カレイ目 Pleuronectiformes

世界中の海に分布し、汽水域や淡水域に出現する種類もいる。海底での生活に対応した扁平した体形と、左右の片側に位置する眼を持つ。周囲の環境に合わせてすばやく体色を変えることができる。

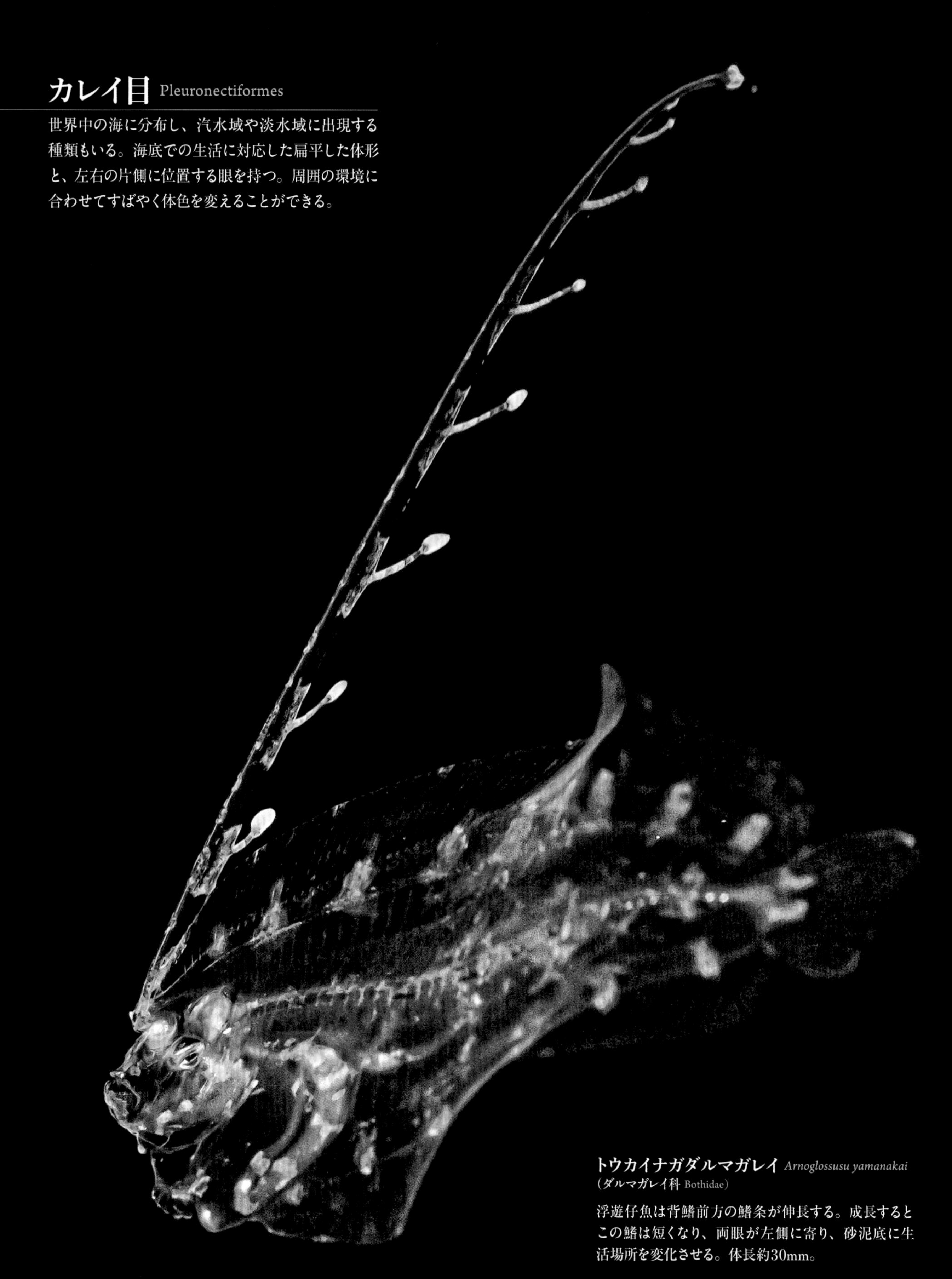

トウカイナガダルマガレイ *Arnoglossusu yamanakai*
（ダルマガレイ科 Bothidae）

浮遊仔魚は背鰭前方の鰭条が伸長する。成長するとこの鰭は短くなり、両眼が左側に寄り、砂泥底に生活場所を変化させる。体長約30mm。

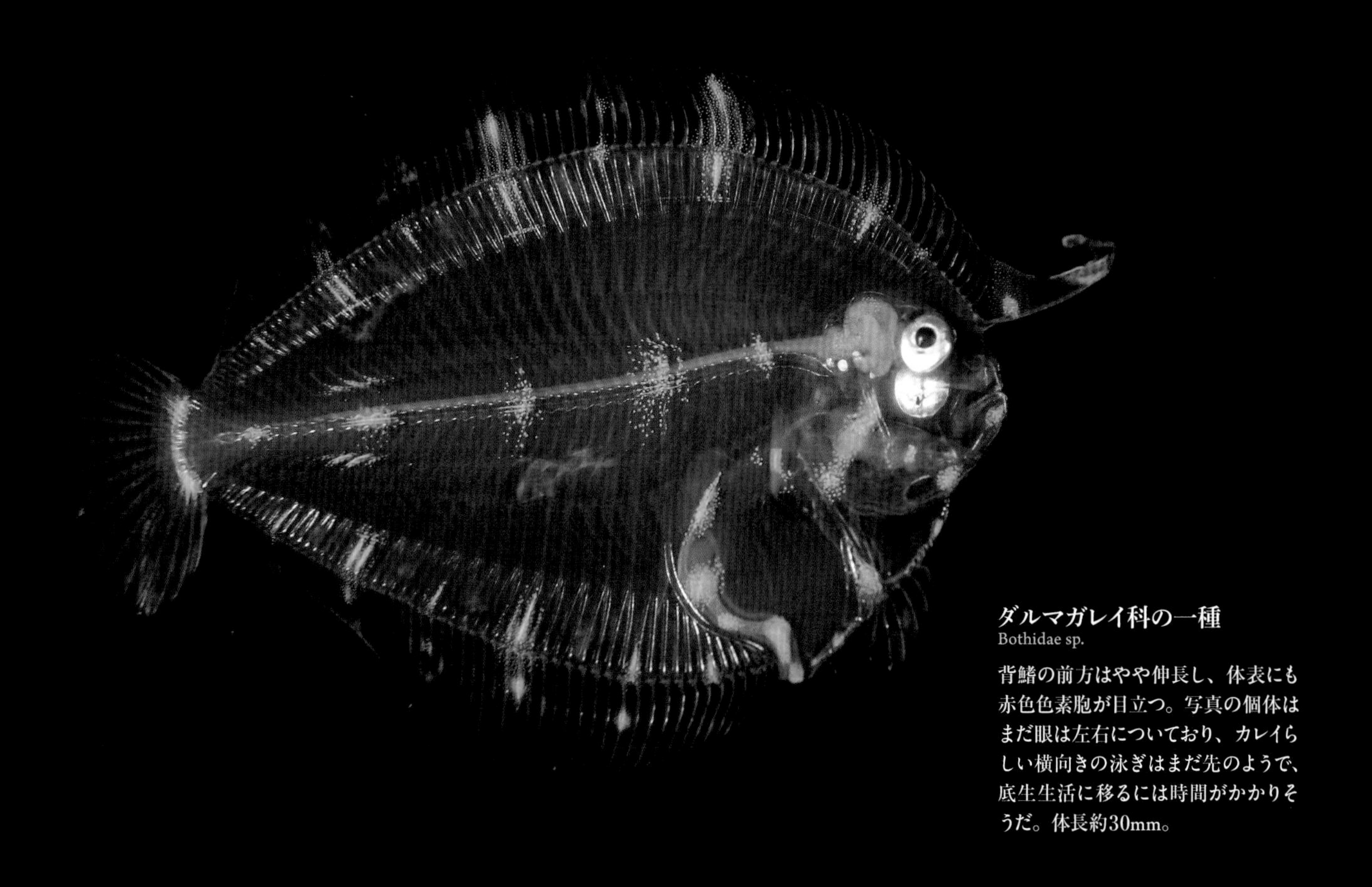

ダルマガレイ科の一種
Bothidae sp.

背鰭の前方はやや伸長し、体表にも赤色色素胞が目立つ。写真の個体はまだ眼は左右についており、カレイらしい横向きの泳ぎはまだ先のようで、底生生活に移るには時間がかかりそうだ。体長約30mm。

ナガダルマガレイ属の一種 *Arnoglossusu* sp.
(ダルマガレイ科 Bothidae)

浮遊仔魚では、体の色より伸長鰭条により色素が発達している。ミノカサゴ亜科と同様に、体よりも鰭を目立たせる必要があるのだろうか。体長約25mm。

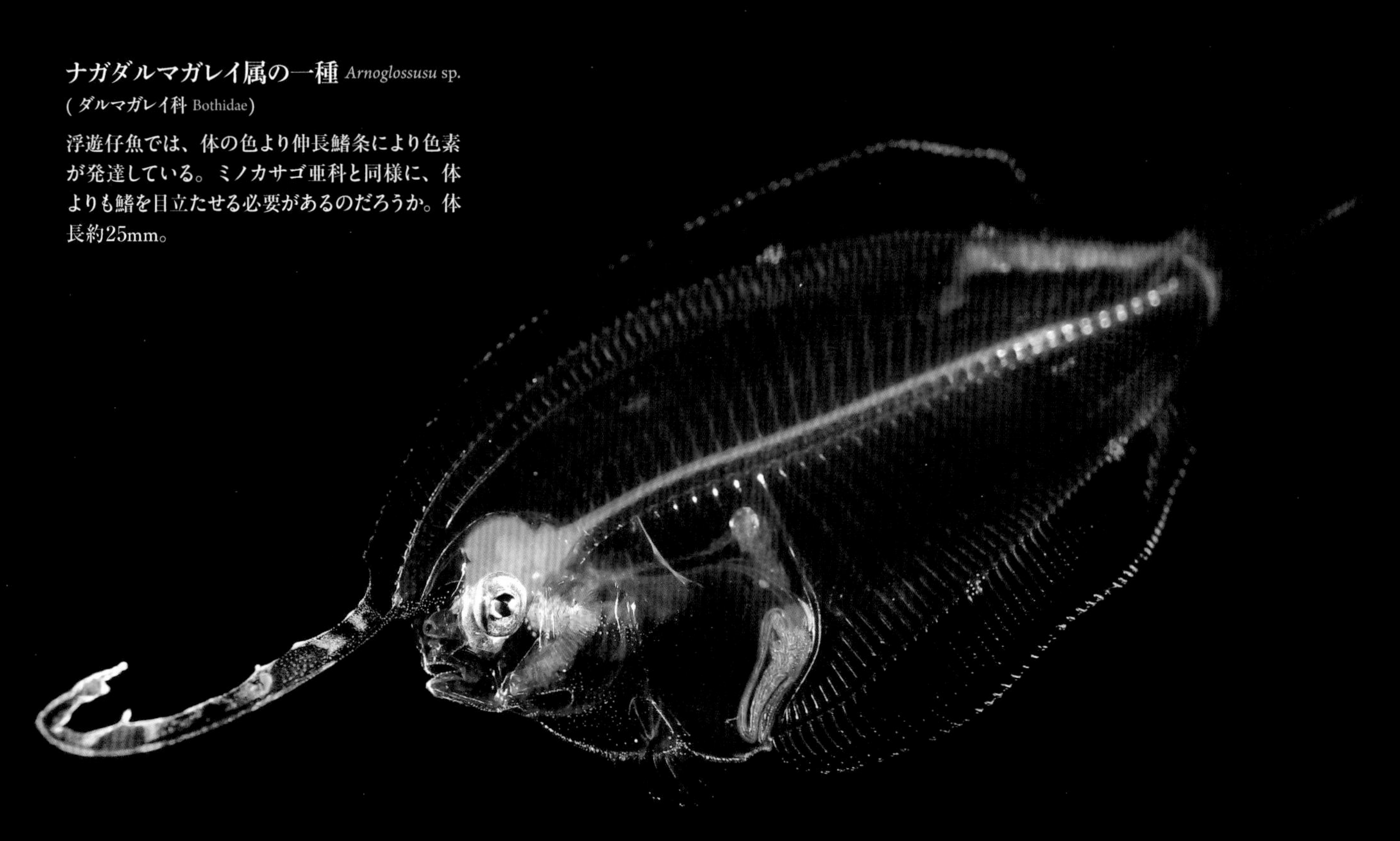

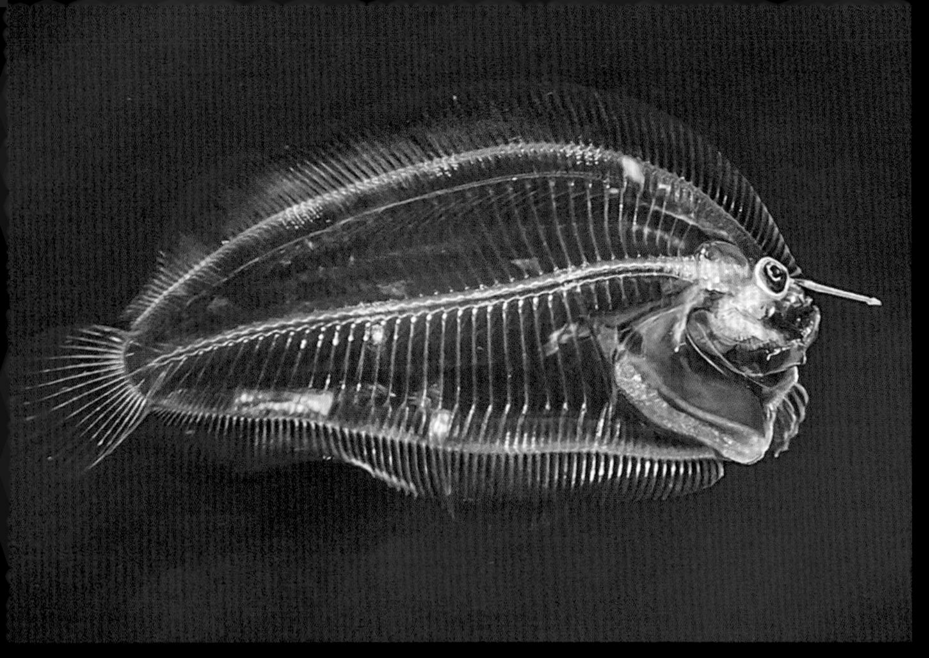

ダルマガレイ科の一種
Bothidae sp.

体は透明で色素胞が見られない。ダルマガレイ科の浮遊期は長く、眼の移行が完了する体長は13～125mmで、カレイ目のなかでも最大の大きさになる。体長約20mm。

ヒラメ科の一種
Paralichthyidae sp.

ヒラメ科の仔魚は共通して、背鰭の前方に形成される伸長鰭条が特徴で、その数をたよりに種の識別が行われる。体長10mm以下で形成されるこの鰭は、眼の移行と同調して消失する。体長約20mm。

ダルマガレイ科の一種
Bothidae sp.

浮遊生活期に体の左右についていた眼が、底生生活に向けて左側に寄りはじめた仔魚。眼の移動に伴い、遊泳の向きも変わってくる。体長約30mm。

カワハギ科の一種
Monacanthidae sp.

カワハギ科の稚魚には、顕著な背鰭棘と腹鰭棘を持つものが多い。背鰭棘は成魚になっても残り、岩の隙間などに体を固定する際、鰭を立てて固定具の様な役割を果たす。体長約30mm。

キタマクラ属の一種 *Canthigaster* sp.
(フグ科 Tetraodontidae)

背鰭と臀鰭を使い遊泳する。口は小さく、歯が上下の顎に2枚ずつある。体長約5mm。

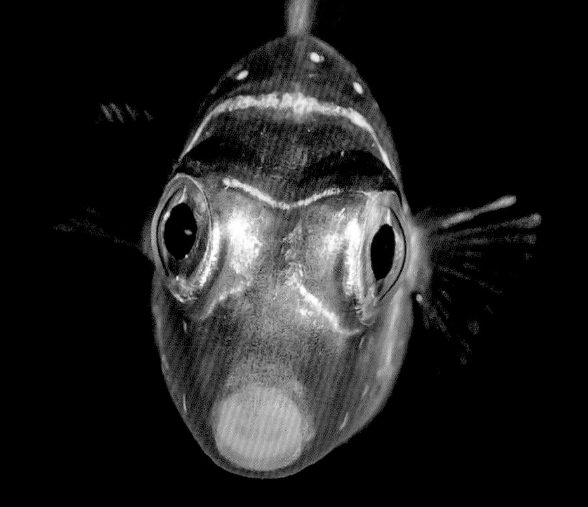

フグ目 Tetraodontiformes

世界中の海水域や淡水域に広く分布している。フグのなかまのうろこは一本の棘と皮下の支柱根でできており、体が膨らむと棘が直立して身を守る。

モヨウフグ属の一種 *Arothron* sp.
(フグ科 Tetraodontidae)

体内に海水を吸いこみ、体を大きく膨らませている。小さな棘が体を覆い威嚇の姿勢をとる。成魚では体長80cm近くになる種もいるため、外敵も少なく膨れる姿をあまり見ることはない。体長約10mm。

ハコフグ科の一種
Ostraciidae sp.

体を覆う六角形の板状の鱗は、体長5mmを超えるころに出現する。写真は、眼の上に見える小さな角の特徴からコンゴウフグの仲間と考えられる。体長約10mm。

アシロ目 Ophidiiformes
(カクレウオ科 Carapidae)

体は円筒形で細長く、鰭に棘はない。背鰭と臀鰭は頭部の後ろからはじまって長く、腹鰭はないか小さくのどの位置にある。ナマコ類の肛門からその体内に入る行動が知られるが、ヒトデ類や二枚貝などにも隠れる。深海に生息する種は宿主が不明。

カクレウオ科の一種
Carapidae sp.

背鰭の伸長した鰭条は浮遊期のベクシリファー幼生の際立った特徴。この鰭条には、ベクシラムと呼ばれる膜状の皮弁がいくつもついており、海中を浮遊するのに役立つ。体長約200mm。

ウナギ目 Anguilliformes（ウツボ科 Muraenidae）

体は円柱状で細長く、腹鰭はなく、種によっては胸鰭も持たないものもある。背鰭と臀鰭の基底が長く、体全体をくねらせながら泳ぐ。鰓孔の開口部が小さく、砂に潜る種類もいる。また通常鱗はないが、皮下に埋もれた小さな鱗を持つ種もいる。

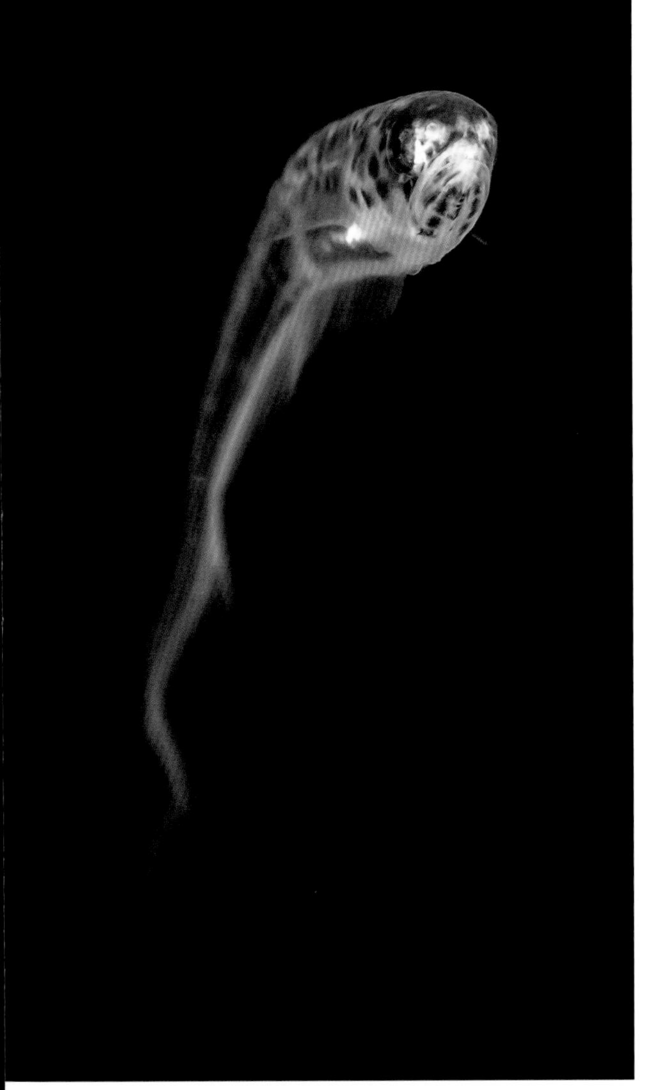

カクレウオ科の一種
Carapidae sp.

浮遊期を終えると、伸長鰭条はなくなり底生生活へ移行する。隠れる宿主を探して移動している時期だろうか。体長約150mm。

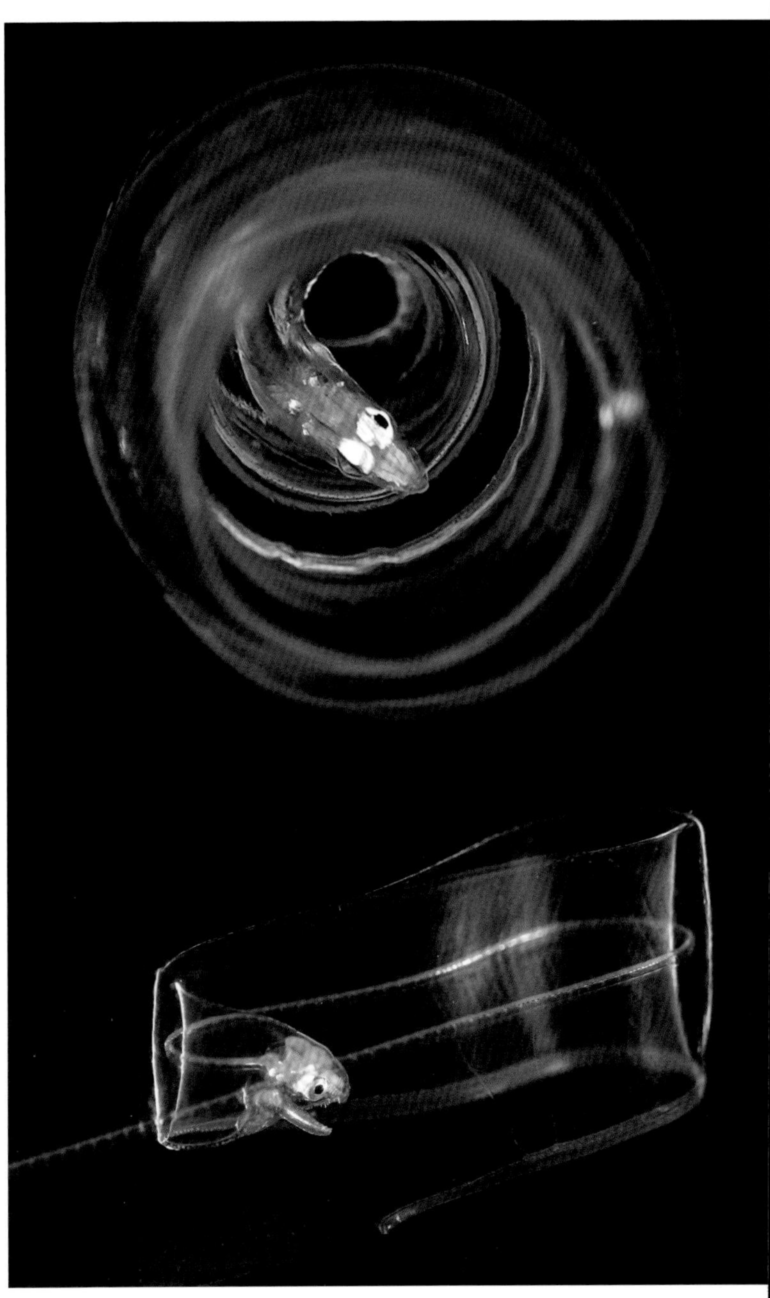

ウツボ科の一種
Muraenidae sp.

透明な体が特徴的なレプトセファルス幼生。写真の個体は口には鋭い歯を備え、すでにウツボの顔をしている。何かに反応すると、頭を中心にとぐろを巻くように長い体を丸め静止する。成長すると浮遊生活を終え、海底の岩陰などで暮らすようになる。体長約150mm。

トゲウオ目 Gasterosteiformes

多くの種では、雄のおなかに卵を育てるためのふくろや保護板を持ち、雄が子育てを行う。細長い口と硬い甲羅の様な骨板で体が覆われる。尾で海藻などに巻きつくことができる。

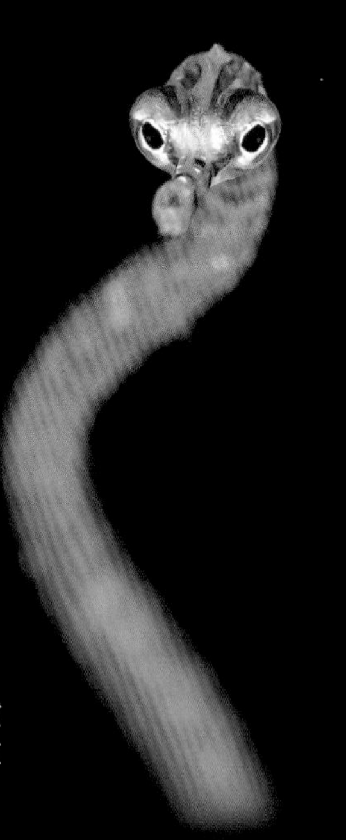

ヨウジウオ科の一種
Syngnathidae sp.

沿岸の岩礁や内湾の藻場にすみ、尾を海藻などに巻きつけることができる。小さな甲殻類を吸いこむように食べる。体長約15mm。

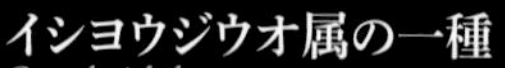

イシヨウジウオ属の一種
Corythoichthys sp.
（ヨウジウオ科 Syngnathidae）

口は管状で細長く、体は骨質の板で覆われている。孵化直後から親と同じ姿をしている。

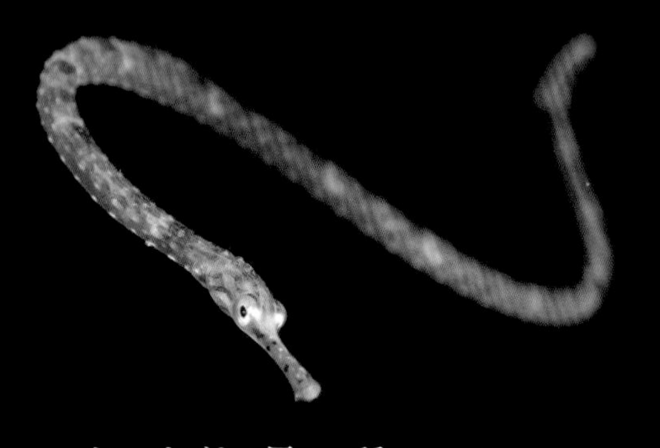

ヨウジウオ科の一種
Syngnathidae sp.

吻が長く体が甲板で覆われ、尾鰭の中央から一本の伸長鰭条が伸びる。ヨウジウオのなかまの成魚ではこの特徴を持つ種類はおらず、稚魚期の特徴と考えられる。体長約15mm。

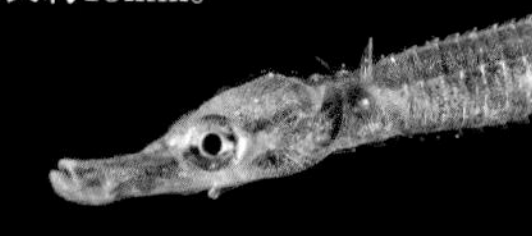

イシヨウジウオ属の一種 *Corythoichthys* sp.
（ヨウジウオ科 Syngnathidae）

サンゴ礁や浅い海の岩礁に生息し、雌雄ペアで見られることが多い。体長約50mm。

ニシキフウライウオ
Solenostomus paradoxus
（カミソリウオ科 Solenostomidae）

長くのびた吻と細く長い体にまだ透明な部分が目立つ。成長にともない体や鰭に見られる細長い皮弁は発達し、ウミシダ類や八放サンゴ類に擬態してくらす。成長すると雌の腹鰭は大きくなり、この鰭で卵を守る。体長約20mm。

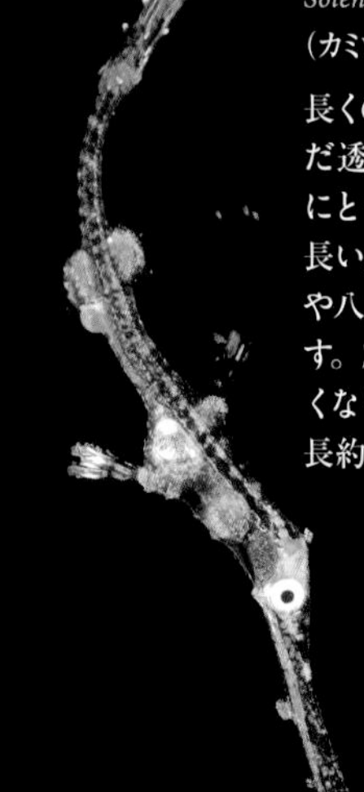

ウミテング *Eurypegasus draconis*
（ウミテング科 Pegasidae）

海藻の多い砂地に生息し、体は甲羅のような骨格で覆われる。鰭で海底を這うようにゆっくり移動する。体長約40mm。

ワカヨウジ *Trachyrhamphus bicoarctatus*
（ヨウジウオ科 Syngnathidae）

浮遊期には背面に伸長した糸状の皮弁が6対形成されるが、これは成魚では消失する。体長約100mm。

沿岸魚の仔稚魚たちの生態

Life of Juveniles of Coastal Fish

森 俊彰
(アクアマリンふくしま)

仔魚から稚魚へ

水中マスクごしに見回す周囲は漆黒の闇に包まれ、見上げるとかすかな月明かりに照らされて揺れる海面が見える。下方に目をやれば、携えたライトからの光芒だけが、深みのなかに吸いこまれていく。

光芒のなかでは、光につられて集まった無数の微生物の影が行き交う。ふとそのなかに、1匹の細長い透明の魚体が浮かびあがった。

魚は、体長20cmほどの細長い体形で、何より頭部から長く伸びた1本の鰭条が目立つ。それはまるで、万国旗のように緋色の鮮やかな皮弁を飾っている。この魚はカクレウオのベクシリファー幼生で、長く伸ばした鰭条は「ベクシラム」(「軍旗」の意)と呼ばれる。

海で出会う仔稚魚たちには走光性(光に近づく行動)を持つものと、そうでないものがいるが、カクレウオの仔魚は、細長い体を揺らすように泳ぎながらわたしのライトに接近してくる。そのためわたしは、何度か距離をとりなおすことで観察を続けることができた。カクレウオの成魚は海底のナマコの腸内にすむことで知られるが、その仔魚は姿も暮らしも、親とは似ても似つかない。

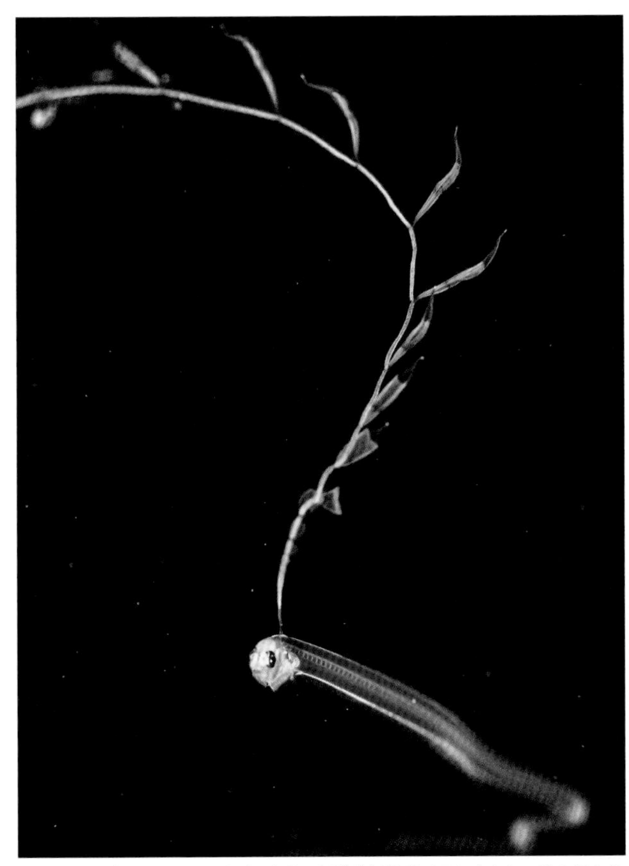

長く鰭をのばしたカクレウオ科の仔魚。浮遊生活を助けるとともに、敵の目を自分の体の大切な部分からそらしてくれる。

学生時代、わたしはパラオに滞在して夜の海に浮遊する生物たちを観察してすごした。そのとき夜の海に繰り広げられる生きものたちのドラマにのめりこむことになったけれど、そこに登場するもっとも魅力的な存在のひとつが、カクレウオの仔魚だった。この出会い以来、いまも多くが謎に包まれている稚魚期を含む魚類の発生と発育のさまは、わたしの主たる関心事になったといっていい。

*

魚類が産む卵には、水中を浮遊する浮性卵と、(多くは何かの基質に産みつけられる)沈性卵がある。本書で扱う魚類の多くは(流れ藻などに卵を産みつけるトビウオなどの例外もあるが)浮性卵を産む。産みだされた卵は、卵内に持つ多くの油球の浮力によって海中をゆっくりと浮上しはじめる。そして孵化してしばらくは、仔魚期から稚魚期を通して浮遊生活を営む。

ちなみに浮性卵の約75%は直径1.5mm以下の卵で、孵化したばかりの仔魚の多くは、泳ぐための鰭も体を守る鱗も持たない。目は未発達で口もあいていない、器官形成が不十分な状態で生まれる。

仔魚は、はじめは卵黄の栄養を消費しつつ、やがて口が開き消化管も発達して、自分で餌をとる生活がはじまる。多くの魚類が(次章で紹介する深海魚であっても)仔魚から稚魚の時期を海面近くで浮遊して暮らすのは、彼らが食べることができる微細な餌がそこに集まっているからだろう。また、海流に流される生活は、分布域を拡大させる機会にもなる。

一方、海面近くでの暮らしは、太陽からの紫外線対策が必要になる。そのため、透明であることが多い体のなかでとりわけ重要な頭部や消化管に色素胞が発達しはじめる。そして鰭をそなえると、完全な浮遊生活から、遊泳する暮らしへと徐々に移っていく。こうして、それぞれの鰭が成魚と同じ鰭条数を備えるようになると、稚魚と呼ばれる段階に入る。

たとえばテンジクダイ科の稚魚（p.18～21）は、南日本では夜の海に照らされるライトのなかでよく観察されるグループだ。このグループは、雌が産んだ卵を、雄親が口のなかにくわえて孵化まで保育するという特異的な子育てを行う。そのため、夜の海で目にするとりわけ派手な腹鰭を伸張させた同科クダリボウズギス属の稚魚たちは、ダイバーには馴染みが深いものの、口内保育をされた卵から孵化した仔魚が、稚魚へと成長中にどのように変化するのかは、残念ながらわかっていない。先に紹介したカクレウオの幼生を含め、どんな仔魚からどんな過程を経て、わたしたちが目にする（そして本書で紹介される）稚魚たちの姿に変わっていくのか、多くはまだ謎に包まれている。

仔稚魚たちの生存戦略

仔稚魚にしても、その多くは成魚とはずいぶん異なる姿をしている。専門的な知識がなければ、仔稚魚の姿から成魚のそれを想像することさえむずかしい。とりわけ仔魚期に特徴的な姿をしている代表格は、ウナギ目のウミヘビ類（両生類のウミヘビではない）、あるいはウツボ類をあげることができる。

彼らの仔魚は半透明で脊椎骨も透けて見え、平たく細長い体形をしている。その姿が細長い柳葉に似ているために葉形幼生（レプトケファルス幼生）と呼ばれる特徴的な段階を経る。水中でライトの光をあてたりすれば、“とぐろを巻く”ように長い体を丸めた姿で観察されることも多い。防御的な姿勢なのだろうが、海中に漂うサルパに擬態したものとする説もある。一方で、ひとたび泳ぎだすと、透明な体を見つけだすのはなかなかむずかしく、日中の海で彼らを肉眼で見つけだすのは至難の業になる。

また多くの稚魚に共通して見られる特徴は、（仔魚期からはいくぶん色素胞を増やしているとはいえ）まだ透明に近いものが多いことだ。透明なら、海中を浮遊する生活のなかで目立ちにくいことは確かだろう。さらに、透明な体のなかに斑紋等が適度に散在すれば、体の輪郭をあいまいにしたり、眼など重要な器官をより目立たなくする効果はあるだろう。

そしてもうひとつの共通した特徴は、ベールのような長い鰭を持つことである。長い鰭は、水の抵抗を受けることで海中での浮遊生活を助けることは容易に想像できるが、稚魚たちにとっては自分の力を極力使わずに、長く適正水深にとどまっていることを可能にする役割も果たす。

また、長い鰭が持つ、生存に向けての別の意味も考えることもできる。捕食者の目や攻撃をそちらに向けることで、体の大事な部分が傷つけられないようにすることだ。カクレウオのベクシリファー幼生の長い背鰭「ベクシラム」も、この役目を持っているのかもしれない。透明な体は海の背景にうまく溶けこみ、長い鰭に目立つ模様が分身となって敵の目を欺いてくれることも、この考えを補強する証左にもなる。じっさい昆虫などでもよく知られる目玉模様（眼状斑）と思われる例もある。

一方、ミノカサゴ類の稚魚を観察するなら、常に各種の鰭をめいっぱい拡げて泳いでいる。その光景は、自分自身をできるだけ大きく見せるものと考えてほぼ間違いないだろう。こうして自分が目立つか、分身を目立たせるかは、分類群での生存戦略の違いといえるだろう（ミノカサゴ類の成魚では背鰭の棘に毒を持つ）。

また、キハッソクの稚魚に見られる長い背鰭（p.23、成魚では短くなる）は――ときに彼らが群れる場面が観察されている――クラゲの触手に擬態したものではないかとする説もある。

ただ「長い鰭を持つ」といっても、種や分類群によって、（カクレウオやキハッソクのように）背鰭の一部が長いもの、（テンジクダイ科クダリボウズギス属のように）腹鰭が大きくなるもの、（ミノカサゴ属のように）多くの鰭を大きく目立たせるものなど、それぞれだ。仔魚の初期に体全体をとりまく膜状の構造物（仔魚膜といわれる）として発現した鰭は、やがて背鰭、尾鰭、腹鰭、臀鰭とそれぞれに分化しながら鰭条を発達させ、同時に遊泳能力を高めていく。しかし、どの鰭からしっかりと出来あがっていくか、あるいは仔稚魚期にどの鰭を伸張させるかは多種多様だ。

ところで、長い鰭とは別の武器を生存戦略に使う仔稚魚たちもいる。チョウチョウウオ科の仔魚は、頭部に硬い鎧をまとった姿になる。文字通り鉄壁の盾による守りである。また、イットウダイやキツネアマダイのなかまは頭部や体に棘をまとう。こういった仔魚期に特化した形態を持つ種には、この時期だけの幼生名が与えられており、チョウチョウウオ科はトリクチス幼生、イットウダイ科はリンキクチス幼生、キツネアマダイ科はディケロリンクス幼生と呼ばれる。

一方、稚魚期の姿が成魚とあまり変わらないものでは、トゲウオ目のタツノオトシゴやヨウジウオのなかまがあげられる。彼らは卵を海中に放出するのではなく、産卵された卵は雄の育児嚢のなかである程度育てられる。親の保護を受け大きな卵から大きな子が生まれるため、すでに成魚と同じ形態をしている。彼らは、少ない卵で大きな子を産む生存戦略を選択した。

再演性変態という考え

もうひとつ仔稚魚が成魚と大きく異なる姿を見せるものとして、カレイ目魚類を紹介しておきたい。カレイやヒラメのなかま（の成魚）は、両目が体の片側（左側か右側）に偏っていることは、ご存じのとおりだ。あくまで底生生活に適応したものである。

一方、彼らの仔魚期を見ると、体は透明に近いものが多く（前述のように浮遊生活にあわせたものだろう）、この時期は一般的な魚と同様に両目はまだそれぞれ左右についている。それが仔魚期の終わりに向かって、片目がもう一方へ移りはじめる。本書で紹介している仔魚期のもの（p.34～36）は、左右の目がまだそれぞれの側についているものが多い。そして、底生生活に向けた目

ヒラメ科の仔魚。両目がまた左右にあるが、一方の目が動きはじめている。

の移動に合わせて、泳ぎかたも横向きの姿勢へと徐々に変化する。

じっさいに海中で観察をしていると、すでに両目が片側に偏っているが体はまだ半透明の仔魚が、中層を泳ぎまわる光景に出会うことがある。彼らは（さらさらの砂地や粗目の砂地など）自分の好む底質を探しながら泳いでいるに違いない。

19 世紀のドイツの生物学者エルンスト・ヘッケルは「個体発生は系統発生を繰り返す」とする反復説を唱えた。ある種の胚胎、あるいは胎児からの成長の過程は、「その種が悠久の時間の流れのなかでたどってきた進化の軌跡を再現する」とするもので（もちろん当初から多くの批判もあったことも確かだ）、人間の胎児が一時期“鰓”を思わせる器官を持つのもその例として紹介される。

カレイ目魚類も、その祖先では両目がそれぞれ左右の体側に持つ時期があった。それが、進化の過程で片側に寄るようになり、現在のカレイ目魚類はその進化の軌跡を、個体の発生および発育のなかで繰り返していることになる。こうした変態を「再演性変態」と呼ぶ考えがある。

カレイ目の仔魚のなかでもとりわけ紹介すべきは、トウカイナガダルマガレイだろう。この魚は、カクレウオの仔魚が持つベクシラム（軍旗）に似て、背鰭の第 1 鰭条がきわめて長く伸び、そこに目立つ皮弁を持っている。成魚は水深 100 m あたりの砂泥底に生息し、ダイビングで観察できる魚ではないが、浮遊生活をする仔魚は、なかなかに派手な装いのせいもあり、浮遊生物を観察するダイバーには魅力的な観察対象になっている。

着底に向けて

さて浮遊期を終え、幼魚から成魚の暮らしをはじめるためには、本来の生息場所（たいていは海底のどこか）に向けて移動する必要がある。そして着底という行動上の変化は、遊泳に影響を与える鰭条の形成や、仔魚期に見られた仔魚鰭や伸長した鰭の縮小、透明な体に色素の発現といった形態上の変化も当然ともなうことになる。

カレイ目では透明だった仔魚が、底生生活に入ると、表側は海底の風景に溶けこむ体色（裏側は白色）を持つようになるのはご存じのとおりだ。カレイ目のササウシノシタ（ウシノシタ亜目）の仔魚は、眼が体の片側に移動しはじめるとほぼ 1 日のうちに移動し終え、それと同調して浮遊生活から底生生活へと移ることが観察されている。

一方、カレイ科やヒラメ科では、ウシノシタ科とは異なって目の移動速度は遅く、すぐには完全な着底をすることなく中途半端な状態が続くらしい。またヒラメでは、目が両側に移動する前から、体を横に向けるなど、疑似着底行動が知られている。これも種ごとの生存戦略と関わっているのだろう。

では、彼らはいったい何を頼りに、着底場所をさがすのか。

一般的には化学物質、サンゴ礁や岩礁などにあたる波音、水温や潮流、地磁気などが要因としてあげられる。着底直前の稚魚は発達した聴覚や臭覚を持ち、水中を広範囲に伝わる音（テッポウエビ類が鋏を鳴らす高周波など）を頼りにした後、臭覚によってより正確に着底場所を探す報告もある。ヒラメやイシガレイでは、夜の上げ潮を利用して接岸するようだ。またイソギンチャクと共生するクマノミではイソギンチャクから出る化学物質を、カクレウオではナマコが出すフェロモンを頼りにしているらしい。

こうして浮遊生活の最終段階を迎えるのだが、その一連の過程が知られている種は少ない。わたしがパラオで出会ったカクレウオのベクシリファー幼生は、概して外洋に面したドロップオフの近くの水深 5m あたりを探索しているときに、水中ライトの光につられて現れるのだが、その後彼らがいったいどこで着底するのか、長いベクシラムはどのように消えるのかはわかっていない。

いま数多くのダイバーが、夜の海に浮遊する仔魚や稚魚を観察し、その姿を記録に残し続けている。そこから新たにわかってくることも少なくないだろう。

（もり・としあき　魚類学）

Pelagic and Deep Sea Fish

沖合および深海の魚たち

成魚になれば深海で暮らすため、直接出会うことなど望めない魚たちも、
仔稚魚期には浅海で浮遊生活を行うために、
ダイビングの最中にふいにわたしたちの目の前に姿を見せてくれることがある。
彼らとの一期一会の出会いは、ふだん手が届かない世界の生きものについて学ぶ絶好の機会にもなる。

解説 森 俊彰
Toshiaki Mori

サケガシラ属の一種　*Trachipterus* sp.
（フリソデウオ科 Trachipteridae）

ベールのような背鰭を波打たせて、夜の海に漂う。背鰭前方の伸長した鰭や、腹鰭、尾鰭を広げて海流をとらえ浮力を得ているようにも見られる。体長約40mm。

ダツ目 Beloniformes
（トビウオ科 Exocoetidae）

トビウオのなかまは海水面近くを泳ぎ、発達した胸鰭や腹鰭を翼のように広げて、海面近くの空中を滑空する。産卵は海藻などに行い、卵から伸びた糸で付着する。稚魚は種によって体色変化が大きいが、成魚になると一様に背面は濃紺、腹面は銀色を呈する。

ハマトビウオ属の一種
Cypselurus sp.

トビウオは胸鰭、腹鰭が発達すれば、稚魚でも驚くと水面からジャンプを行う。さらに成長すると、尾鰭の下葉が伸びて水面から飛び出る推進力を得る。体長約40mm。

ハマトビウオ属の一種
Cypselurus sp.

体側に模様はなく全体的に透明感がある。下あごに1対のひげが発達しているが、成魚では消失する。体長約15mm。

ハマトビウオ属の一種
Cypselurus sp.

体側および胸鰭、腹鰭に黒色色素胞が発達しはじめた個体。稚魚期に見られる体色やひげの形状は種類ごとで異なる。体長約20mm。

ハマトビウオ属の一種
Cypselurus sp.

稚魚の時は同じ大きさの胸鰭と腹鰭も、成長にともない胸鰭の方が大きくなり滑空距離も伸びる。体長約40mm。

ハマトビウオ属の一種
Cypselurus sp.

体は細長く頭部は小さい。体側に横帯状の色素や、胸鰭、腹鰭の色素は稚魚期の特徴とされる。体長約20mm。

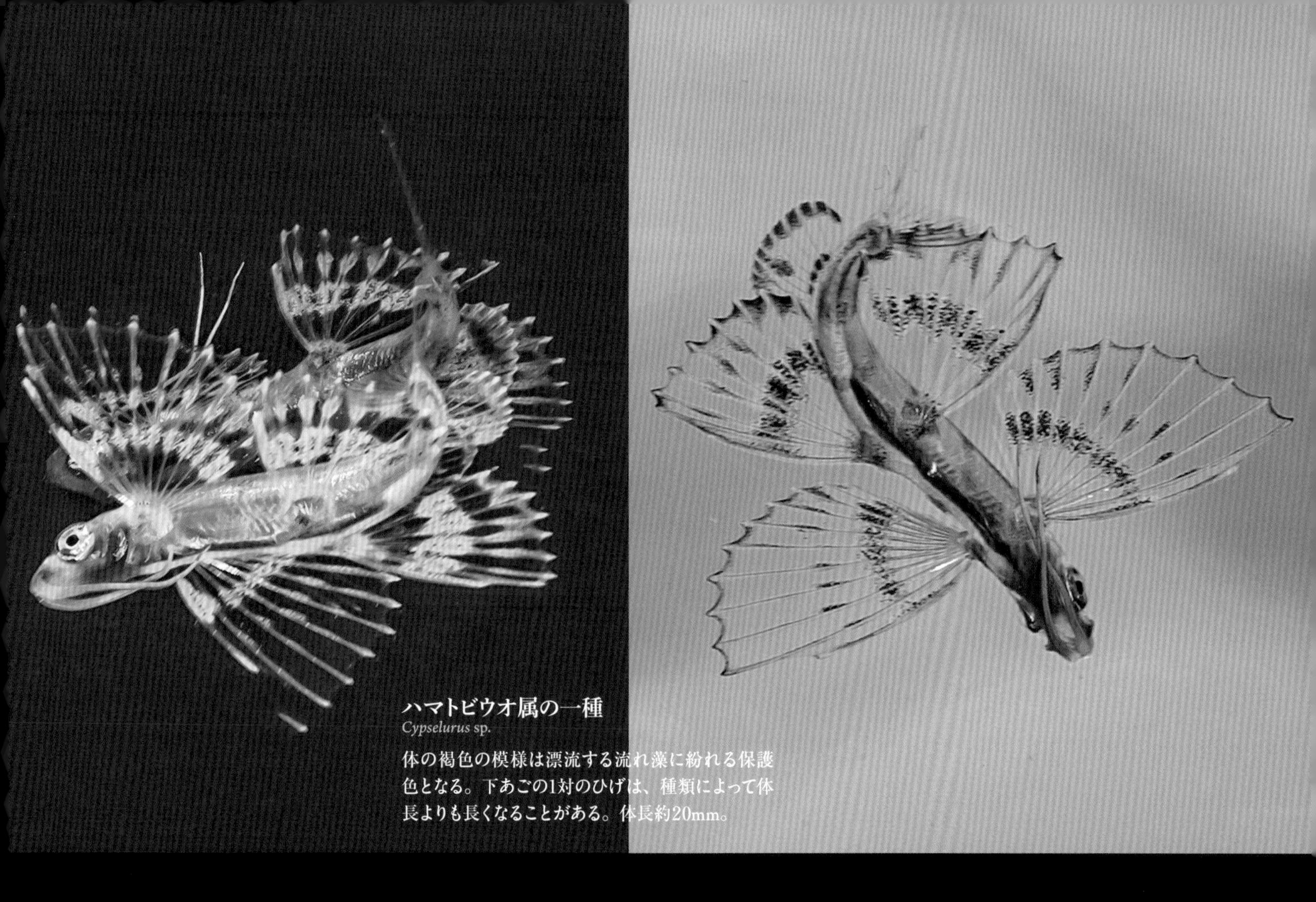

ハマトビウオ属の一種
Cypselurus sp.

体の褐色の模様は漂流する流れ藻に紛れる保護色となる。下あごの1対のひげは、種類によって体長よりも長くなることがある。体長約20mm。

トビウオ科の一種
Exocoetidae sp.

胸鰭にくらべて腹鰭が小さい、下あごにひげを持たないなど、他のトビウオと発育形態に違いが見られる。体長約25mm。

スズキ目 Perciformes
（アジ科 Carangiade）

アジのなかまの稚魚は、クラゲや漂流物に寄りついて移動する。成長すると大型の魚類に寄り添いながら移動する種もいる。これらの行動は、クラゲなどを隠れ家として利用したり、自分の身を守るためと考えられる。

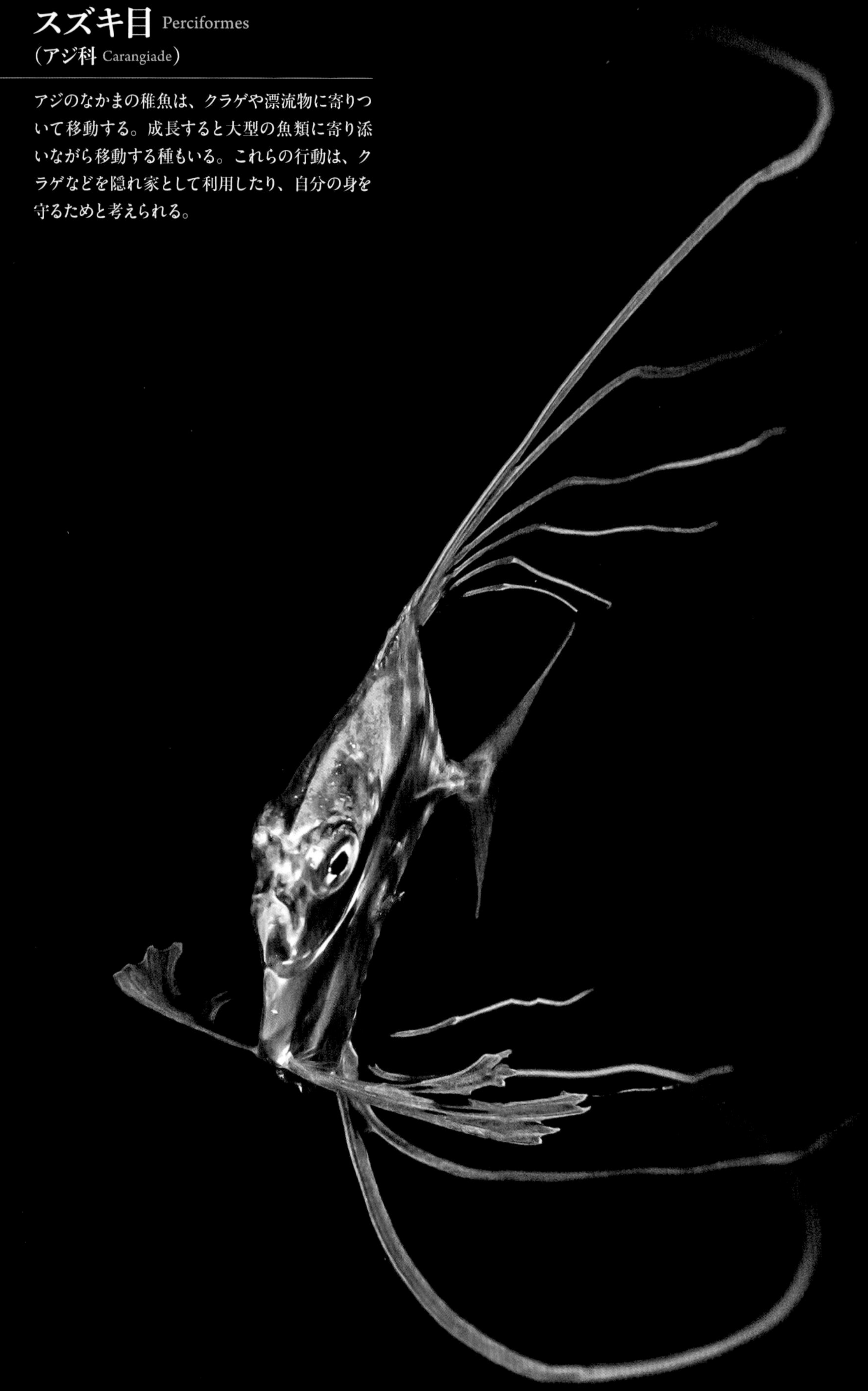

イトヒキアジ
Alectis ciliaris

体長約3mmから背鰭と臀鰭の伸長がはじまり、体長15mmで体の倍以上の長さになる。幼魚は海面などをゆっくり泳ぎ、長い鰭はクラゲの刺胞への擬態と考えられる。体長約70mm。

アシロ科の一種
Ophidiidae sp.

体高が高く、体は側扁する。外腸は体長とほぼ同じ長さになる。形態からシオイタチウオ亜科 Neobythitinae と考えられる。体長約40mm。

アシロ目 Ophidiformes

世界中の海の浅い所から水深 8000m を超える深海域まで生息する。淡水域の洞窟に生息する種類もいる。細長い体形で、背鰭、尾鰭、臀鰭がつながり、退化した小さな腹鰭がのどから生える。

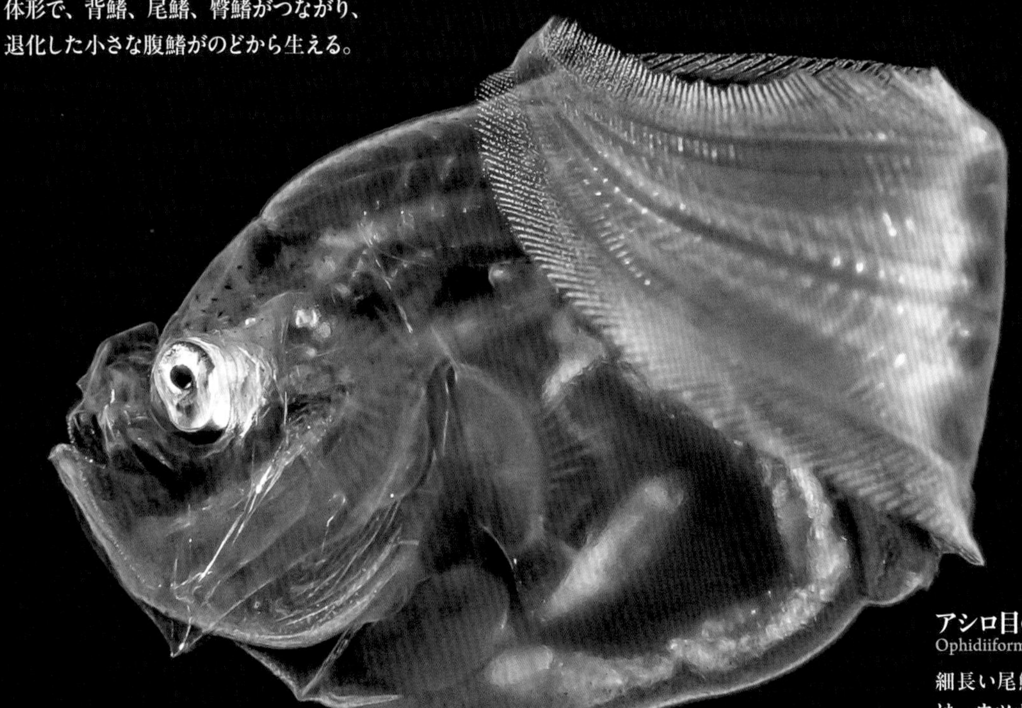

アシロ目の一種
Ophidiiformes sp.

細長い尾鰭を体に近づけて丸くなる姿は、ウツボのなかまのレプトセファルス幼生でも見られる防御態勢かもしれない。形態からクマイタチウオ属 *Monomitopus* の可能性が高い。体長約25mm。

ワニトカゲギス目 Stomiiformes
（ホテイエソ科 Melanostomiidae）

深海性魚類で、大きな顎、多数の牙状歯、腹側の発光器列、細長い暗色の体が成魚の特徴といえる。仔稚魚の体色は透明で、腸が体の外に飛び出す外腸を持つ種もいる。未だ多くの種が同定不明とされるグループ。

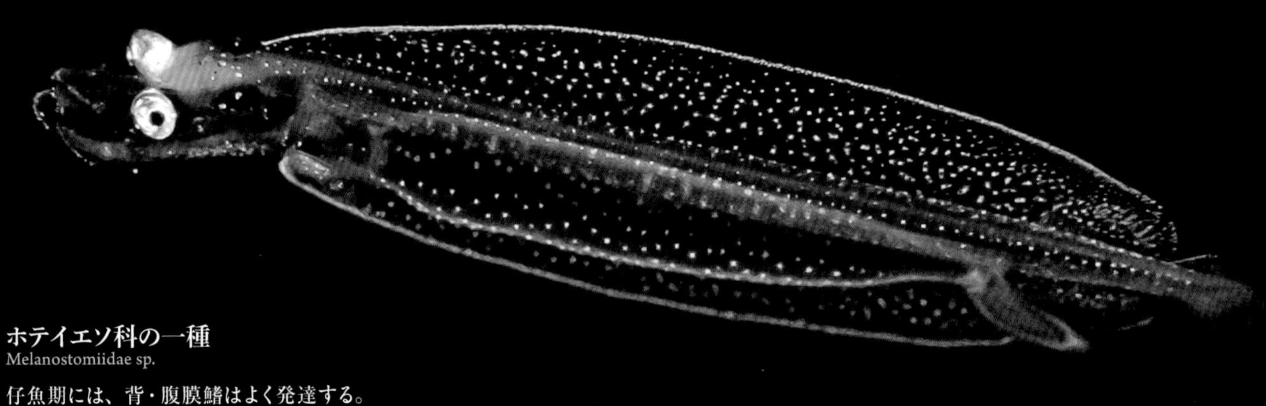

ホテイエソ科の一種
Melanostomiidae sp.

仔魚期には、背・腹膜鰭はよく発達する。また体全体に色素胞が散在し、消化管は太くやや長い外腸になる。体長約20mm。

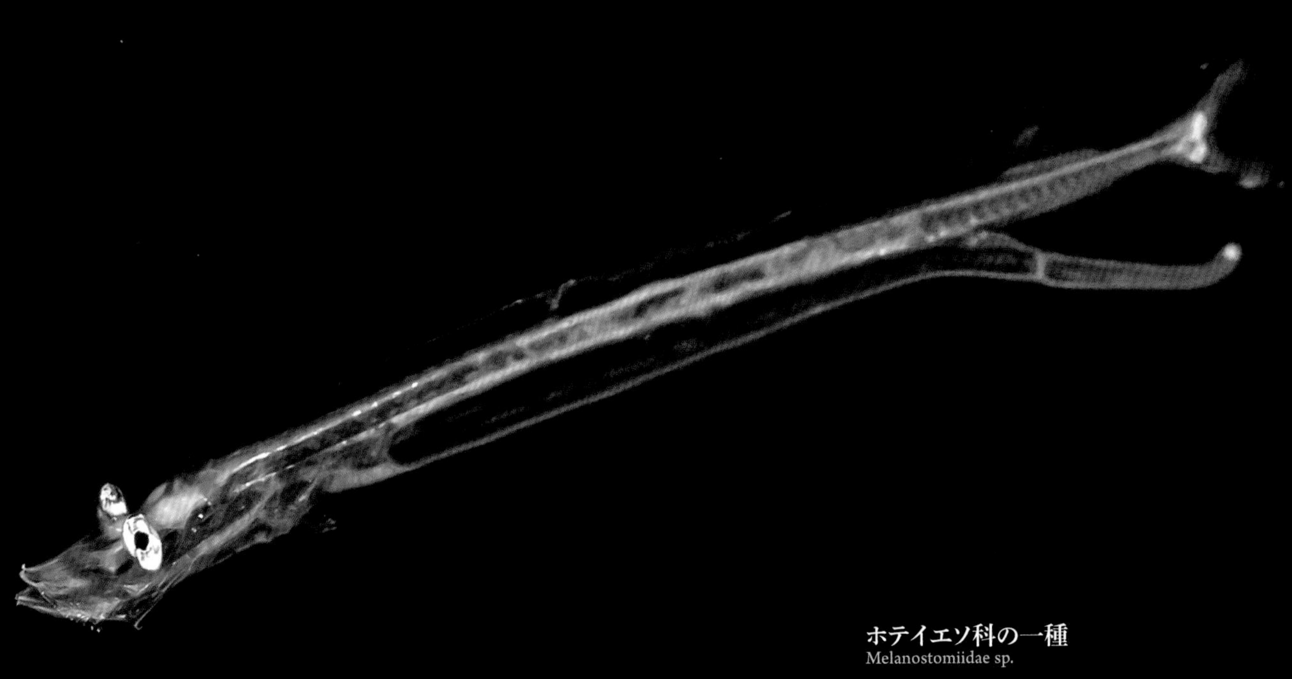

ホテイエソ科の一種
Melanostomiidae sp.

吻はヘラ状に長くかつ細くとがり、眼は頭部より突出して見える。透明な体から外腸が飛び出ている。成魚の姿は見当もつかない。体長約25mm。

アンコウ目 Lophiiformes

アンコウのなかまは、背鰭の一部を変化させた疑似餌（エスカ）を持ち、海底に隠れて疑似餌に誘われた魚を丸のみで食べる。口には多くの鋭い歯を持ち、捕まえた獲物は逃がさない。深海性の種類では、水中を漂いながら疑似餌を発光させて餌をとらえる種類もいる。多くの種で成魚は黒色の体色をしている。

チョウチンアンコウ亜目の一種
Ceratioidei sp.

仔稚魚は皮膜が頭部から尾部まで覆うように膨張し、胸鰭が大きい。腹鰭がなく深海性のシダアンコウ科 Gigantactinidae と考えられる。上下の顎には鋭い歯が確認できる。体長約5mm。

チョウチンアンコウ亜目の一種
Ceratioidei sp.

深海性のアンコウ目のなかまだが、種は不明。浅海での浮遊期間中では深海よりも多くの餌が存在しているのであろう。捕食直後をとらえた貴重な瞬間。体長約5mm。

チョウチンアンコウ亜目の一種
Ceratioidei sp.

体を覆う膨張した皮膜は海水と比重を合わせて浮遊するのに適した構造なのだろう。こちらも深海性のアンコウ目のなかまと考えられる。体長約5mm。

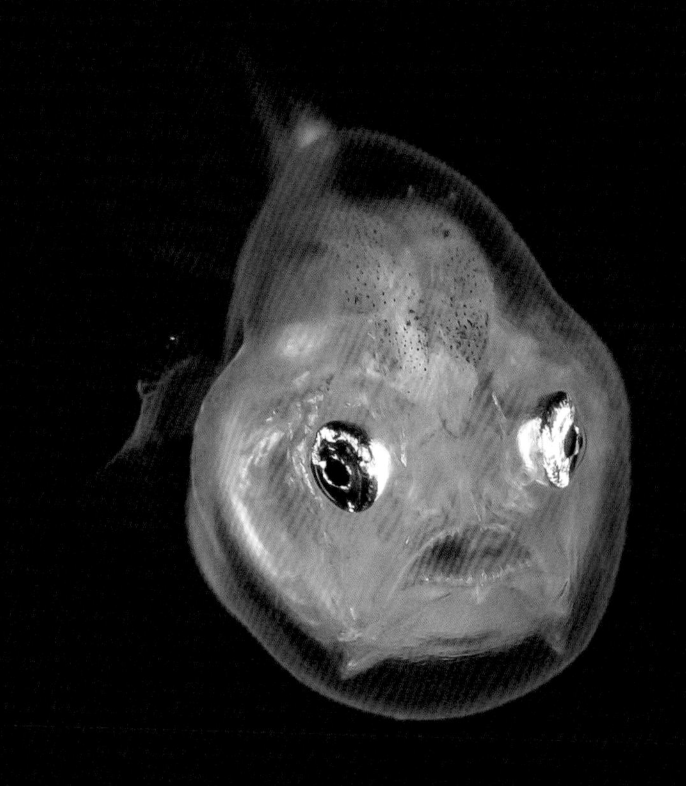

アンコウ科の一種
Lophiidae sp.

背鰭と腹鰭が長く伸びるのがアンコウ科の仔魚の特徴になる。長く伸びた背鰭は浮遊期には棒状だが、成長すると一部が膜状の疑似餌に変化する。体長約5mm。

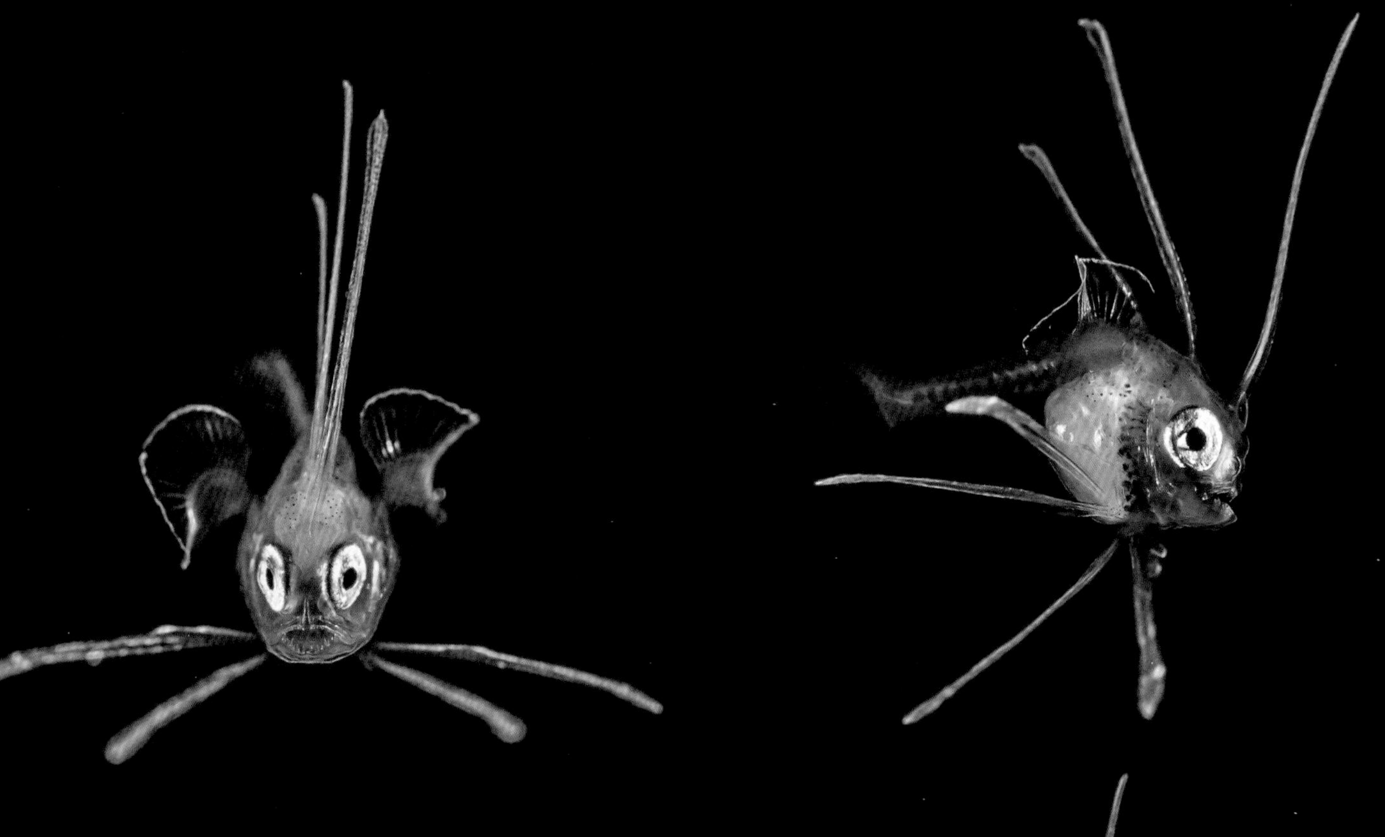

アカマンボウ目 Lampriformes
(フリソデウオ科 Trachipteridae)

体は細長く、左右に平たい。水深 1000m までの深海に生息する。背鰭や腹鰭の一部がリボンのように長く伸びる。リュウグウノツカイは危険を感じると、長い体を途中で自切して逃げるという変わった生態を持つ。

フリソデウオ科の一種
Trachipteridae sp.

糸状に伸長した鰭の向きから、流れに向かって泳ぐ様子がわかる。浅海で成長した後、深海に向かって泳ぎはじめるのだろう。体長約40mm。

フリソデウオ科の一種
Trachipteridae sp.

背鰭や腹鰭は伸長しているが、尾鰭の発達が遅く未だ膜状。背鰭が波打つ様子からすでに遊泳力をつけていることがわかる。体長約10mm。

フリソデウオ科の一種
Trachipteridae sp.

仔魚期の腹鰭は広くて大きく、まさに振袖をまとった姿をしている。この振袖は遊泳には使わず、主に背鰭を波打たたせて遊泳する。体長約40mm。

サケガシラ属の一種 *Trachipterus* sp.
（フリソデウオ科 Trachipteridae）

尾鰭はやや上を向いて位置し、尾鰭を水平にすると、体は斜め上を向いた姿勢で遊泳することになる。尾鰭が体の大きさに対して大きいのは稚魚期の特徴で、成魚はきわめて小さくなる。体長約50mm。

フリソデウオ
Desmodema polystictum

ベールのようにたなびく腹鰭は、稚魚期に見られ成魚ではなくなる。成魚は体長1mを超える。体長約40mm。

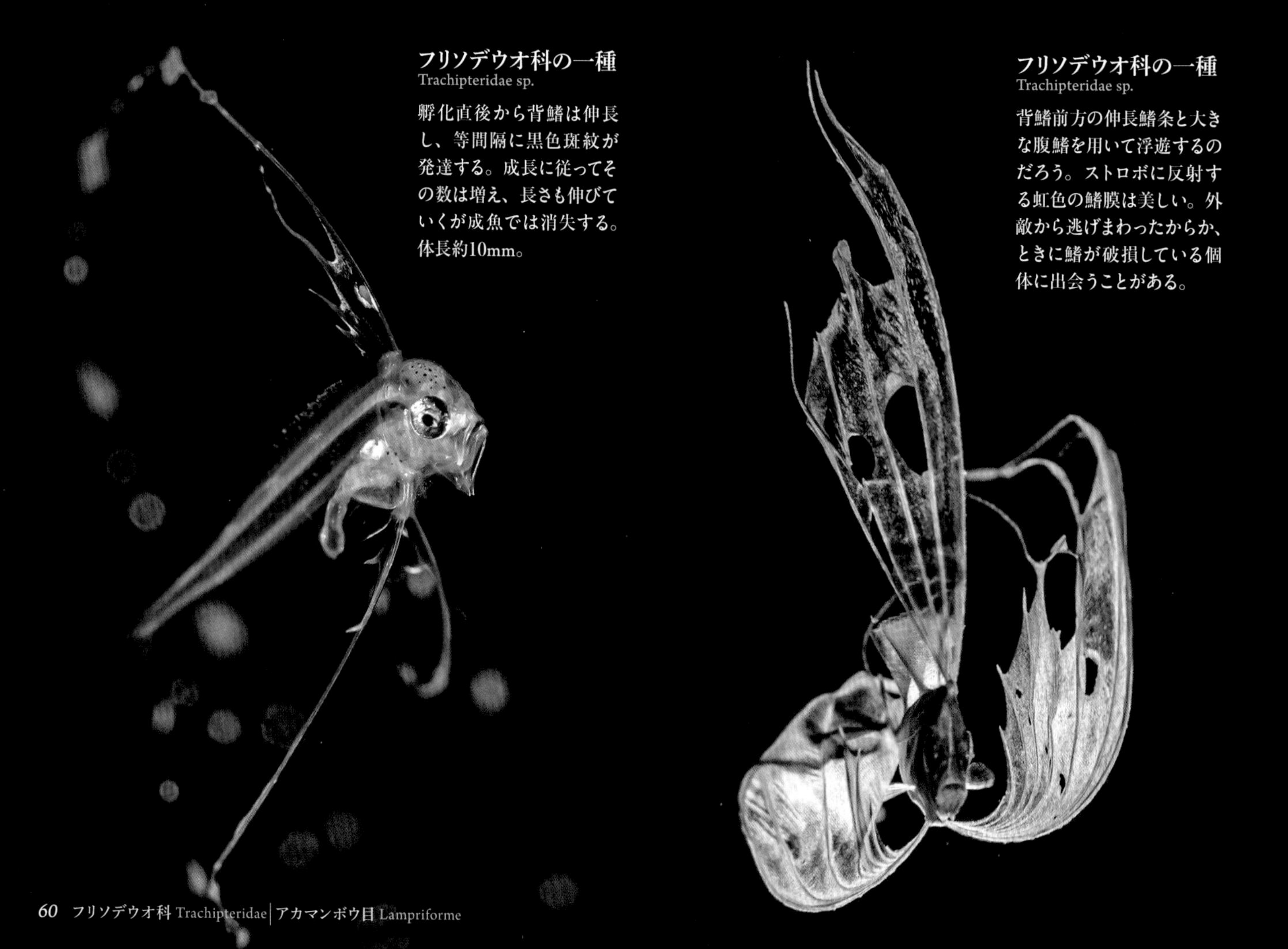

フリソデウオ科の一種
Trachipteridae sp.

孵化直後から背鰭は伸長し、等間隔に黒色斑紋が発達する。成長に従ってその数は増え、長さも伸びていくが成魚では消失する。体長約10mm。

フリソデウオ科の一種
Trachipteridae sp.

背鰭前方の伸長鰭条と大きな腹鰭を用いて浮遊するのだろう。ストロボに反射する虹色の鰭膜は美しい。外敵から逃げまわったからか、ときに鰭が破損している個体に出会うことがある。

その他の稚魚たち

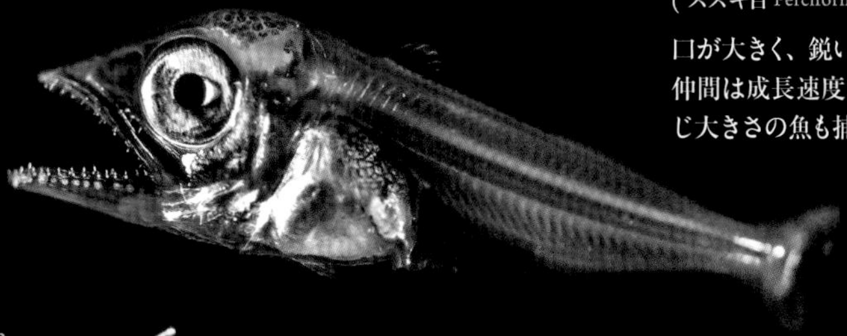

サバ科の一種 Scombridae sp.
(スズキ目 Perciformes)

口が大きく、鋭い歯がたくさん見える。サバの仲間は成長速度が速く、成長した個体は、同じ大きさの魚も捕食する。体長約5mm。

サイウオ科の一種 Bregmacerotidae sp.
(タラ目 Gadiformes)

頭頂と腹鰭の伸長した鰭は成魚でも残る。生態写真が少ないだけに、警戒のサインかもしれない伸長した鰭を立てた姿は貴重な記録になる。体長約20mm。

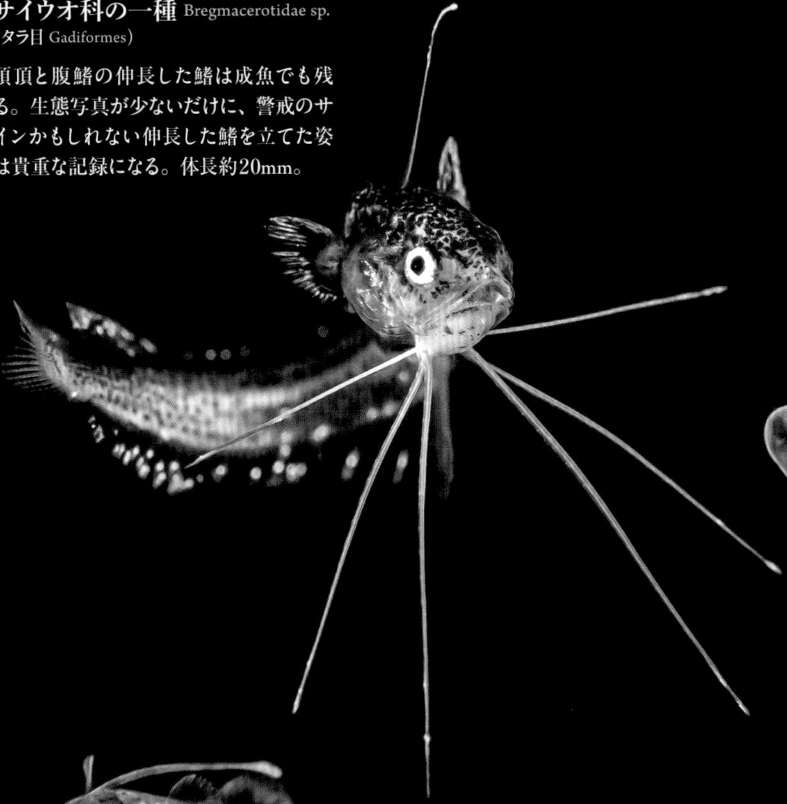

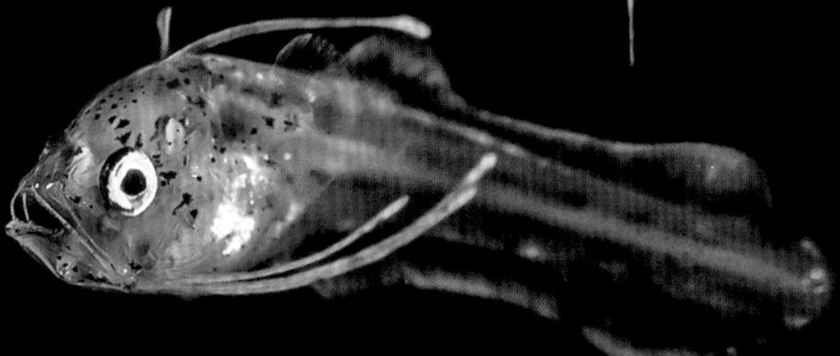

シマガツオ科の一種 Bramidae sp.
(スズキ目 Perciformes)

成長すると全身が銀色の鱗に覆われる。成魚は深海域に生息するが、仔稚魚はクラゲなどに寄り添いながら浅海で浮遊してすごす。写真の個体は刺胞動物の幼生をくわえている。体長約5mm。

サイウオ科の一種 Bregmacerotidae sp.
(タラ目 Gadiformes)

沖合の表層や中層に生息する。頭頂と腹鰭の伸長した鰭が特徴。体長約15mm。

クロタチカマス科の一種 Gempylidae sp.
(スズキ目 Perciformes)

体は細長く、口先がとがり、腹鰭には小さな棘がある。成魚は深海域に生息するが、夜間に海面近くまで浮上することがある一方、仔稚魚は表層にも出現する。体長約5mm。

沖合および深海魚の仔稚魚たちの生態

Life of Juveniles of Pelagic and Deep Sea Fish

森 俊彰
（アクアマリンふくしま）

深海からの使者

ふだんは深海に生息するリュウグウノツカイやサケガシラなどが浅海に現れ、漁網に入ったりダイバーに観察されたりして大きなニュースになることがある。また昼と夜で日周鉛直移動を行う魚種であれば、とりわけ浅場にやってくる夜間に、ダイビングライトのなかにその姿を見つけ、一期一会の出会いを楽しむことも稀に起こりうる。

しかし、成魚に限らなければ、深海に生息する魚種を沿岸域の浅海で観察することは、けっしてむずかしいことではない。仔魚や稚魚との出会いがそれだ。夜の海での仔稚魚たちとの遭遇は、わたしたちにとって深海の生物を直接観察する絶好の機会といっていい。

こうして出会う仔稚魚のなかで、とりわけ観察者の目を惹くのは著しく伸びた背鰭や腹鰭を持つフリソデウオ科のなかまたちだろう。

アカマンボウ目（リュウグウノツカイ科も含まれる）に属すこの科の魚たちは、フリソデウオ、ユキフリソデウオやサケガシラなどが知られているが、成魚ならば水深200～1000mあたりに生息して、ダイビングで出会える魚たちではない。しかし仔稚魚ならば、ナイトダイビングで出会える可能性があり、いずれもベールのように長くのばした鰭に飾られた姿を、直接観察する機会も持ちうる。

ただ残念なことに、ナイトダイバーによって観察されているフリソデウオ科の仔稚魚たちが、どんな過程を経て成魚にいたるかが確認されていないために、種を同定できないものが多い。しかし、共通して背鰭の前方のいくつかの鰭条と腹鰭がきわめて長く伸び、派手な皮弁（成魚ではなくなる）に飾られる姿や、頭部後方から尾柄部まで長く伸びた背鰭を波打たせて泳ぐ光景など、一度でも出会えば忘れられない観察体験になる。そして、生活史の一時期であれ直接出会うことができる仔稚魚たちは、成魚が生きて泳ぐ姿を直接に目にすることがないだけに、よりいっそうわたしたちの知的好奇心をかきたてる存在になる。

海面近くですごす仔稚魚たち

深海に棲む魚たちの産卵は、多少水深の浅い場所で行われる場合もあれば、本来の生息水深で行われる場合もある。いずれの場合も多くは、卵は海水より比重が小さいために、海面に向かって浮上しはじめる。それは、（沿岸魚でも同じだが）孵化したあとの仔魚やそれに続く稚魚たちにとって、餌になる生物が多い——微細な植物プランクトンやそれを食べる動物プランクトンは、ほとんどが太陽光が届く世界に存在する——からだ。

一方で、沖合を泳ぎまわるトビウオ（ダツ目）のなかまは、流れ藻や漂流物に卵から伸びた多数の糸でからみつく纏絡卵（てんらくらん）を産みつける。同時に、流れ藻や漂流物は、深海魚の仔魚や稚魚たちにとっても、格好の隠れ場所になる。多くの仔魚や稚魚が透明であるのは、浮遊生活のなかで自身を目立ちにくくしているのだろうが、トビウオ類の稚魚の装いは、各鰭の模様は流れ藻のなかに体を紛れこませるにふさわしいものだ。

また同じトビウオ科のイダテントビウオの仔稚魚では、頭部背面が銀白に輝く様子が見られる。これは、体表面に虹胞が発達することによるもので、砕ける波に反射する光に紛れる効果（銀白色適応）が考えられている。同じダツ目のサンマも、孵化直後だけ頭部背面が白色を呈する。海の表層近くにいるトビウオやサンマにとっては、水中の捕食者（魚類）だけでなく、上空からの捕食者（鳥類）にも対応する必要があるのだろう。

一方、外洋表層で生活するアイナメ科、ヒメジ科、タカノハダイ科の稚魚は、背側が青色、腹側が銀白色の保護色（カウンターシェーディング*と呼ばれる）をしている。この保護色は、表層での漂流生活から流れ藻に寄り添う生活へと移行する際に、流れ藻に紛れる保護色へと変化する。反対に、トビウオ類の稚魚の装いは、成長にともない褐色混じりの体色から背側が青色、腹側が銀白色の体色へと変化する。流れ藻に体を紛れこませるにふさわしい各鰭の模様は、沖合を泳ぎまわる生活への変化によって不要となる。

*カウンターシェーディングとは、背側が暗色で腹側が明色である生物の体色について、たとえば魚類であれば、上方から見られたときには背が海の深みの色に、下方から見られたときには明るい海面のなかに溶けこむと同時に、横から見られたときには、暗色の背側が海面から光に照らされることで、体の立体感を失わせて見つけられにくくする機能をいう。

長い鰭の効用

多くの仔稚魚たちが、浮遊生活を助ける長い鰭を発達させるのは、沿岸魚を含め共通した特徴である。そのなかでフリソデウオ科の稚魚たちの派手に伸長した鰭と目立

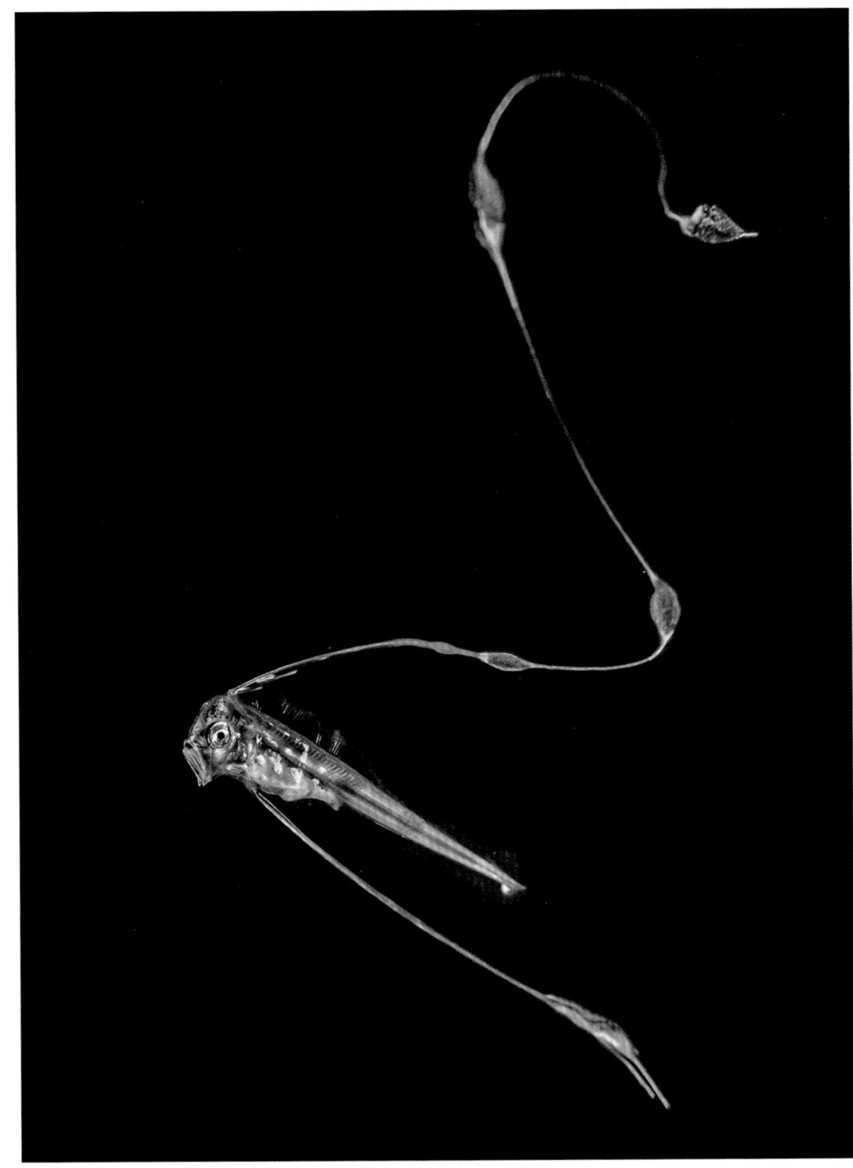

背鰭と腹鰭を長く伸ばしたフリソデウオ科の、孵化して間もない仔魚。

つ皮弁の模様も備えており、外敵の目や攻撃をそちらに向けさせる役割を想像させる。じっさい皮弁が傷ついたり破れたりしてなお、生きて泳ぎ続ける稚魚が見られるのは、そうした機能が効を奏している証でもあるだろう (p.60)。

また、長く伸びた鰭に別の意味を求めるなら、イトヒキアジの稚魚や幼魚をあげることができる。イトヒキアジは体長が1.5cmを超えると、背鰭と臀鰭が体長の2倍ほどに伸び、その後の成長にともなって体長の5倍以上の長さに達する。ダイビングの最中に、彼らが群れて幾条もの鰭条をたなびかせながら泳ぐ光景に出会うこともあるが、その長い鰭条はクラゲの触手に擬態するものと考えられている。有毒な刺胞を持つクラゲの触手は、多くの動物が擬態するのに相応しい対象といえる。

いずれにせよ、卵から孵化したばかりの仔魚には明瞭な鰭はなく、やがてそれぞれの鰭が分化しながら鰭条が発達しはじめる。とはいえ、深海魚の代表格であるアンコウ目の仔稚魚は、ナイトダイビングの光芒のなかでしばしば出会うことができるものたちだが、アンコウ属やヒメアンコウ属では体長1cmにも満たない仔魚でさえ、すでに鰭を伸長させている。またキアンコウ属では、腹鰭をさらに伸長させ、大きな胸鰭と尾鰭をゆらゆら動かして水中を漂う。着底した彼らが、背鰭を変形させた釣り竿とその先端の疑似餌をつかって獲物を捕食することはよく知られた生態だが、この時点で釣り竿にはまだ擬似餌はない。

その後、着底生活に向けて(カレイやヒラメとは違う形で)身体を扁平化するとともに、疑似餌を発達させるのだろう。

沿岸魚の項で、カレイ目魚類が仔稚魚から成魚にいたる変化が「再演性変態」と呼ばれることを紹介した。それに対して、系統進化と関係がない稚魚・幼魚の形態や特徴が、成長とともに失われて成魚の形態を得る変化は「後発性変態」と呼ばれ、レプトセファルス幼生を持つウナギ、ウツボのなかまが見せる成長のさまはその例である。

レプトセファルス幼生については(沿岸魚の項でも紹介したが)、1928-1930年にアフリカの南方、水深340mで見つかったレプトセファルス幼生が、体長と尾部から伸びる糸状物をあわせると1840mmにもなり、世界一大きな仔魚として知られている。この個体の親はソコギス類やシギウナギ類ともいわれながら、未だ確定にはいたっていない。

レプトセファルス幼生は、一般的な成長とは異なり、幼生が稚魚へと変態するときに体が44～80%も縮むという特異な成長を遂げる。これは体の浮力を得るために体に取り入れた水分を、変態時に放出することで急激な退縮がもたらされるからだ。こうして幼生の時に必要だった浮力を取り去り、底生生活へと移行する。

外腸について

もうひとつ深海魚(たとえばアシロ科やホテイエソ科など)の仔稚魚の浮遊生活を助ける器官がある。「外腸」(p.52-53)と呼ばれ、発達した腸が体外に(脱腸状態で)長くとび出したもので、伸張した鰭にも見える。これは腸の表面積を増やすことで消化効率を高めるものでもあるが、同時に浮遊生活にあわせたものと考えられている。

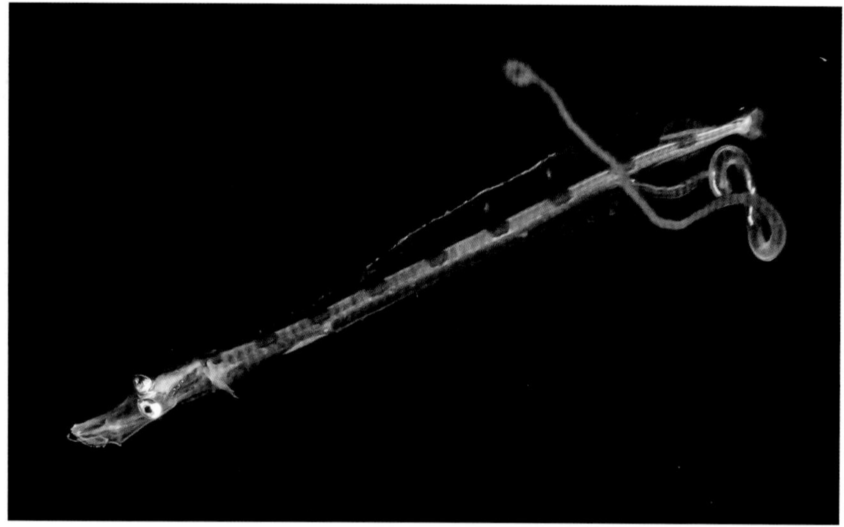

ホテイエソ科ダイニチホシエソ属の仔魚。糸状に伸びる外腸を持つ。

じつはわたしは、浮遊期の仔稚魚に外腸や長い鰭を持つ魚種が、現在知られているよりもまだ多く存在するではないかとも考えている。というのは、この細く弱い腸や鰭は、危険を感じたり外敵に襲われた際に——網で採集される際もそうだ——容易に脱落すると想像できるからだ。

近年さまざまな場面で、本書で数多く紹介されているように、ナイトダイビングによって浮遊生物たちが生きて泳ぐ姿が撮影されるようになってきた。こうして真の姿が明らかになった代表格は、鳥の羽毛へ擬態しているとも考えられるアシロ科オビアシロ属の仔魚である。

水中で捉えられたその姿は、背鰭や臀鰭を長く伸ばしており、それらが欠損した状態で掲載されて図鑑の姿とは似ても似つかないものだった。また同じアシロ科のオオコンニャクイタチウオの仔魚では外腸が体長の約2倍にまで達し、そこから多くの皮弁が伸びる姿は何とも幻想的だ（クラゲに擬態しているとの解釈もある）。彼らの真の姿は、直接の観察でしか出会えないもので、同様の例は他の仔稚魚たちでも十分にありえるだろう。

一次性深海魚と二次性深海魚

深海魚は、系統的に古い祖先から深海域に適応してきた一次性深海魚と、祖先種は浅海に生息し、その後深海に生息域を広げた二次性深海魚（陸棚性深海魚）に分けられる。

一次性深海魚は「外洋性深海魚」とも呼ばれ、その多くは中層に漂って暮らすもので、冒頭に紹介した日周鉛直移動を行うものが多い。本書で紹介しているものではワニトカゲギス目ホテイエソ科が一次性深海魚で、発光器があり“深海魚らしい”特徴を持つ。

ワニトカゲギス目に属すミツマタヤリウオ科の仔魚は、細長いひも状の透明な姿をしているが、体長40mmの個体では、頭部の側面から細長い棒状突起（眼柄）が伸び、その先端に目がついている。この眼は捕食者や餌生物の発見を容易にし、深海を生き抜くために必要な形態だったのだろう。長い眼柄は、成長とともに縮み、やがて飛び出ない眼に変化する。仔魚と成魚の姿のあまりの違い故に、発見時は別種として発表されていたほどだ。

発光器については、さまざまな機能が考えられているが、そのひとつにカウンター・イルミネーションがあげられる。すなわち、体の表面（とくに腹側）に発光器を持ち、下方から見たときに自らの魚影を隠すことで敵の眼をごまかそうとする防衛戦略である。

発光器の多くは球状をしており、発光細胞内で発光物質ルシフェリンと酵素ルシフェラーゼを化学反応させる自力発光型と、チョウチンアンコウが持つ光るルアーに見られるような、バクテリアを培養して光る他力発光型（共生発光型）に分かれる。ちなみに発光は、外敵からの防御だけでなく、餌を誘引する捕食や、雌雄で発光パターンが異なることで繁殖にも関与しており、その役目は多岐にわたる。一方、二次性深海魚は「陸棚性深海魚」とも呼ばれ、多くは底生で暮らしている。一次性深海魚に見られる”深海魚らしさ“がなく、浅海種と似た姿をしているのも多い。アシロ目やアンコウ目は二次性深海魚にあたる。

現在、もっとも深い場所（水深8336m）で生きている姿が確認された魚は、オタマジャクシの様な姿をしているスズキ目クサウオ科のスネイルフィッシュ（ギネス記録）であり、もっとも深い場所（8370 m）から採集された魚はアシロ科のヨミノアシロと、ともに二次性深海魚であるのは、彼らが底生であることとも関わっているのだろう。

*

最後に、成魚の雌雄と仔魚の姿があまりに違いすぎるために、それぞれ別のなかま（別科）として記載されていた例を紹介したい。

クジラウオ科の成魚の雌は大きな口と退化した小さな目をしている。一方で、ながらく雄が見つかっていなかった。しかし、ソコクジラウオ科とされていた種が、遺伝子解析によってクジラウオ科の雄であることが判明した。その姿は、雌よりも小型で目よりも大きな鼻を持つなど、まったく異なった姿をしていたために、同じなかまとは考えにくかったのだろう。

さらに、体長の15倍以上にも達する長い尾を持った両親とまったく異なる姿をしている仔は、当初リボンイワシ科の1種として扱われていた。しかし2009年の遺伝子解析によってクジラウオ科の仔魚であると判明し、ようやくすべて同じなかま（現在はクジラウオ科）とされるようになった。

ふだん深海に棲む魚類の一生を知ることはたやすいことではない。その狭い扉は、今後科学者たちとともに夜に海で観察するダイバーたちによって、ひとつひとつ開けられていくことになるのだろう。

（もり・としあき　魚類学）

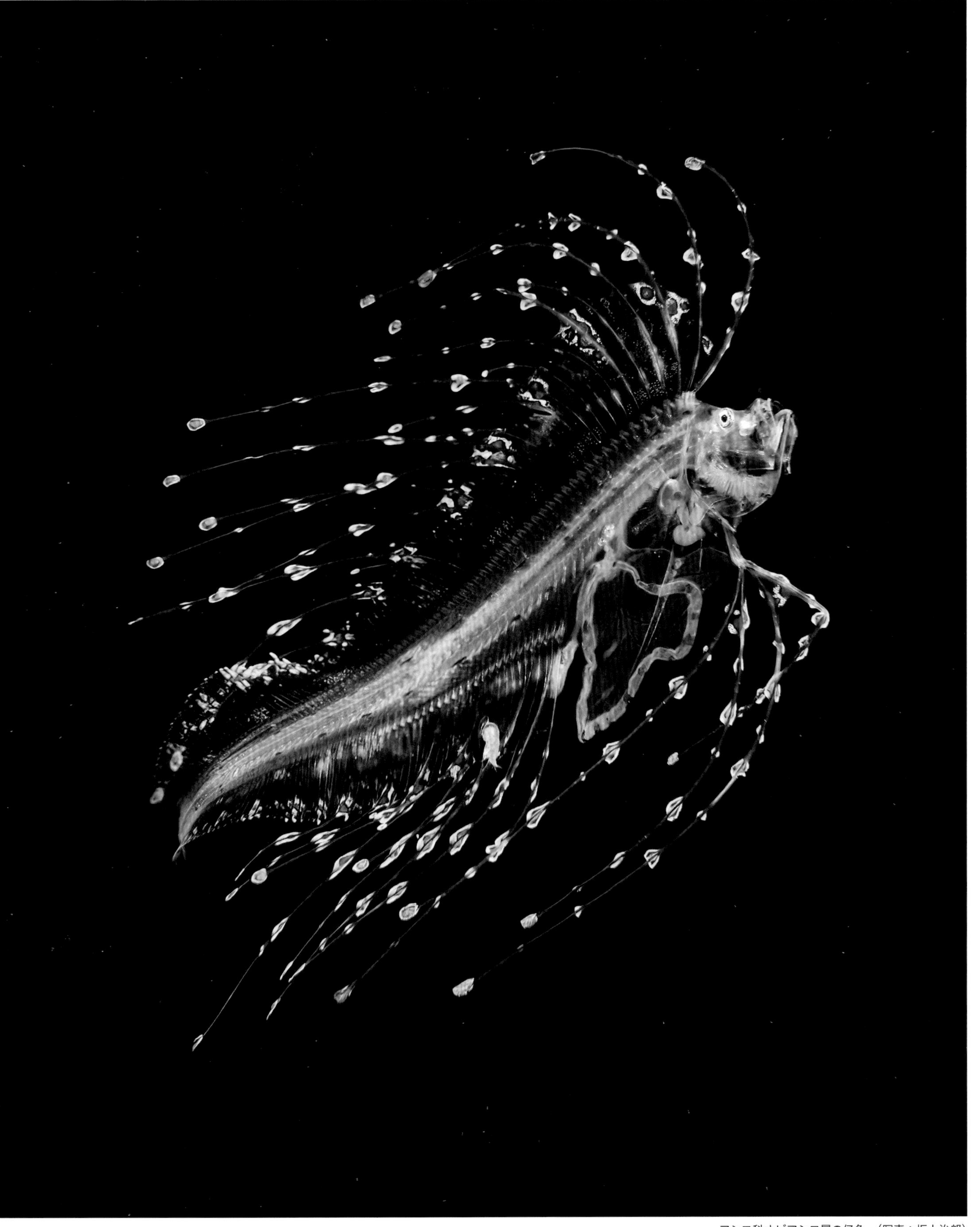

アシロ科オビアシロ属の仔魚。（写真：坂上治郎）

ウチワエビ属の一種
Ibacus sp.

ミズクラゲに付着する2匹のフィロゾーマ。孵化後に1、2回の脱皮を終えた幼生であると思われる。西日本では晩冬から初夏にかけて出現する。体長約10mm。

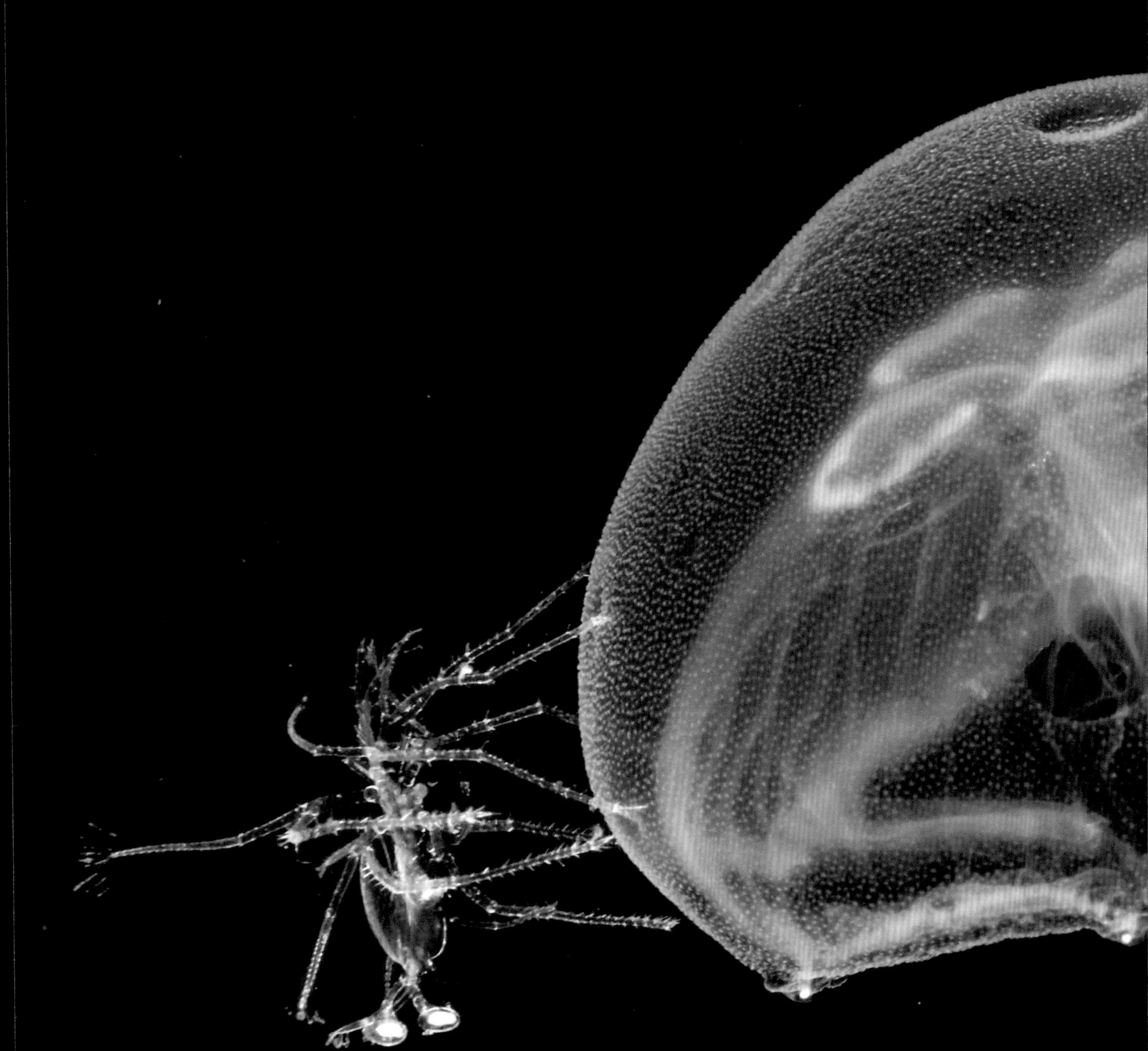

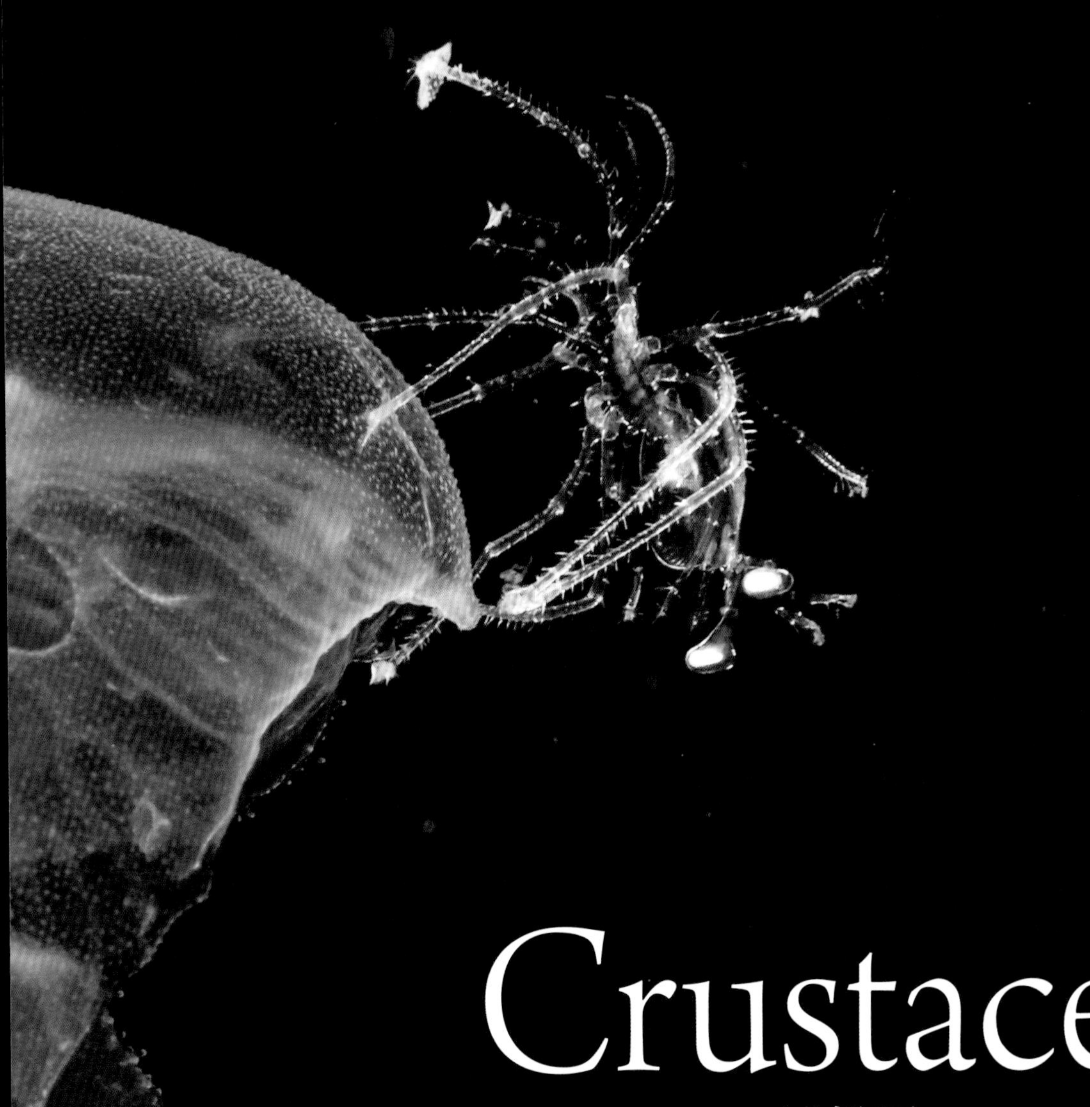

Crustacea
甲殻類

エビやカニなどの甲殻類といえば、
棘や鋏、関節構造を備えた独特のフォルムが最大の魅力だ。
あるものは、ロボットアニメのキャラクターにも似て、宇宙船を操るかの如くクラゲを乗りまわす。
波に漂いながら演じられる謎に満ちた生態を追う。

解説 若林香織
Kaori Wakabayashi

十脚目 Decapoda

クルマエビ上科 Penaeoidea

クルマエビ上科は、サクラエビ上科とともにクルマエビ亜目に分類される。本上科には4科（クルマエビ科・クダヒゲエビ科・イシエビ科・チヒロエビ科）が知られ、前2科の浮遊幼生は日本でもダイバーによってしばしば観察されている。チヒロエビ科のミシスは「モンスターエビ」と呼ばれる巨大な幼生で、日本周辺の外洋では数例のみ観察されている。

クダヒゲエビ科の一種
Solenoceridae sp.

ポストラーバ。稚エビにくらべ、体に透明感が残る。本科の多くの種の成体は水深200mより深い海底で生活するが、クダヒゲエビ属の種は比較的浅い場所にも出現する。体長約25mm。

クダヒゲエビ科の一種
Solenoceridae sp.

ミシス。本科の変態直前のミシスでは、頭胸甲や腹節に棘などの装飾が顕著に発達する。頭胸甲後縁に小さな鋸歯状の棘が並ぶ種も多い。体長約15mm。

クルマエビ科の一種
Penaeidae sp.

成体。周囲の粒子は卵。クルマエビ亜目の雌は交尾によって雄から受け取った精包を保持し、産卵時に受精させ、受精卵を海中に放出する。体長約40mm。

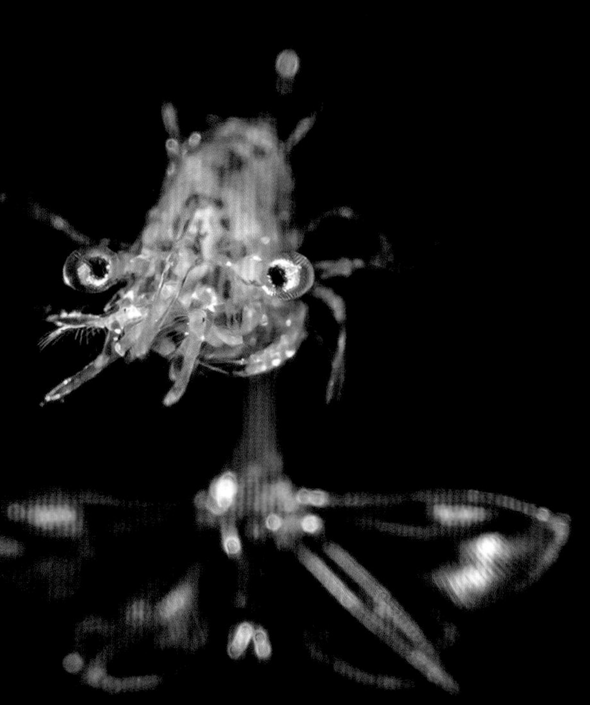

クダヒゲエビ科の一種
Solenoceridae sp.

ミシス。頭胸甲の装飾や付属肢の色彩模様が異なる複数の本科ミシスが、西日本〜沖縄諸島において確認されている。体長約15mm。

十脚目 Decapoda

コエビ下目 Caridea

ボタンエビや「甘えび」の俗称で知られるホッコクアカエビなどを含むタラバエビ科、浅瀬の藻場やサンゴ礁に多いモエビ科、二枚貝やイソギンチャクなどさまざまな動物と共生するカクレエビ科など、多くの身近なエビが分類されるグループである。ゾエアには科ごとに異なる特徴が現れやすい。

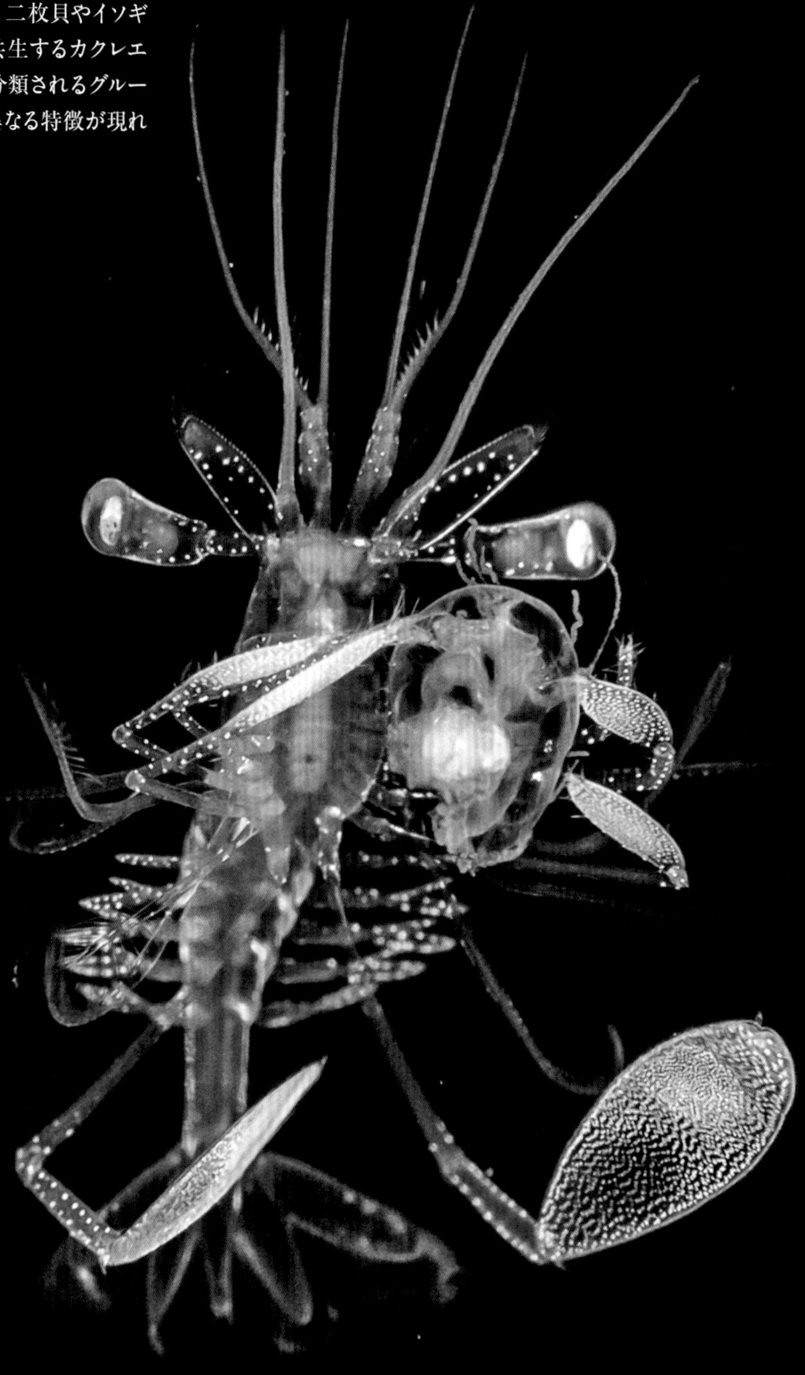

ヒゲナガモエビ科の一種
Lysmatidae sp.

後期ゾエア。胸脚の前節が幅広に変形するのは本科ゾエアの特徴である。眼柄は長く、体は細い。単独で浮遊することが多いが、この個体はクラゲの一種を保持している。体長約15mm。

コエビ下目の一種
Caridea sp.

後期ゾエア。胸脚と腹肢の刺毛が顕著に発達し、これらの付属肢を広げると体の周囲に毛が密生するように見える。その機能等は不明である。体長約15mm。

モエビ科または ヒメサンゴモエビ科の一種

Hippolytidae sp. or Thoridae sp.

稚エビ。両科ともに多くの属を含み、形や大きさは多様性に富む。第1触角の形状と第2胸脚に見られる節の数などで分類できる。体長約7mm。

テッポウエビ上科の一種

Alpheoidea sp.

デカポディド。テッポウエビ科やカクレエビ科では、左右のどちらかの第1胸脚が極端に大きくなる種が多い。成体になると魚類や貝類などと共生する種も知られる。体長約15mm。

ソコシラエビ属の一種

Leptochela sp.

腹部に卵を抱えた雌の成体。日中は海底付近に潜み、夜になると摂餌のために浮上する。マダイやタチウオなど甲殻類を主な餌とする魚類に捕食される。体長約15mm。

コエビ下目の一種

Caridea sp.

中期ゾエア。中央の赤い部分は口器。大顎、2種類の小顎、3種類の顎脚で構成され、胸脚で捕獲した餌を顎脚や小顎で口のなかへ押しやり、大顎で咀嚼する。体長約5mm。

コエビ下目の一種

Caridea sp.

後期ゾエア。群体性の放散虫に乗っている。胸脚の後方に淡く見える羽のような構造は胸脚の外肢で、羽ばたくように動かして遊泳する。体長約5mm。

十脚目 Decapoda

イセエビ下目 Achelata

イセエビやセミエビなどの大型高級エビ類を含むグループ。成体はザリガニやオマールエビを含むザリガニ下目とよく似るが、幼生の形はまったく異なる。本下目のゾエアは「フィロゾーマ」と呼ばれ、とくにヒメセミエビ亜科やウチワエビ属のゾエアは沿岸域でしばしば確認される。

ヒメセミエビ亜科の一種
Scyllarinae sp.

中期ゾエア。イセエビ下目のゾエアは、クラゲやサルパなどのゼラチン質動物プランクトンを餌や乗り物として利用することが知られている。体長約10mm。

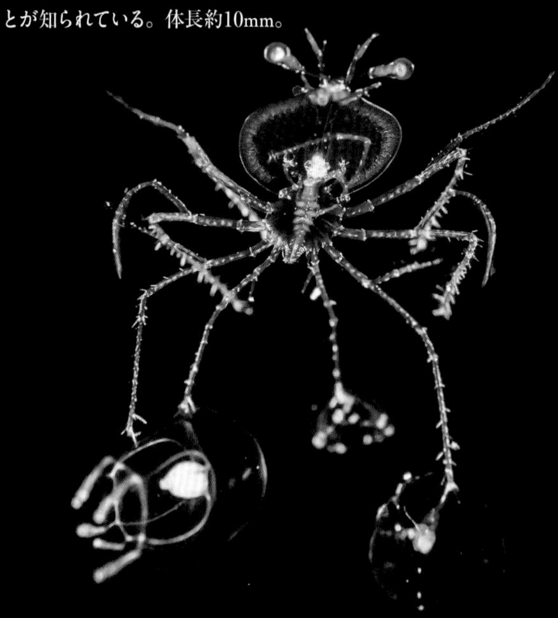

エクボヒメセミエビ属の一種
Eduarctus sp.

後期ゾエア。イセエビ下目のなかで最も小型のグループ。日本周辺ではエクボヒメセミエビ（*E. martensii*）の成体が相模湾、土佐湾、九州沿岸などから記録されている。体長約15mm。

セミエビ
Scyllarides squammosus

デカポディド（ニスト）。第2～5腹節の背側に隆起があり、とくに第4腹節の隆起は大きな角状になる。ゾエアは外洋でニストに変態し、着底場所である沿岸まで泳いでくると考えられている。体長約30mm。

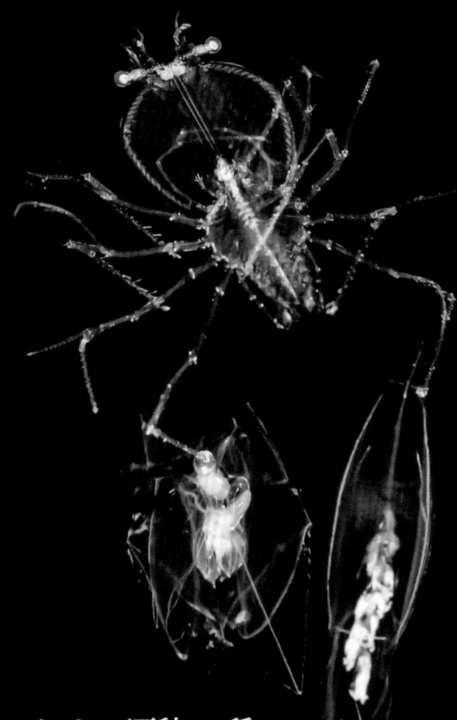

ヒメセミエビ亜科の一種
Scyllarinae sp.

後期ゾエア。変態直前のゾエアでは胸脚の基部に鰓が形成される。この特徴は、イセエビ下目の他のグループでも認められる。体長約10mm。

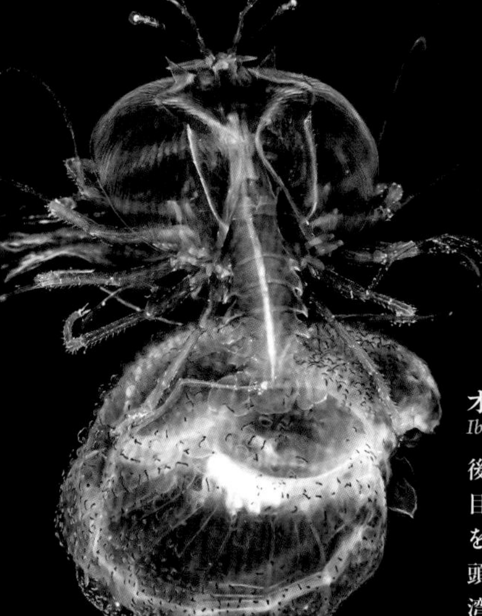

オオバウチワエビ
Ibacus novemdentatus

後期ゾエア。イセエビ下目のゾエアは扁平な頭甲を持つが、本属ゾエアの頭甲は周縁がやや腹側に湾曲し、アーチ状になる。体長約30mm。

オトヒメエビ
Stenopus hispidus

デカポディド。本種はゾエア期を持ち、変態によってデカポディドにいたる。最もよく発達する第1胸脚と、そのすぐ後方にある第2、3胸脚の先端は鋏状になる。体長約20mm。

十脚目 Decapoda

オトヒメエビ下目 Stenopodidea

日本周辺にはオトヒメエビ科とドウケツエビ科が知られる。両科ともに、ゾエア期を経過する種と浮遊幼生期を持たない種があり、後者は卵から直接デカポディドを生じる。オトヒメエビ科のゾエアでは、頭胸甲前方に伸びる額棘が極端に長い。最後方の腹節も長く、体長のおよそ半分を占める。

十脚目 Decapoda

ヤドカリ下目 Anomura

コシオリエビ類が、貝殻に入って生活するヤドカリ類や、一見カニのような見た目のカニダマシ類と同じ仲間であるとは、なかなか理解しがたいかもしれない。しかし、ゾエアが持つ顕著な額棘や後側棘、ポストラーバの第2触角の位置や形状など、幼生期には多数の共通点を見ることができる。

カニダマシ科の一種
Porcellanidae sp.

ゾエア。体は小さいが、頭胸甲の額棘が著しく伸び、体長の2～3倍にもなる。種によっては後側棘も顕著に伸びる。甲長約5mm。

スナホリガニ上科の一種
Hippoidea sp.

ゾエア。頭胸甲の額棘と後側棘は太く伸び、尾節は幅広い。スナホリガニ科の尾節後縁は弧を描くのに対し、クダヒゲガニ科には左右1対の長い棘がある。体長約7mm。

チュウコシオリエビ科の一種
Munididae sp.

ポストラーバ。メガロパとも呼ばれる。頭胸甲の前端にある額棘は細く、その両側に短い棘がある。本科には、オオコシオリエビなど大型の種も含まれる。甲長約5mm。

コシオリエビ上科の一種
Galatheoidea sp.

ポストラーバ（メガロパ）。ヤドカリ上科のポストラーバ（グラウコトエとも呼ぶ）とよく似るが、コシオリエビ類は発達した第4胸脚を持つのに対し、ヤドカリ類では第4、第5胸脚が退化的になる。体長約3mm。

コシオリエビ上科の一種
Galatheoidea sp.

ポストラーバ（メガロパ）。チュウコシオリエビ科の他に、額棘が幅広で大きくなるコシオリエビ科と、細く短い額棘を1本持つシンカイコシオリエビ科がある。甲長約5mm。

十脚目 Decapoda

カニ下目 Brachyura

カニ類は世界で7,000を超える種が知られており、十脚目において最も繁栄するグループと言える。成体の多様性に勝るとも劣らないほど幼生の形態もさまざまで、その分類は非常に困難である。浮遊期が長い幼生は頭胸甲の装飾が顕著に発達する傾向がある。

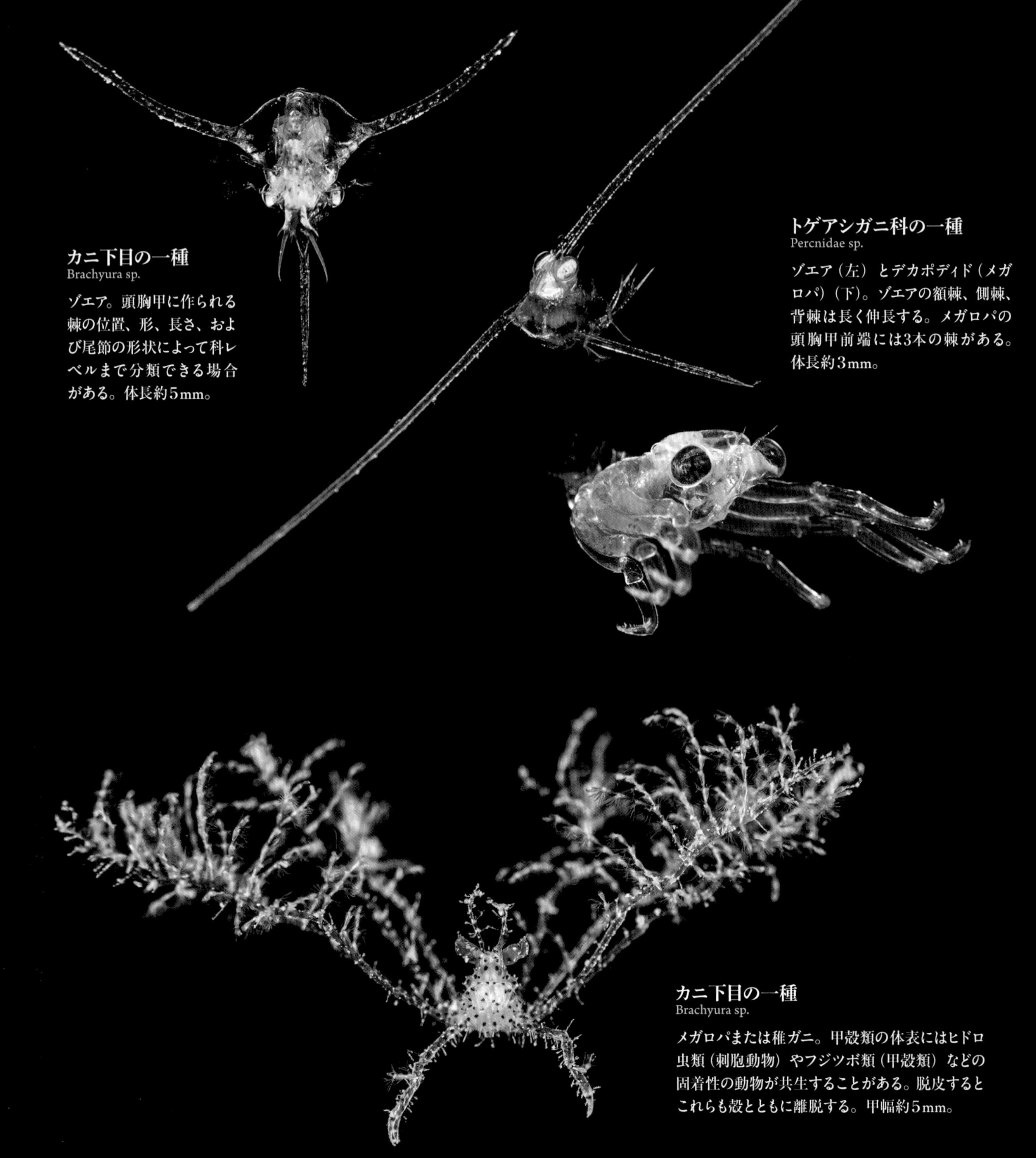

カニ下目の一種
Brachyura sp.

ゾエア。頭胸甲に作られる棘の位置、形、長さ、および尾節の形状によって科レベルまで分類できる場合がある。体長約5mm。

トゲアシガニ科の一種
Percnidae sp.

ゾエア（左）とデカポディド（メガロパ）（下）。ゾエアの額棘、側棘、背棘は長く伸長する。メガロパの頭胸甲前端には3本の棘がある。体長約3mm。

カニ下目の一種
Brachyura sp.

メガロパまたは稚ガニ。甲殻類の体表にはヒドロ虫類（刺胞動物）やフジツボ類（甲殻類）などの固着性の動物が共生することがある。脱皮するとこれらも殻とともに離脱する。甲幅約5mm。

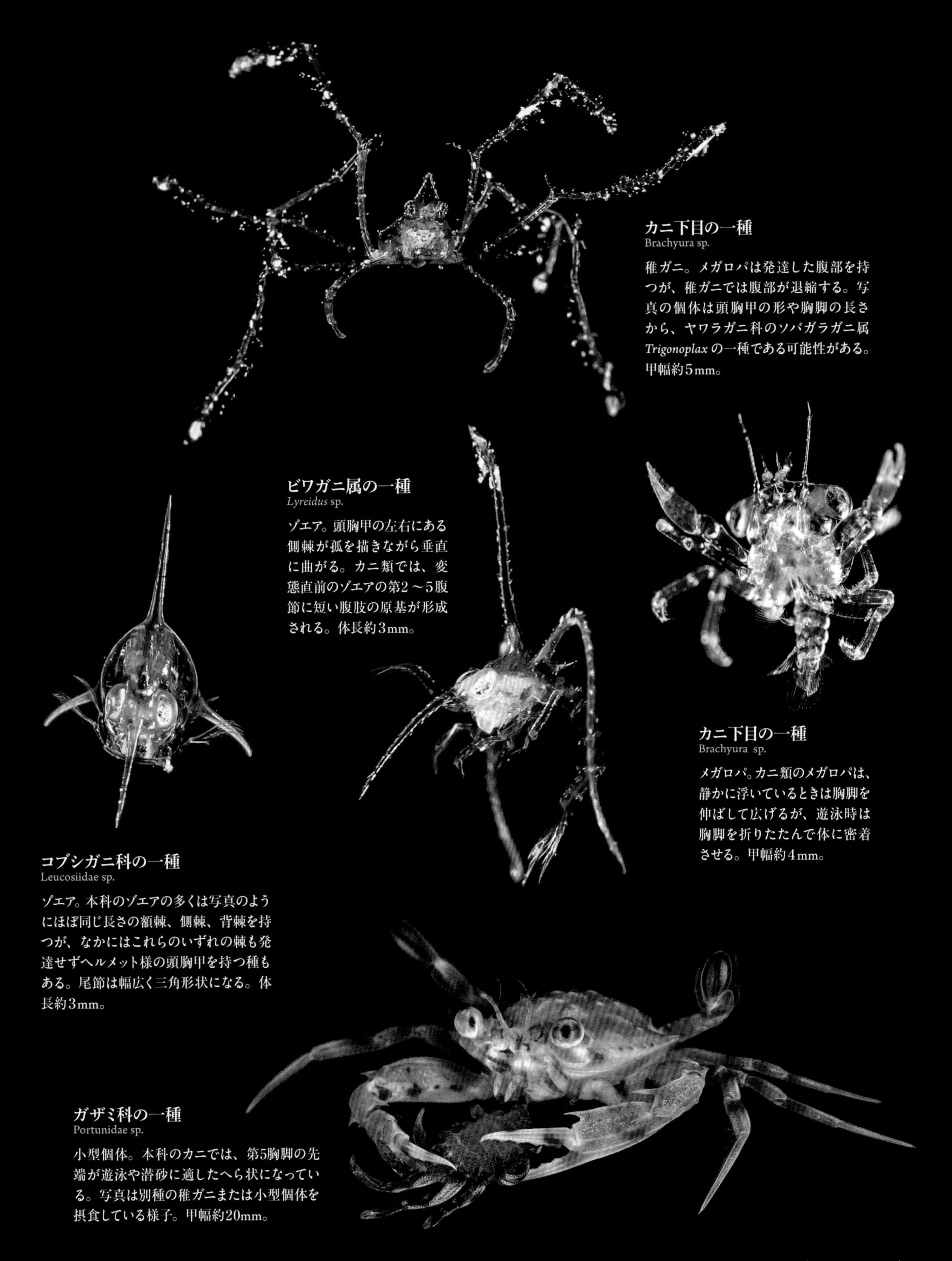

カニ下目の一種
Brachyura sp.

稚ガニ。メガロパは発達した腹部を持つが、稚ガニでは腹部が退縮する。写真の個体は頭胸甲の形や胸脚の長さから、ヤワラガニ科のソバガラガニ属 *Trigonoplax* の一種である可能性がある。甲幅約5mm。

ビワガニ属の一種
Lyreidus sp.

ゾエア。頭胸甲の左右にある側棘が孤を描きながら垂直に曲がる。カニ類では、変態直前のゾエアの第2～5腹節に短い腹肢の原基が形成される。体長約3mm。

カニ下目の一種
Brachyura sp.

メガロパ。カニ類のメガロパは、静かに浮いているときは胸脚を伸ばして広げるが、遊泳時は胸脚を折りたたんで体に密着させる。甲幅約4mm。

コブシガニ科の一種
Leucosiidae sp.

ゾエア。本科のゾエアの多くは写真のようにほぼ同じ長さの額棘、側棘、背棘を持つが、なかにはこれらのいずれの棘も発達せずヘルメット様の頭胸甲を持つ種もある。尾節は幅広く三角形状になる。体長約3mm。

ガザミ科の一種
Portunidae sp.

小型個体。本科のカニでは、第5胸脚の先端が遊泳や潜砂に適したへら状になっている。写真は別種の稚ガニまたは小型個体を摂食している様子。甲幅約20mm。

口脚目 Stomatopoda

シャコのなかまである口脚目には、シャコ上科、フトユビシャコ上科、トラフシャコ上科など7つの大きなグループがある。シャコ上科が最も多くの種を含む。トラフシャコ上科は体長 50 cm にもなる大型の種を有し、その幼生も巨大である。

口脚目の一種
Stomatopoda sp.

ポストラーバ。その期間は非常に短い。シャコ (*Oratosquila oratoria*) のポストラーバは、半日から1日ほどで脱皮し、稚シャコになる。体長約15mm。

シャコ上科の一種
Squilloidea sp.

幼生。頭胸甲は多くの種において盾状である。鎌状の第2顎脚が大きく発達し、腹部は細く華奢である場合が多い。体長約15mm。

トラフシャコ上科の一種
Lysiosquilloidea sp.

幼生。本上科の最も発育した幼生は大型で、腹部が太く、胴部を覆う幅広い頭胸甲を作る。頭胸甲の形状は多様で、風船型、棘風船型、円盤型、戦車型がある。体長約15mm。

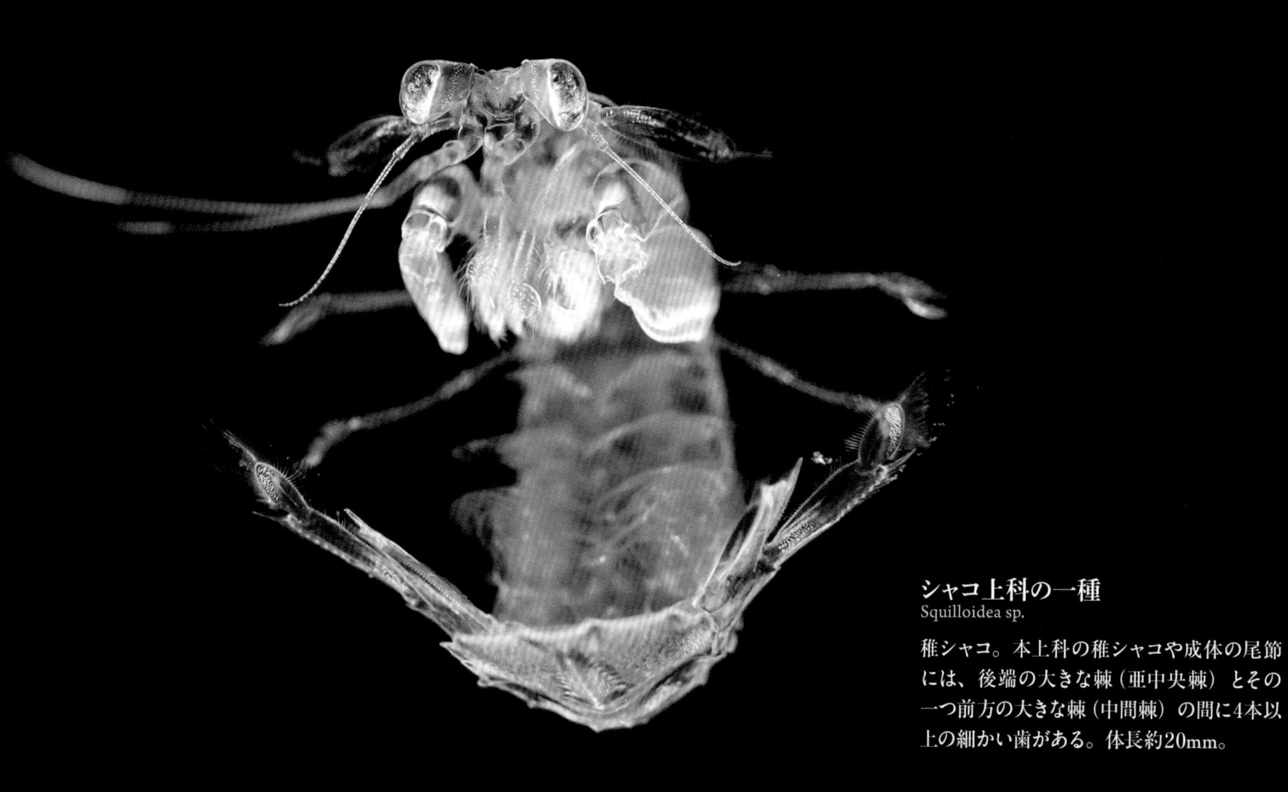

シャコ上科の一種
Squilloidea sp.

稚シャコ。本上科の稚シャコや成体の尾節には、後端の大きな棘（亜中央棘）とその一つ前方の大きな棘（中間棘）の間に4本以上の細かい歯がある。体長約20mm。

端脚目 Amphipoda

クラゲノミ亜目 Hyperiidea

本亜目に含まれるほぼすべての種がクラゲなどのゼラチン質動物プランクトンと共生する。食べることもあれば、子育ての場として利用することもある。共生は絶対的ではなく、単独で浮遊する個体も少なくない。基本的には終生プランクトンであるが、クラゲが出現しなくなる冬季を海底ですごすと考えられている種もある。

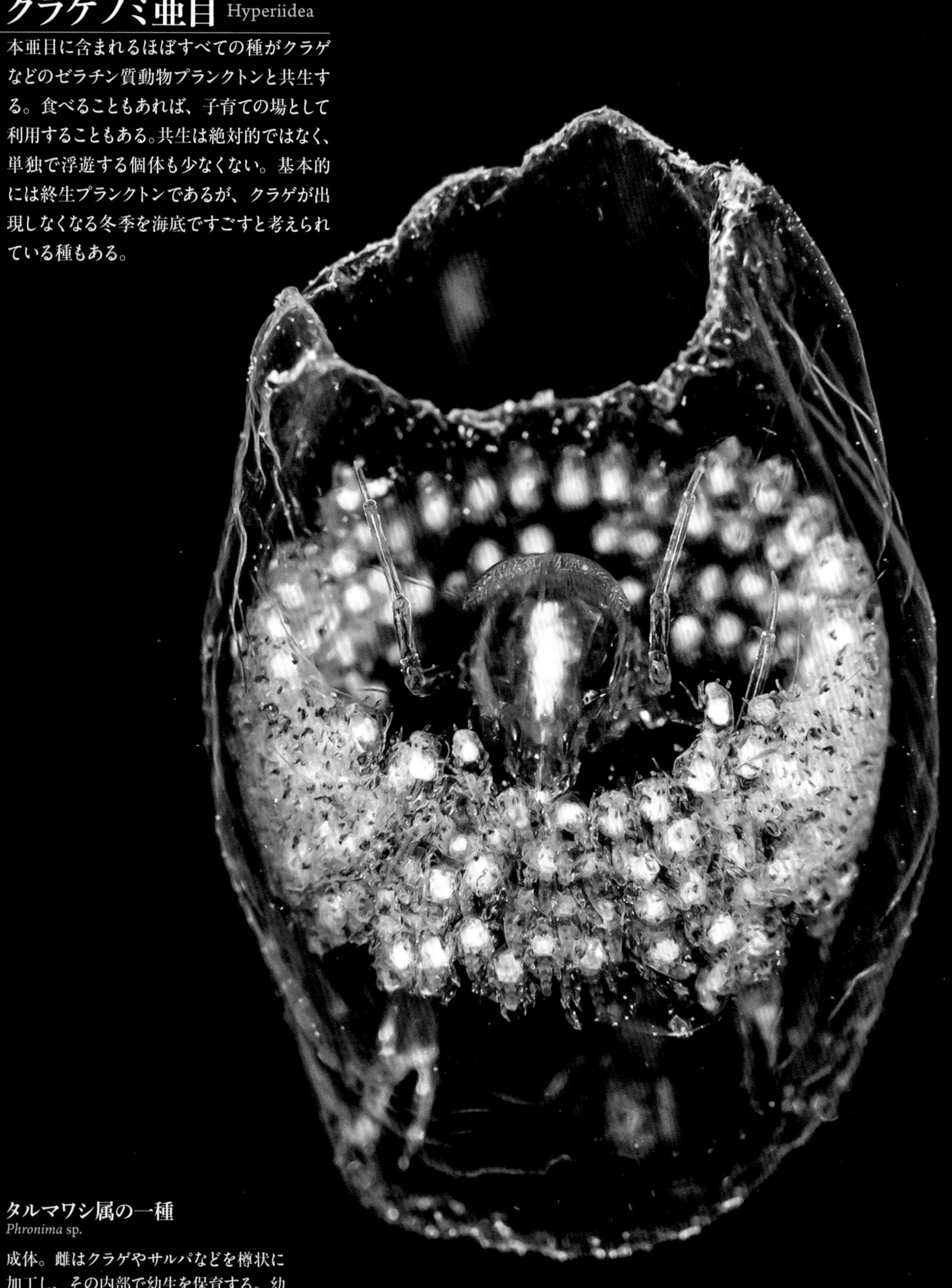

タルマワシ属の一種
Phronima sp.

成体。雌はクラゲやサルパなどを樽状に加工し、その内部で幼生を保育する。幼生は樽の内壁にリング状に並ぶ。成体とほぼ同じ形態になるまで発育したのち、樽を出て生活する。体長約15mm。

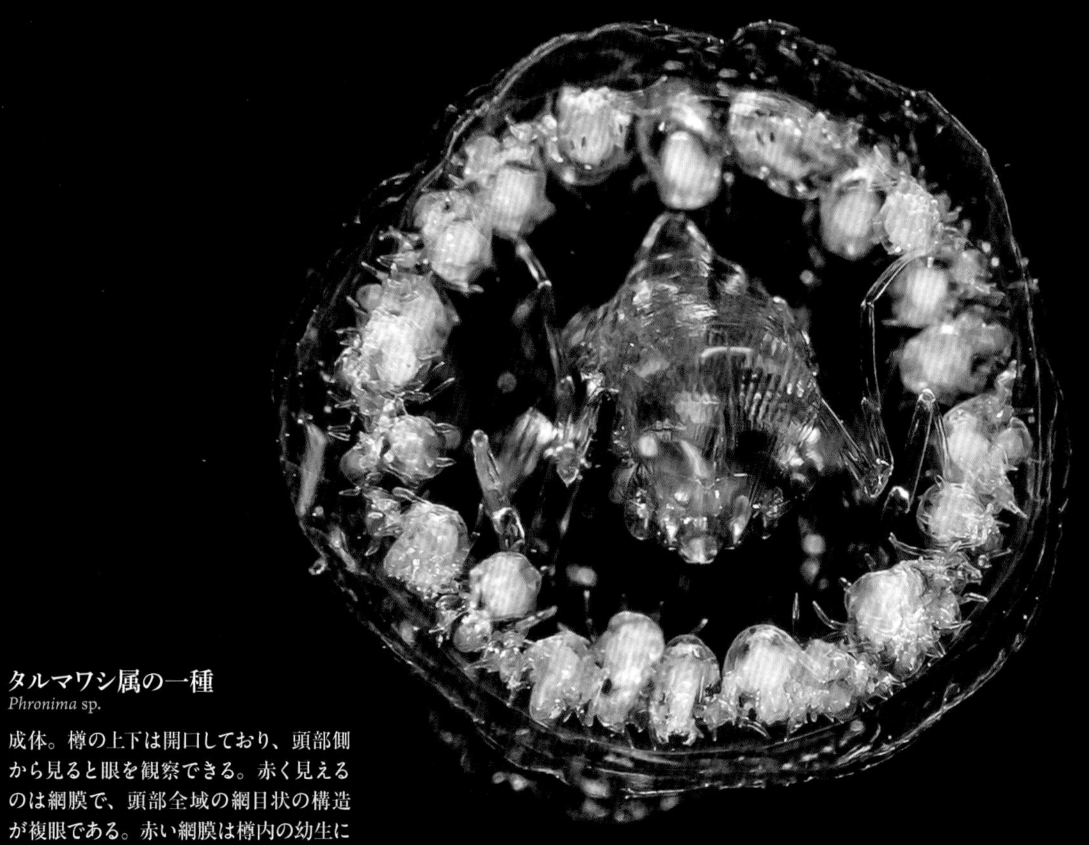

タルマワシ属の一種
Phronima sp.

成体。樽の上下は開口しており、頭部側から見ると眼を観察できる。赤く見えるのは網膜で、頭部全域の網目状の構造が複眼である。赤い網膜は樽内の幼生にも認められる。体長約10mm。

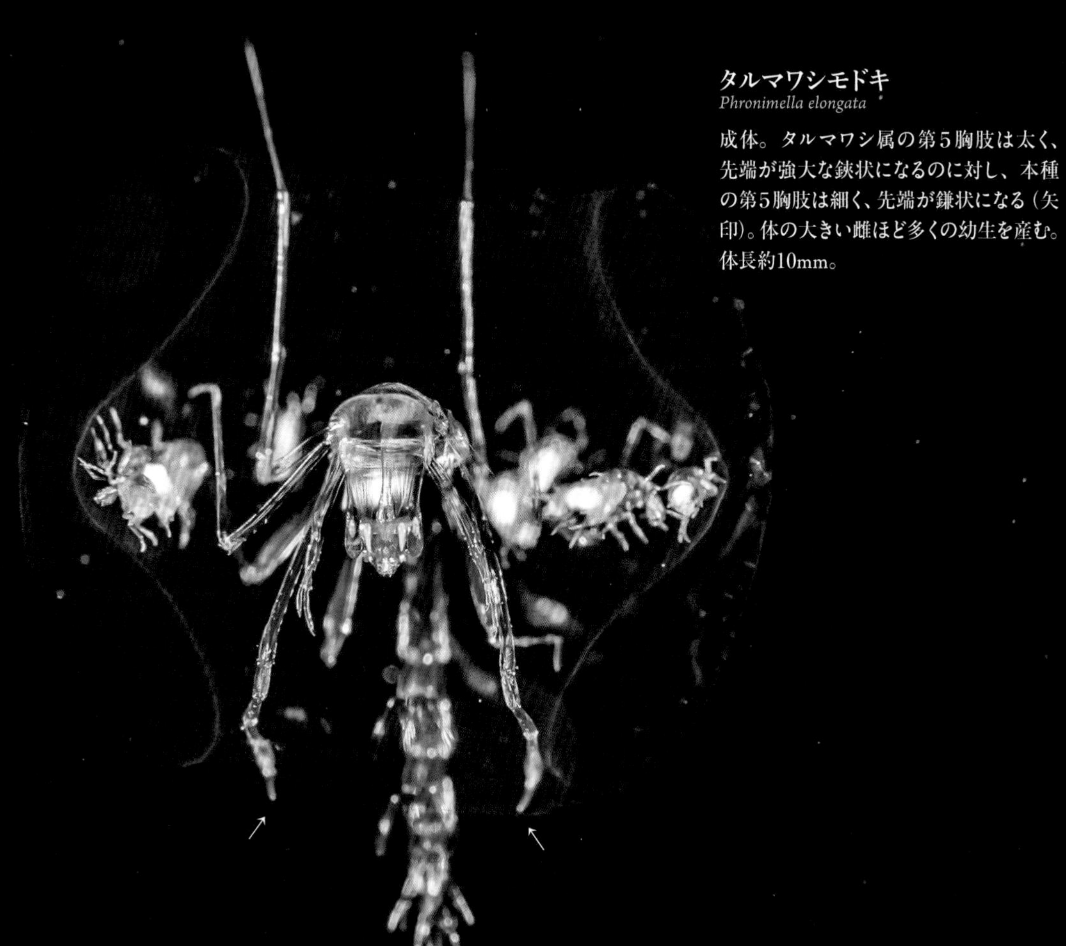

タルマワシモドキ
Phronimella elongata

成体。タルマワシ属の第5胸肢は太く、先端が強大な鋏状になるのに対し、本種の第5胸肢は細く、先端が鎌状になる（矢印）。体の大きい雌ほど多くの幼生を産む。体長約10mm。

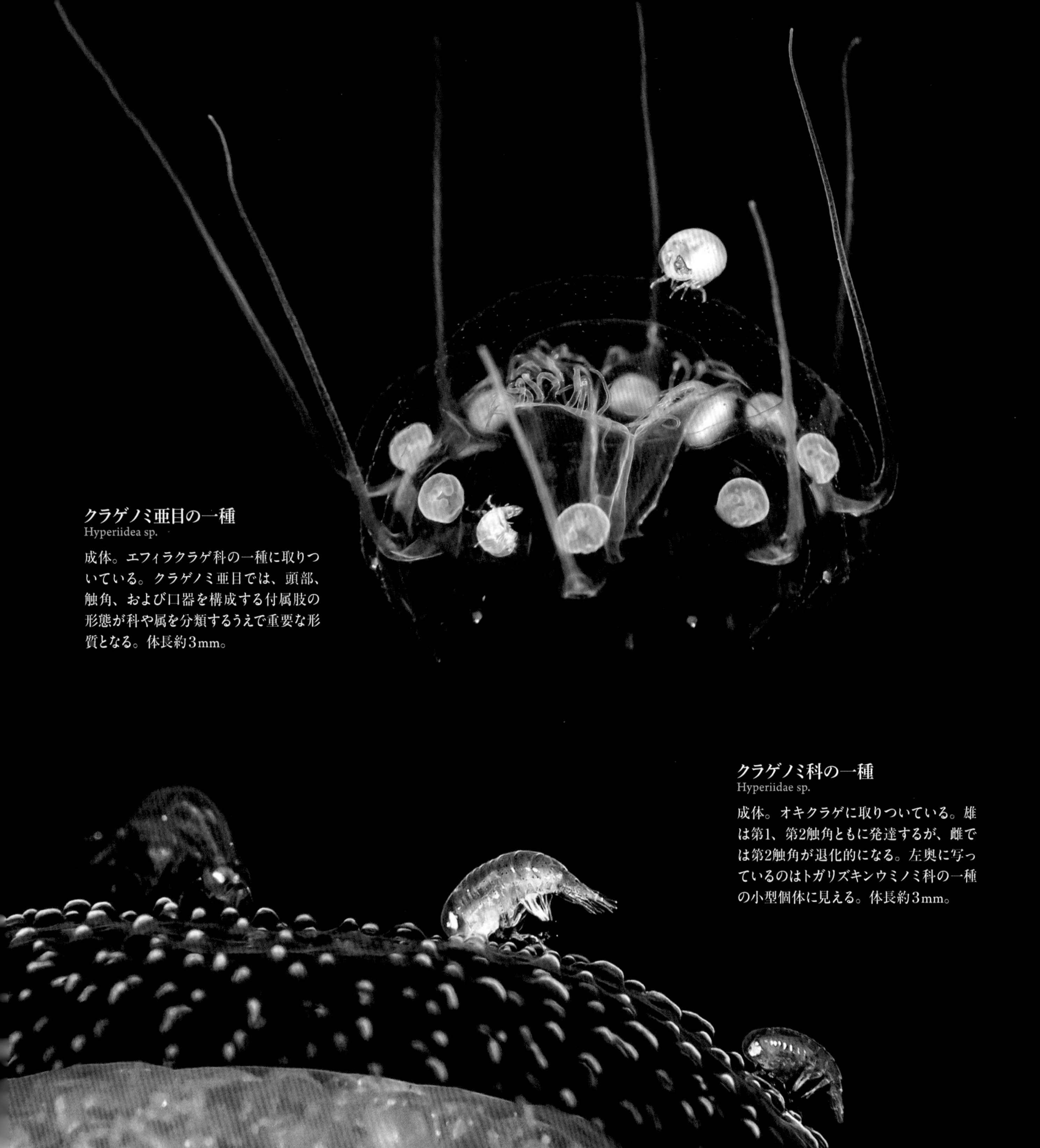

クラゲノミ亜目の一種
Hyperiidea sp.

成体。エフィラクラゲ科の一種に取りついている。クラゲノミ亜目では、頭部、触角、および口器を構成する付属肢の形態が科や属を分類するうえで重要な形質となる。体長約3mm。

クラゲノミ科の一種
Hyperiidae sp.

成体。オキクラゲに取りついている。雄は第1、第2触角ともに発達するが、雌では第2触角が退化的になる。左奥に写っているのはトガリズキンウミノミ科の一種の小型個体に見える。体長約3mm。

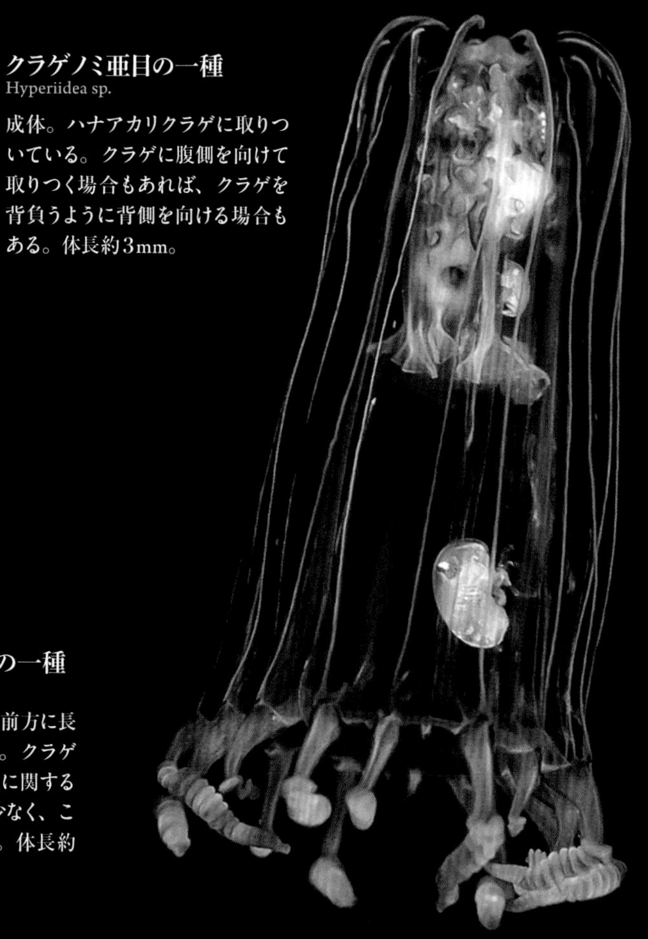

クラゲノミ亜目の一種
Hyperiidea sp.

成体。ハナアカリクラゲに取りついている。クラゲに腹側を向けて取りつく場合もあれば、クラゲを背負うように背側を向ける場合もある。体長約3mm。

ハリナガズキン属の一種
Rhabdosoma sp.

成体。頭部が小さく、前方に長い針状の額棘を持つ。クラゲやクシクラゲとの共生に関する情報は他種に比べて少なく、この写真は貴重である。体長約15mm。

アワセトガリズキン属の一種
Oxycephalus sp.

成体。本属の雌は特定のクシクラゲ類上で幼生を放出し、幼生はそのクシクラゲの体表を食べて成長することが知られている。写真の個体の体の中央に見える白い粒は育房に保持している胚である。体長約10mm。

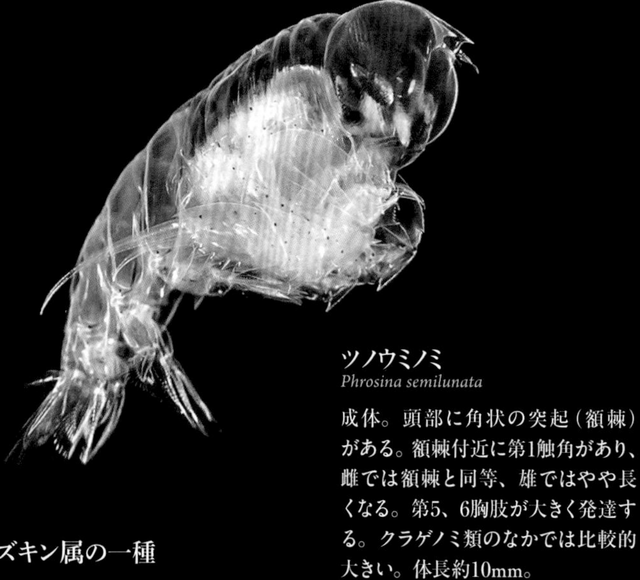

ツノウミノミ
Phrosina semilunata

成体。頭部に角状の突起（額棘）がある。額棘付近に第1触角があり、雌では額棘と同等、雄ではやや長くなる。第5、6胸肢が大きく発達する。クラゲノミ類のなかでは比較的大きい。体長約10mm。

海を漂う小さな甲殻類

Tiny crustaceans drifting in the sea

若林香織
（広島大学大学院・統合生命科学研究科）

十脚類の幼生

浮遊生物を対象とした水中写真のなかで、「甲殻類」に分類されるもののほとんどが、十脚類（十脚目）の幼生である。十脚類とは、エビ、カニ、ヤドカリなど5対10本の歩脚を持つ甲殻類の総称で、多くの場合、親（成体）は底生生活を送る。

十脚類には、交尾後の雌が受精卵を海中に放出するクルマエビ亜目（根鰓亜目）と、雌が受精卵を腹部に抱えて孵化まで保護するエビ亜目（抱卵亜目）がある。前者にはクルマエビやサクラエビが含まれ、その他大部分のエビ、カニ、ヤドカリは後者に分類される。両者とも、孵化後の幼生は脱皮を繰り返して発育する。体を大きくするだけではなく、脚の数を増やしたり、棘の長さを伸ばしたりと、脱皮の度に形を少しずつ変えるため、同じ種でも見た目が異なる場合が多い。

クルマエビ亜目の種（以下、クルマエビ類）は、海中を漂う卵からノープリウスが孵化する。この幼生は6回目の脱皮でプロトゾエアへと形を変える。続いて、プロトゾエアは3回目の脱皮でミシス（クルマエビ上科）またはアカントソーマ（サクラエビ上科）へと発育し、さらに3回の脱皮を経てポストラーバとなる。水中写真の被写体になるのはミシス期やアカントソーマ期の幼生とポストラーバがほとんどで、ときおりプロトゾエアが撮影されている。

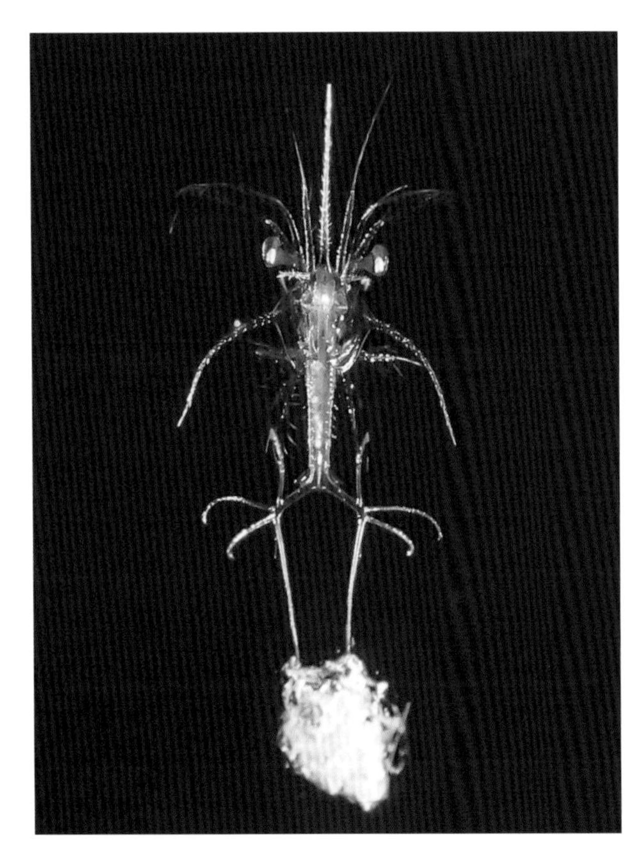

サクラエビ上科のプロトゾエア（エラフォカリスとも呼ばれる）。この時期の幼生の生態はほとんど解明されていない。写真は、プロトゾエアが懸濁性有機物を、自身の尾節棘で保持している。

一方、エビ亜目の種（以下、エビ類）では、成体雌が腹部に抱える卵からゾエアが孵化する。ゾエアは数回〜数十回の脱皮を繰り返して発育し、やがてデカポディド（クルマエビ類のポストラーバに相当する発育段階）へと変態する。発育後期のゾエアやデカポディドがしばしば水中写真の被写体となっている。

エビの幼生

円筒形の体を持つ十脚類といえば、エビである。プロトゾエア期やゾエア期以降の幼生の体も円筒形で、「エビ」の幼生であることは比較的分かりやすい。

クルマエビ類のプロトゾエアは触角（頭部付属肢）で泳ぐのに対し、ミシスやアカントソーマになれば胸脚の外肢（胸部付属肢）、ポストラーバになれば腹肢（腹部付属肢）を使って泳ぐ。同様に、エビ類でもゾエア期の幼生は胸脚の外肢、ポストラーバは腹肢を遊泳に使う。

エビ類には、触角を使って遊泳する幼生期が存在しない。そのため、プロトゾエア期の幼生はすべてクルマエビ類に分類できる。しかし、クルマエビ類のミシスやアカントソーマとエビ類に分類されるコエビ類（コエビ下目）のゾエアの区別はむずかしい。正確な区別には、第1触角の分節や第1小顎の外葉の有無を調べなければならないが、これらは顕微鏡下でようやく観察できるものだ。目視や水中写真で判別できる両者の違いは、尾肢に見られるかもしれない。

クルマエビ類の幼生は、左右の尾肢の外縁が一直線上になるほど大きく広げて遊泳するのに対し、コエビ類の幼生の尾肢は開いていても、左右外縁が成す角度は150度ほどであり、一直線上になることはあまりない。ただし、これらの指標はあくまで傾向であり、幼生は自身が置かれる環境によって尾肢を自由に動かすことができるので、必ずしもこれに当てはまらない場合もある。

なお、エビの幼生によく似た浮遊性甲殻類にアミ類とオキアミ類がある。海中で頻繁に観察される発育後期のエビ幼生には、5対のよく発達した胸脚が認められるが、アミ類では胸脚があまり発達しない。また、エビ幼生の鰓はほとんど発達せず、外部から観察できないが、オキアミ類の胸脚基部には樹状の鰓があり、頭胸甲（頭部と胸部を覆う甲羅）に覆われず露出している。

イセエビの幼生

同じエビでも、まったくエビらしい姿ではないのが、イセエビ類（イセエビ下目）のゾエアである。イセエビ類には、イセエビやニシキエビなどを含むイセエビ科と、セミエビ、ウチワエビ、ヒメセミエビなどを含むセミエビ科があり、どちらのゾエアも特別に「フィロゾーマ」と呼ばれる。

「フィロ」は葉っぱ、「ゾーマ」は体という意味のギリシャ語に由来し、「葉っぱのように薄っぺらい体」という意味になる。実際に、イセエビ類の幼生は厚さ1mm程度の薄い体に、体長の2倍ほどもある長い脚を備えており、まるでクモのように見える（p.73）。

このような体を獲得した理由には諸説あるが、多くの研究者が支持するのが「浮遊適応説」である。表面積の大きい扁平な体は、海底に対して水平になると抵抗を増して沈降を遅らせるのに役立つ。逆に海底に対して垂直になると、抵抗はほぼなくなり一気に沈降できる。潮流に対しても同様に、水の動きを体で受けて流されやすくなったり、向きを変えてその場に留まったりと、自然の力を上手く利用して浮遊生活を送っている。孵化後に半年から1年もの間、脆弱な体で海中を漂うイセエビ類の幼生が獲得した生きる術なのだろう。

フィロゾーマは、十脚類の幼生としては非常に大きくなる。イセエビ属では体長4cm、ゾウリエビ属では8cmにも達する。

カニの幼生

カニ類（カニ下目）は、十脚類のなかで最も種数が多い最大のグループである。ゾエアの体は、ヘルメット様の頭胸甲と短く細い腹部が特徴的で、基本形は四分音符の形に近い。しかし、頭胸甲に棘を備える種が多く、その形や長さは種や発育段階によって多様である。

カニ類のゾエアは発育後期でも体長（眼から腹部後端までの長さ）が数mmしかなく、稚魚類が好んで食べるカイアシ類とほとんど同じ大きさであるため、恰好の標的となり得る。ところが、頭胸甲に棘を備えることで、体の外縁は稚魚が開ける口の直径よりも大きくなる。体の前後に伸びる棘（それぞれ額棘と背棘）と左右の棘（側棘）は、しばしば体長の2～5倍もの長さになる。トゲアシガニ科やヘイケガニ科のゾエアは、前後方向に伸びる棘の前端から後端までの長さが2～3cmにも達する（p.76）。

体全体を巨大化させるには大きなエネルギーを要するが、殻の一部である棘だけを伸ばすのにはさほどエネルギーを必要としない。折れやすく邪魔なようにも見える棘は、カニ類のゾエアが被食を回避するための大事な装飾なのである。

ダイバーが撮影する水中写真に最も頻繁に登場する甲殻類の一つが、カニ類のデカポディド、「メガロパ」である。メガロパは、親とはまったく異なる形のゾエアから、親とほぼ同じ色や形の稚ガニへと変身する「移行期」であり、幼生の特徴である透明感のある体を残しつつも、親とほぼ同じ体制を持つ（カニ類ではデカポディドの段階をメガロパと呼ぶが、コエビ類ではポストラーバ、イセエビ科ではプエルルス、セミエビ科ではニスト、と分類群によって異なる名称が使われる）。

メガロパの色・形・大きさは種によって非常に多様であり、カニ下目が十脚目のなかで最大のグループであることを改めて実感できる。その一方で、メガロパに関する分類学的知見は非常に乏しく、写真ではほとんど種を同定できないのが現状である。メガロパ期がたった数日～数週間しかない、カニ類の一生においてもっとも短い期間であるために、研究が進んでいないからだ。

クラゲを利用する幼生たち

ダイバーによる水中での動物プランクトン目視観察がなされるようになって以降、エビ類の幼生がゼラチン状の体を持つゼラチン質プランクトンと共生していることがわかってきた。もっともよく知られるのが、イ

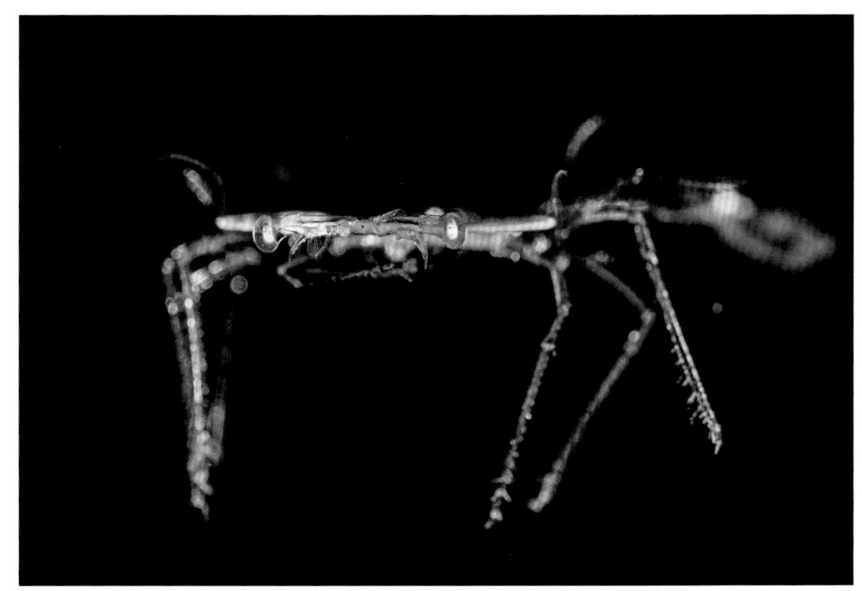

ヒメセミエビ亜科のフィロゾーマ。頭部側から撮影すると、彼らの体がいかに扁平であるかがよくわかる。ウチワエビ属の後期幼生は頭甲の外縁が腹側へやや巻きこむが、その他のイセエビ類幼生は極端に扁平な体を持つ。

セエビ類のフィロゾーマとゼラチン質動物プランクトンの共生である。

1963年に、オーストラリアの沿岸でクラゲの一種に乗って浮遊するウチワエビ属の幼生がダイバーによってはじめて発見され、科学雑誌の最高峰である「ネイチャー」誌に報告された。同年に長崎県の沿岸でも同様の現象が日本人研究者によって観察され、記録されている。これらの発見以降、イセエビ類のフィロゾーマがクラゲ、クシクラゲ、サルパなどの様々なゼラチン質動物プランクトンに乗って浮遊する様子が各地で報告され、さらにフィロゾーマはそれらを食べていることも明らかになった。

また、ダイバーがクラゲに乗ったフィロゾーマに近づくと、クラゲを盾に身を隠すそうだ。フィロゾーマは、ゼラチン質動物プランクトンを餌、乗り物、隠れ場所として日常的に利用しているようである。

同様の共生は、コエビ類のタラバエビ科のゾエアにも認められる。タラバエビ科の幼生の場合、クラゲやサルパに加え、放散虫や懸濁性有機物などにも乗っている。さらに、本書の作成中に、ヒゲナガモエビ科のゾエアがクラゲの一種を胸脚で保持している写真を見る機会に恵まれた。おそらくこれは、世界ではじめての観察例である(p.70)。

水中での目視観察が普及するほど、新しい発見がまだまだ続くに違いない。タラバエビ科やヒゲナガモエビ科のゾエアが、イセエビ類のフィロゾーマのようにクラゲやサルパを食べているかどうかは、明らかになっていない。

幼生の種同定の難しさ

甲殻類などの無脊椎動物の幼生は通常、親とは形がまったく異なるため、幼生をいくら丁寧に観察しても種を同定することができない。従来は、卵を持つ成体雌を水槽に入れて幼生が孵化するのを待ち、孵化した幼生に餌を与えて飼育することで、その種の幼生に関する情報を得ていた。これは長い時間と熟練した技術を要する方法であるため、ごく限られた種についての知見しかなかった。

近年は、DNA分析を用いる種判別方法が確立し、野外で見つかる幼生の種を比較的容易に知ることができるようになった。本書p.73のエクボヒメセミエビのフィロゾーマも、DNA分析によって同定された例の一つである。しかし、DNA分析によって幼生の種が明らかになるのは、親である成体のDNA情報がすでに存在する場合に限られる。わたしたちの目の前に現れる幼生が、じつはその親がまだ発見されていない、未記載種の幼生である場合もある。

「幼生」という概念がまだ存在しなかった時代には、無脊椎動物の幼生はそれぞれ個別の「種」として認識され、固有の学名を与えられた幼生も少なくない。アンフィオニデス(*Amphionides reynaudii*)は、その分類学的な所属を巡って多くの甲殻類研究者を悩ませてきた。

かつて、本種はこれが成体の姿であると考えられ、この1種のみが属する目階級群が設立されたこともあるが、現在ではDNA分析によって、アンフィオニデスはコエビ類のタラバエビ上科に属する種の幼生であると信じられている。

しかし、タラバエビ上科の既知種のなかに、アンフィオニデスと同種であることを示すDNA情報を持つものは存在しない。さらに、アンフィオニデスは、タラバエビ上科既知種の成体とも幼生とも、形態的に類似しない。そのため、アンフィオニデスはいまだに「疑問名」の状態である。本種についてさらに理解を深めるには、古典的な方法に立ち返って飼育してみたり、最先端の方法で遺伝子の働きを調べたりする必要があるだろう。

日本では、ダイバーによるアンフィオニデスの目撃例が世界に類を見ないほど多数報告されており、本種が豊富に存在する可能性を示唆している。アンフィオニデスの真の分類学的位置を明らかにできる場所は、日本かもしれない。

シャコの幼生

シャコは、甲殻類という点ではエビやカニの仲間であるが、エビ・カニが属する十脚目には入らず、シャコだけで構成される「口脚目」というグループに分類される。英語で「mantis shrimp(カマキリエビ)」と呼ばれ、鎌状に大きく発達する第2顎脚がシャ

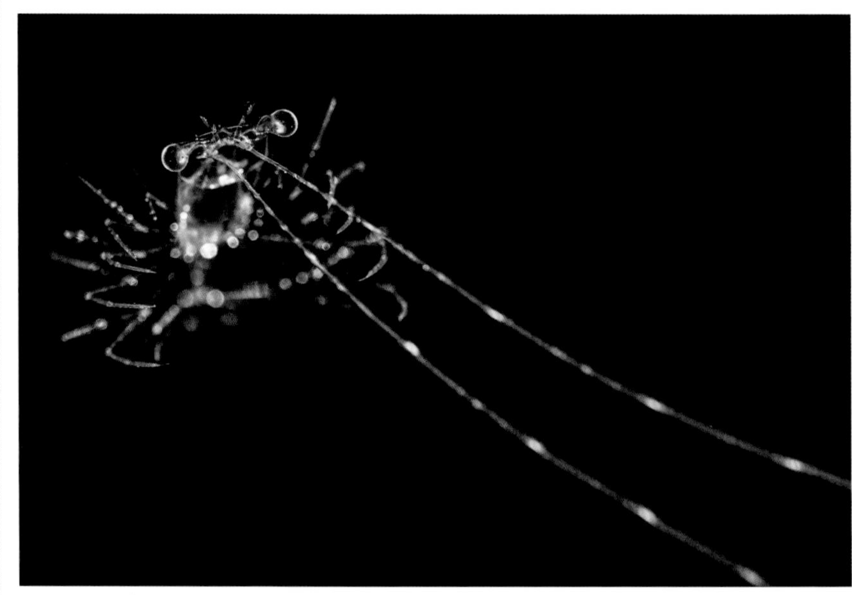

アンフィオニデス・レイナウディ。第2触角が非常に長い。写真は、ゾエア期の幼生に相当すると考えられる。日本周辺ではさらに、デカポディドに相当する個体も少数見つかっている。

コの最大の特徴であろう。

シャコは銃弾より威力があるといわれる第2顎脚を使ったパンチで、小型のカニや二枚貝の硬い殻をも砕いて食べてしまう。この第2顎脚の形成は幼生期にはじまり、発育後期の幼生の第2顎脚はすでに鎌状に発達する。立派な鎌を持つシャコの幼生を正面から観察すると、第2顎脚を前に出してファイティングポーズを取っているようにも見えるが、幼生が餌や捕食者に対してパンチを繰り出すかどうかは不明だ。

シャコの幼生が持つ頭胸甲の形も多様でおもしろい。シャコ上科の幼生の多くは、細い体に盾のような頭胸甲を背負っている。フトユビシャコ上科には、金平糖のように短い棘が四方に生えた頭胸甲を持つものがある。さらに、トラフシャコ上科の幼生は巨大で、100円玉ほどの大きさになる種も知られている。ロケット状に細長い頭胸甲を持つ幼生や、風船のように膨らんだ頭胸甲を持つ幼生も見つかっている。

クラゲノミの繁殖

「浮遊する甲殻類」は、底生生活を送る甲殻類の幼生にとどまらない。生まれてから死ぬまで、一生浮遊生活を送る生物を「終生プランクトン」と呼ぶが、このような生活史を持つ甲殻類は少なくない。代表的な終生プランクトンで、ユニークな繁殖生態をもつのが、クラゲノミである。

クラゲノミは、その名のとおり、クラゲにくっついた状態で見つかる端脚類である。彼らはクラゲがなくとも単独で浮遊できるが、クラゲに乗って、クラゲが集めた餌を横取りしたり、クラゲ本体を食べたりする。また、同一のクラゲ上に、同種のクラゲノミの成体雌と成体雄が見つかることもあり、彼らは繁殖のための出会いの場としてもクラゲを利用しているのかもしれない。

クラゲノミ亜目は現在35科に分類されている。このうち、繁殖生態が解明されている種はごくわずかで、その多くは雌が胸部にある「育房」と呼ばれる袋のなかで受精卵から稚クラゲノミまで保育する。

浮遊生物として観察できるカイアシ類。左：自由生活性のカイアシ類（カラヌス目の一種）、右：寄生性のカイアシ類（サルパに寄生するサフィリナ属の一種）。

しかし、なかにはクラゲを子育てに利用するクラゲノミがいる。代表的なのが、タルマワシ科のクラゲノミである。

タルマワシは、クラゲやサルパなどのゼラチン質動物プランクトンの内臓を食べ、外被を残して樽状の住処を作る。雌は、樽の内壁に未熟な段階の幼生を産みつけ、保育する。まるで人間のお母さんが赤ちゃんのために部屋を換気するように、タルマワシの雌はときおり樽のなかで腹肢を高速に動かし、樽の内部に新鮮な海水を送る。幼生は、樽の内壁をかじったり、雌が樽内に引き入れた餌を食べて成長し、やがて稚タルマワシとなって親元を去る。

浮遊するその他の甲殻類

カイアシ類は、ダイバーによる観察頻度が高い浮遊性甲殻類の一つであるが、その被写体となる個体のほぼすべてが成体である。甲殻類のなかでもっとも種数が多く、海水〜淡水、浅海〜深海、自由生活性〜寄生性など、さまざまな水圏環境へ水平的な進化を遂げている。

自由生活性のカイアシ類は、海洋生態系の栄養の基礎である植物プランクトンを食べて成長し、魚類や甲殻類に主食として利用される。海の食物網における重要な役割を担っていることから、海の米（sea rice）と呼ばれている。

一方、寄生性カイアシ類の多くは、魚類や甲殻類などの体表、鰓、体内などに寄生する。幼生期に浮遊生活を送るが、その観察は容易ではない。唯一、サルパに寄生するサフィリナ類は、浮遊生態系において容易に観察できる寄生性カイアシ類である。サルパが出現する環境ではサフィリナの出現頻度も高く、単独で浮遊する場合も多い。雄の体表には結晶構造による構造色があり、宝石のように美しい。

寄生性カイアシ類は、宿主となる動物の体をかじる、穿孔するなど、多かれ少なかれ傷をつけるため、海の虱（しらみ）（sea lice）と呼ばれている。奇しくも、アルファベットの一字違いが、両者の生態的役割をよく表現している。

（わかばやし・かおり　海洋生物学・水産増殖学）

ヘッケルが描いた甲殻類

Crustaceans drawned by Ernst Haeckel

水口博也

19世紀から20世紀初頭にかけて生きたドイツの生物学者エルンスト・ヘッケル（1834～1919）は、「個体発生は系統発生を反復する」とする反復説を唱えたことであまりに著名だ。これは、当初から批判を受けながらも、現代の発生学のなかでもその考えは底辺に流れているといっていい。一方で、いまのわたしたちから考えれば優生学的な思想のために批判をうけた生物学者でもある。

とはいえ、彼が偉大な学者であることは間違いなく、たとえばわたしたちが使う「系統樹」という言葉も、ヘッケルによるものである。しかし、いまふりかえって彼が後世に残したもののなかでいまも精彩を放ち続け、後世に生きるわたしたちの精神を豊かにしてくれているものがあるとすれば、彼が生物画家として残した、放散虫とクラゲ類を中心にした多くの海産生物を描いた一連の作品群だろう。

*

もともと医学生だった彼は、22歳になる1856年、南仏ニースに近いヴィルフランシュ湾で4週間をすごし、そこで採集した海の動物たち、とりわけ放散虫を観察し、精緻に描き続けた。こうして、当初は放散虫の研究と描画で名をなした彼だが、1864年にヴィルフランシュ湾を再訪したときには、刺胞動物のクラゲを中心に採集と観察、描画に没頭する。

Ernst Haeckel/Universal Images Group/Agefotostock

彼の放散虫やクラゲの研究は、その後1872～76年にイギリスの王立協会によって行われたチャレンジャー号の海洋探検でも行われ、そのときの採集品はいまも残されている。わたし自身、このチャレンジャー号探検時にヘッケルによって採集された放散虫のスライド標本コレクションを、ロンドン自然史博物館で直接目にした記憶がある。

ちなみに彼が描いたスケッチは、版画家アドルフ・ギルチ Adolf Giltsch の手によって作品化され『Kunstformen der Natur（自然の芸術的形態）』として後世に遺され、わたしたちの目に触れることになる。ちなみにこの本は、1899～1904年にかけて10冊本として刊行され、1904年に完成版が出版されたものだ。

放散虫とクラゲの描画を数多く残したヘッケルだが、甲殻類や頭足類のほか、貝やウミウシを含む軟体動物や魚類など、さまざまな海産動物の絵を残している。そのなかで、けっして多いとはいえない甲殻類を描いたある1枚（右）には、本書でも紹介するシャコのなかまが、カマキリの鎌のような第2顎脚を誇示するように広げ、そのまわりには、フィロゾーマを含む各種の幼生も描かれている。

こうして彼の作品群を仔細に眺めれば、彼が魅せられたのが、左右相称性や放射相称性など生物の世界が見せる秩序であったことを、自ずから見てとることができる。とすれば、若い日の彼が最初に放散虫に興味をもったことは素直に理解できるが、ときに近未来的なキャラクターさえ思わせる甲殻類とその幼生たちも、もっと描き残してほしかったと思うのは、もちろんヘッケルの作品ファンとしての私の勝手な思いである。そして、その作品性は、エミール・ガレやルネ・ラリックなどアールヌヴォーの芸術家たちに大きな影響を与えたことはよく知られている。

（みなくち・ひろや）

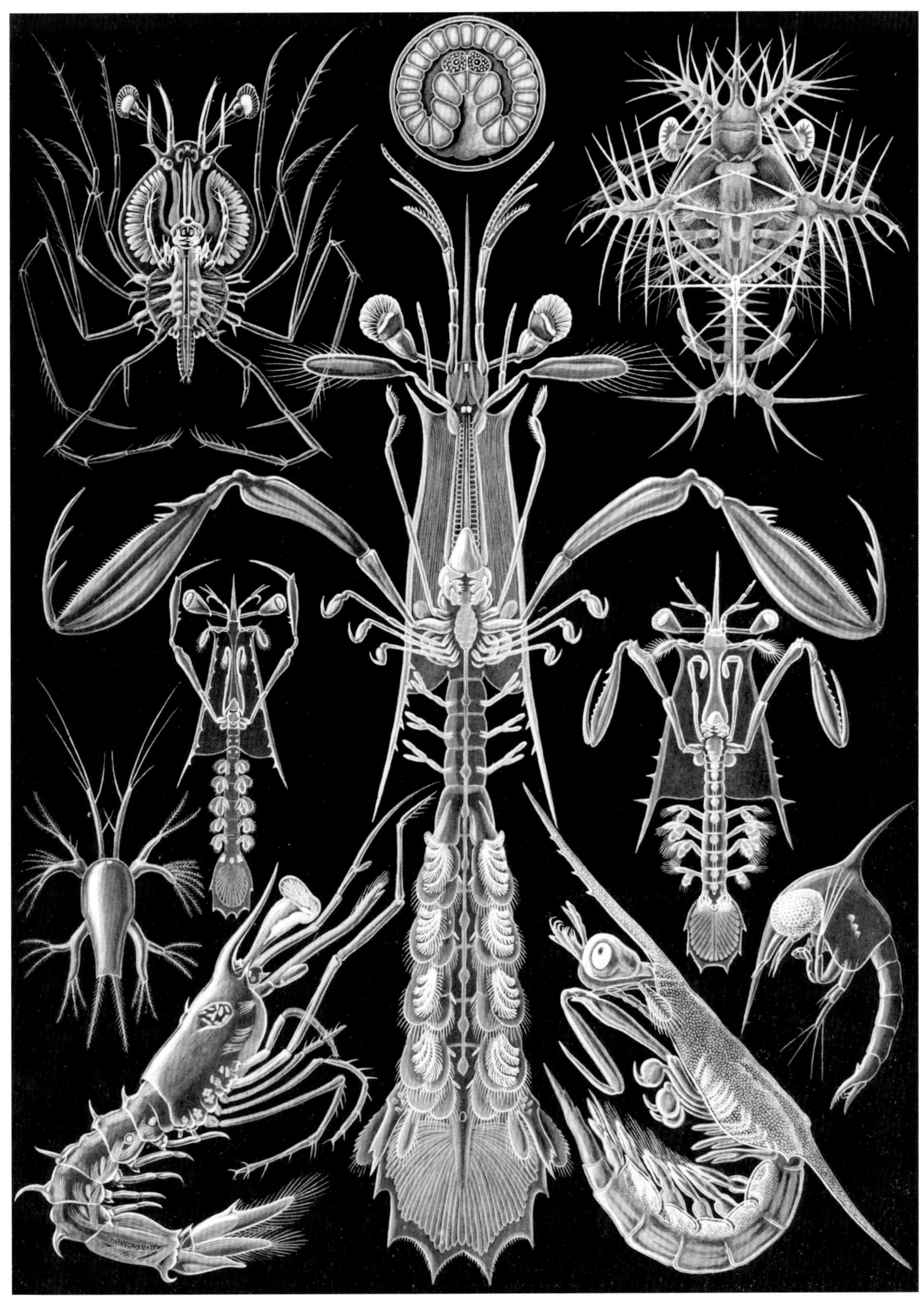
Ernst Haeckel/Universal Images Group/Agefotostock

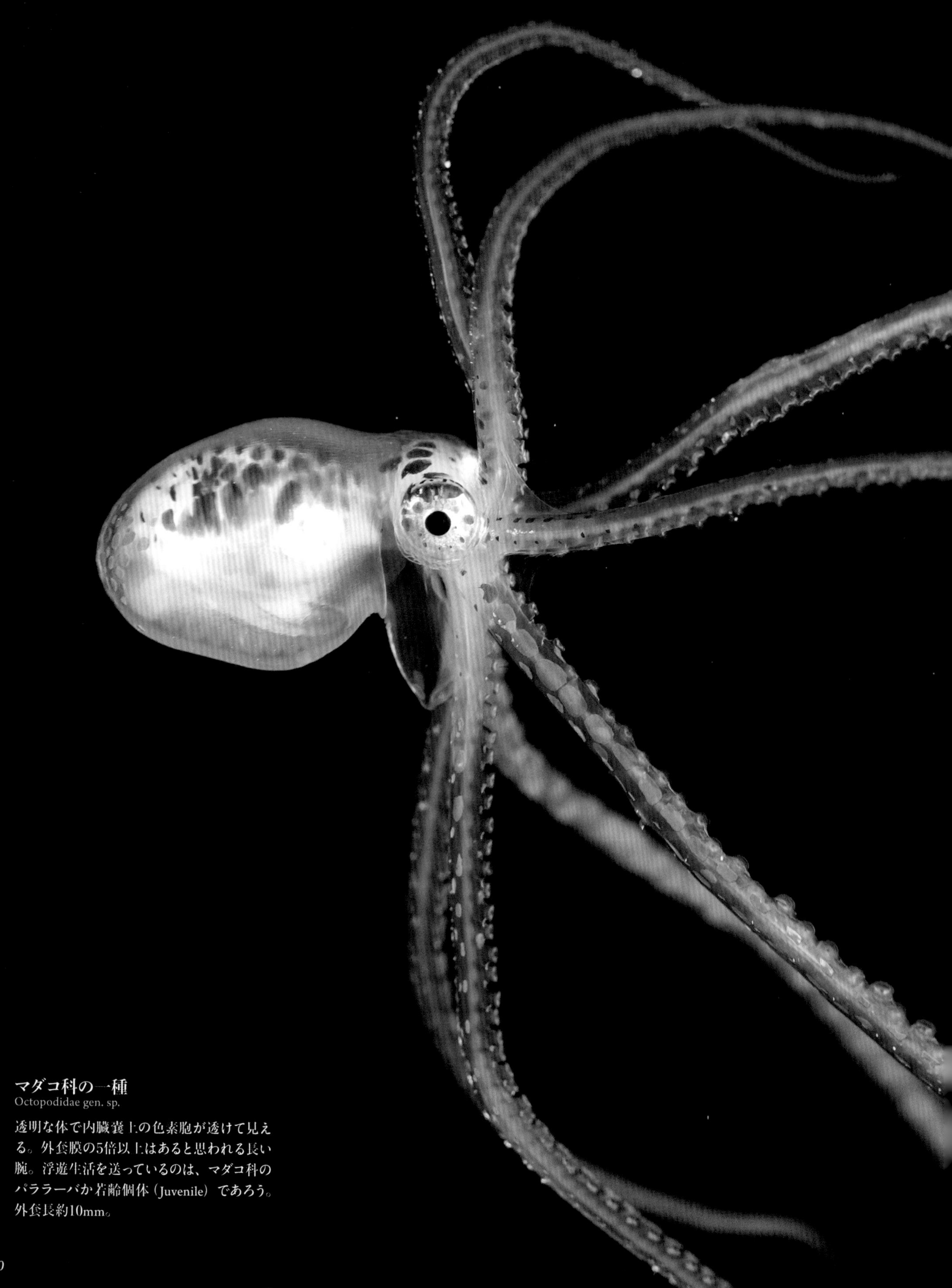

マダコ科の一種
Octopodidae gen. sp.

透明な体で内臓嚢上の色素胞が透けて見える。外套膜の5倍以上はあると思われる長い腕。浮遊生活を送っているのは、マダコ科のパララーバか若齢個体（Juvenile）であろう。外套長約10mm。

Cephalopoda

頭足類（イカ・タコのなかま）

体に増えはじめた色素胞のさまを変幻に変えて、夜の海に漂い蠢く。
頭から足がはえるという不思議な体のつくりを持つ頭足類は、生まれたときから親を彷彿とさせる姿で
わたしたちの前に現れる。ときに水族館の人気者として、ときに身近な食材として多くの人びとに馴染みの深い
イカ・タコのなかまだが、浮遊してすごす稚仔たちの暮らしはまだ謎に包まれている。

解説 若林敏江
Toshie Wakabayashi

ツツイカ目 Teuthida

ヤリイカ科 Loliginidae

ヤリイカ、ケンサキイカ、アオリイカなどを含むグループで、眼が透明な膜に覆われていることから「閉眼亜目」に分類される。沿岸性の種が多く、卵は砂地や海藻などの基質に産みつける。中〜大型の種が多く、全世界に約 50 種が分布する。パララーバは、釣鐘状の外套膜に、四角い頭部、触腕が発達していることが特徴。

アオリイカ
Sepioteuthis lessoniana

鰭が大きく外套膜ほぼ全体を覆っている。写真の個体は、長い触腕の先端には4列の吸盤が発達し、腕の吸盤数も成体に近い状態である。外套長約20mm。

ホソトガリイカ
Alloteuthis subulata

東大西洋、地中海に分布する、成体では外套膜後端が長く尖る種。釣鐘型の外套膜に太い触腕と、典型的なヤリイカ科のパララーバの形態を有する。透けて見える鰓も未発達であることから、孵化後間もない個体であろう。
（写真 imageBROKER/D P Wilson/Agefotostock）

アオリイカ
Sepioteuthis lessoniana

鰭が外套膜の前端近くまで達している。腕は長くなりはじめているが、まだ小型個体であろう。外套長約15mm。

ツツイカ目 Teuthida

ホタルイカモドキ科 Enoploteuthidae

ホタルイカに代表される外套長 5cm 程度の小型種が多い。成体は中深層に分布するが、夜間は表層に移動する種もいる。またパララーバは水深 100m より浅いところに分布する。外套膜、頭部、腕に持つ発光器や、触腕先端の吸盤が変化した鉤の特徴により、種を分けることができる。全世界で 40 種以上が知られる。

オビスジホタルイカ
Abralia steindachneri

触腕先端に8個の大きな鉤を持ち、外套膜腹側には2列の発光器が見える。全身が色素胞に覆われていることからも成体に近いことがわかる。外套長約40mm。

オビスジホタルイカ
Abralia steindachneri

外套膜の腹側には、赤、青、緑に光る発光器が4列に並び、発光器列は頭部へ、そして第Ⅳ腕の先端へと続く。各腕はほぼ同じ長さで、やや太い触腕の先端には8個の大きな鉤が見える。さらには腕の吸盤も鉤に変化していることがわかる。外套長約50mm。

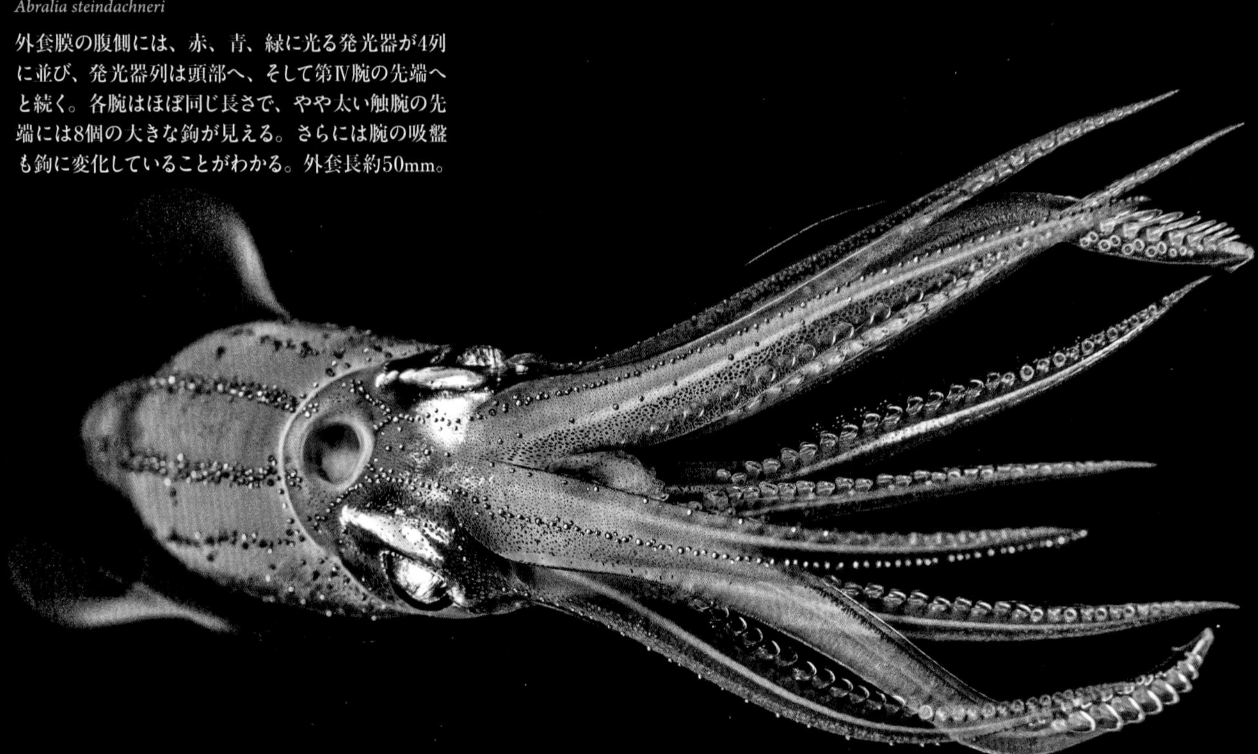

ホタルイカモドキ科の一種
Enoploteuhidae gen. sp.

オビスジホタルカイカ *Abralia steindachneri* か。
外套長約40mm。

ナンヨウホタルイカ属の一種
Abralia sp.

腹側の色素胞が確認できないが、眼に大きな発光器が3つ並んでいることから、ナンヨウホタルイカ属の一種と思われる。色素胞の数がまだ少ないこと、触腕の吸盤がまだ鉤に変化していないことからパララーバの段階である。外套長約5mm。

ツツイカ目 Teuthida

サメハダホウズキイカ科 Cranchiidae

成体は中深層に分布する、中型から世界最大のダイオウホウズキイカの巨大種までを含む。成長過程で、形態変化が少ないサメハダホウズキイカ亜科と、大きな変化をするクジャクイカ亜科に分かれる。多くの種が、一生浮遊生活を送る。

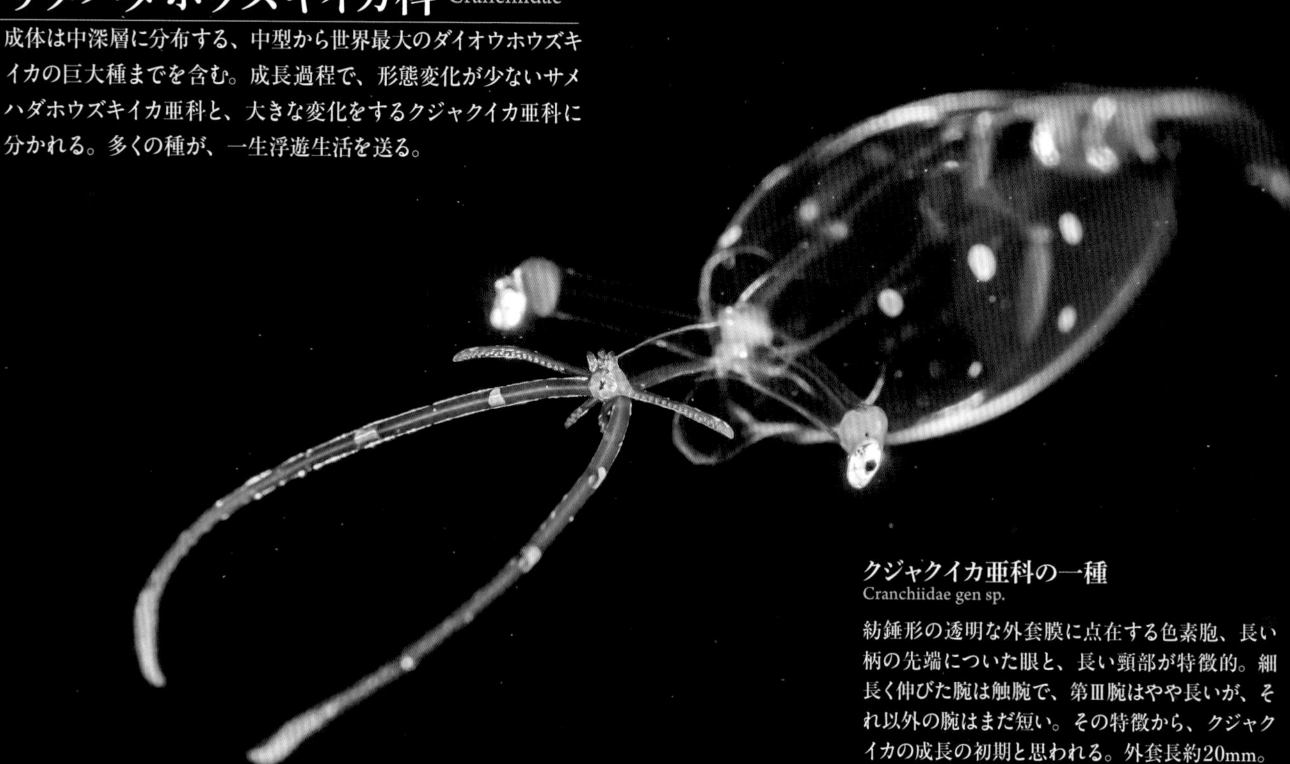

クジャクイカ亜科の一種
Cranchiidae gen sp.

紡錘形の透明な外套膜に点在する色素胞、長い柄の先端についた眼と、長い頸部が特徴的。細長く伸びた腕は触腕で、第Ⅲ腕はやや長いが、それ以外の腕はまだ短い。その特徴から、クジャクイカの成長の初期と思われる。外套長約20mm。

サメハダホウズキイカ
Cranchia scabra

風船のように膨らんだ外套膜の表面は、星状の突起に覆われる。成体ではもっと密に外套膜全体が突起で覆われ、「サメハダ」の名の由来となる。写真の個体は、突起が弱いことから、まだ初期の段階であろう。外套膜後端に小さい円形の鰭があり、触腕のみが長い。外套長約15mm。

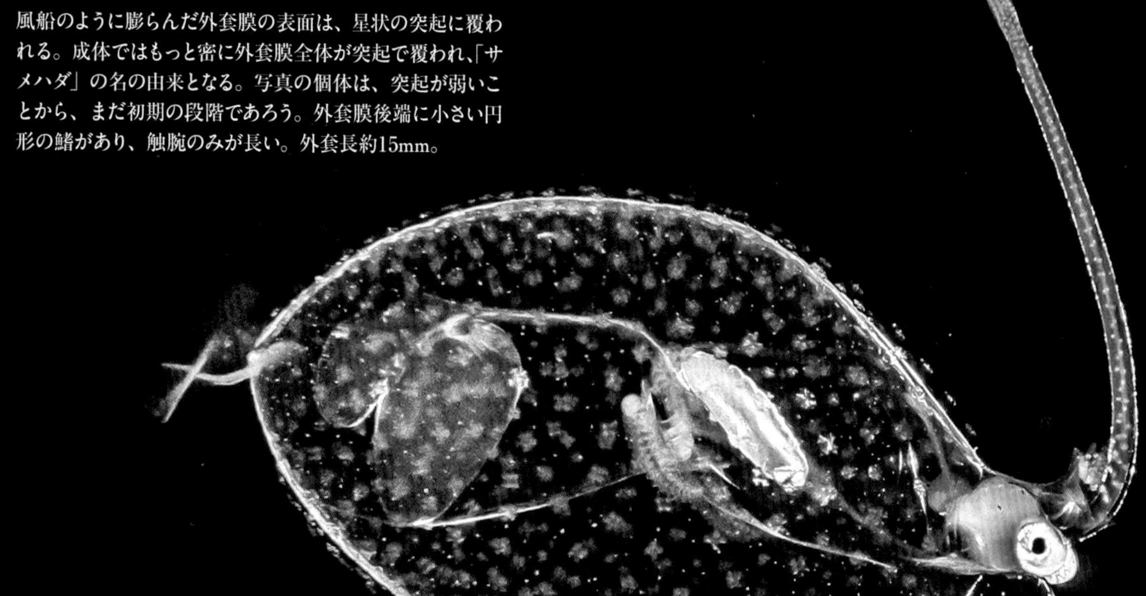

ホウズキイカ
Liocranchia reinhardti

サメハダホウズキイカと同じサメハダホウズキイカ亜科の種。風船のように膨らんだ外套膜はサメハダホウズキイカに似るが、外套膜を覆う星状突起はない。頭部と外套膜が癒合しており、癒合部分には、V字型に小棘が並んでいるのが見える。触腕以外の腕は短く、透明な外套膜のなかにはオレンジ色の肝臓が見える。外套長約15mm。

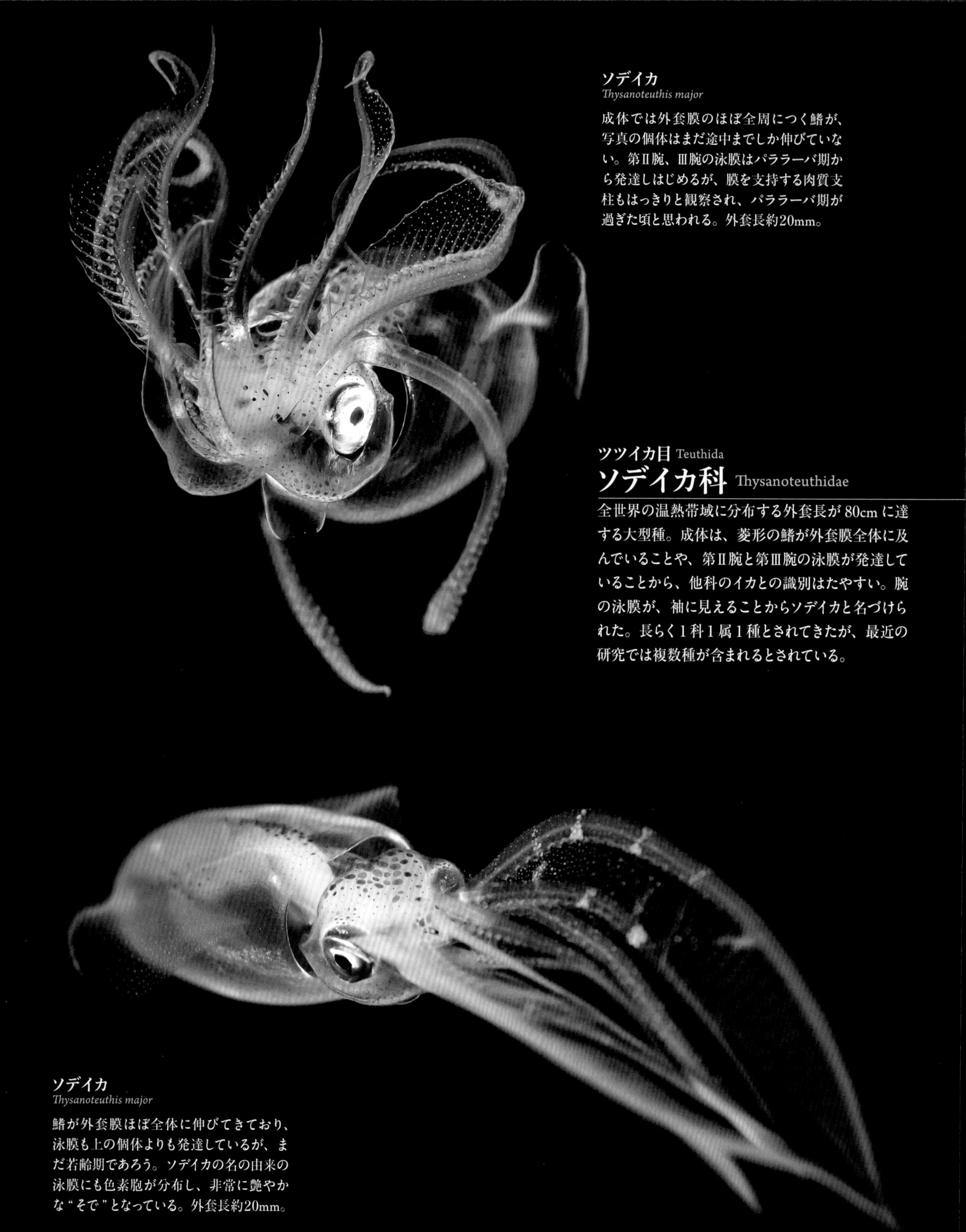

ソデイカ
Thysanoteuthis major

成体では外套膜のほぼ全周につく鰭が、写真の個体はまだ途中までしか伸びていない。第Ⅱ腕、Ⅲ腕の泳膜はパララーバ期から発達しはじめるが、膜を支持する肉質支柱もはっきりと観察され、パララーバ期が過ぎた頃と思われる。外套長約20mm。

ツツイカ目 Teuthida

ソデイカ科 Thysanoteuthidae

全世界の温熱帯域に分布する外套長が 80cm に達する大型種。成体は、菱形の鰭が外套膜全体に及んでいることや、第Ⅱ腕と第Ⅲ腕の泳膜が発達していることから、他科のイカとの識別はたやすい。腕の泳膜が、袖に見えることからソデイカと名づけられた。長らく1科1属1種とされてきたが、最近の研究では複数種が含まれるとされている。

ソデイカ
Thysanoteuthis major

鰭が外套膜ほぼ全体に伸びてきており、泳膜も上の個体よりも発達しているが、まだ若齢期であろう。ソデイカの名の由来の泳膜にも色素胞が分布し、非常に艶やかな“そで”となっている。外套長約20mm。

ツツイカ目 Teuthida

アカイカ科 Ommastrephidae

スルメイカやアカイカなど水産種を多く含む「開眼亜目」のグループ。沖合から外洋まで分布域は広く、成体は昼間水深 500m 以深まで潜る種もいるが、夜間は表層付近まで移動してくる。筒形の外套膜の後端に菱形の鰭がついている、典型的なスルメイカ型を呈する。成体は筋肉質で遊泳力を持つが、孵化後は融合触腕を持つパララーバとして浮遊生活を送る。

トビイカ
Sthenoteuthis oualaniensis

外套膜背中側に赤から赤紫の帯状の色素胞が見える。外套膜後端についた鰭が成体と同じ菱形になっており、触腕掌部にも大吸盤が認められることから、亜成体もしくは成体である。この角度からは確認することはできないが、腹側内臓上や外套膜上に発光器を持つ種も多く、それにより分類が可能となる。外套長約200mm。

トビイカ
Sthenoteuthis oualaniensis

頭部から伸びたゾウの鼻のように長いものは、融合触腕と呼ばれるアカイカ科のパララーバに特徴的な形態である。写真の個体は、融合触腕先端に8個の同じ大きさの吸盤が並ぶことからトビイカのパララーバである。外套長約5mm。

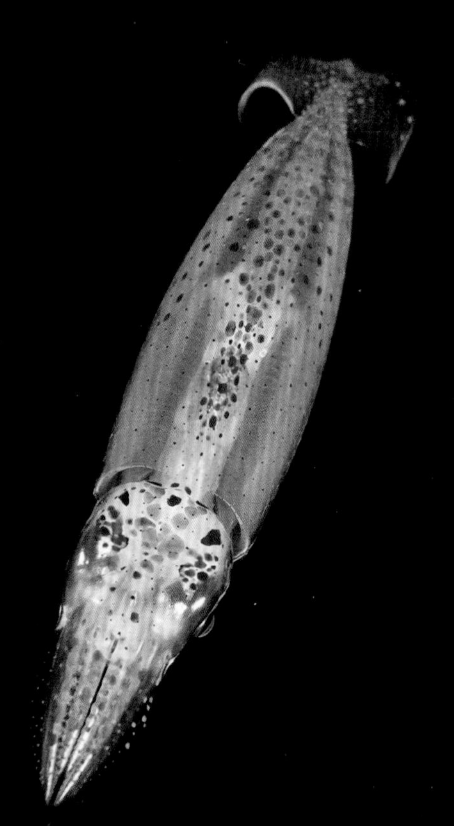

トビイカ
Sthenoteuthis oualaniensis

すでに融合触腕は消失してパララーバ期は過ぎているが、外套膜後端の鰭は小さく、形状もまだ丸みを帯びて、成体のような菱形にはなっていない。若齢期の個体で、この頃には遊泳力を持ちはじめる。外套長約15mm。

ハナイカ
Metasepia tullbergi

外套長が5cm程度にしかならない小型種で、あざやかな体色、腕を足のように使い歩行する様子が見られる。外套膜背側にある4本の突起は、体部や鰭の付け根と同じ黄色を呈し、第Ⅰ・Ⅱ・Ⅲ腕の先端の赤色とのコントラストによって華やかさを増す。常にこの体色というわけではない。外套長約35mm。

コウイカ目 Sepiida

コウイカ科 Sepiidae

楕円ないしドーム型の外套膜内に石灰質の船形をした大きな殻(甲)を持つ。鰭が外套膜全縁におよび、沿岸・底生性種が多い。120種前後が知られているコウイカ目の大部分を占める大きなグループである。発生期間が他のイカ類より長く、成体の形態に近い状態で孵化し、孵化後は浮遊生活を送ることなく親と同じように底層にいる。

コウイカ属の一種
Sepia sp.

大きな卵嚢内にイカの形をした胚体が見える。全身はすでに色素胞に覆われ、甲も眼もできており、親と同じ形であるが、体と同じ大きさの球体は外部卵黄嚢で、この栄養をすべて吸収した頃に孵化する。(写真 David Salvatori/VWPics/Science Photo Library/Agefotostock)

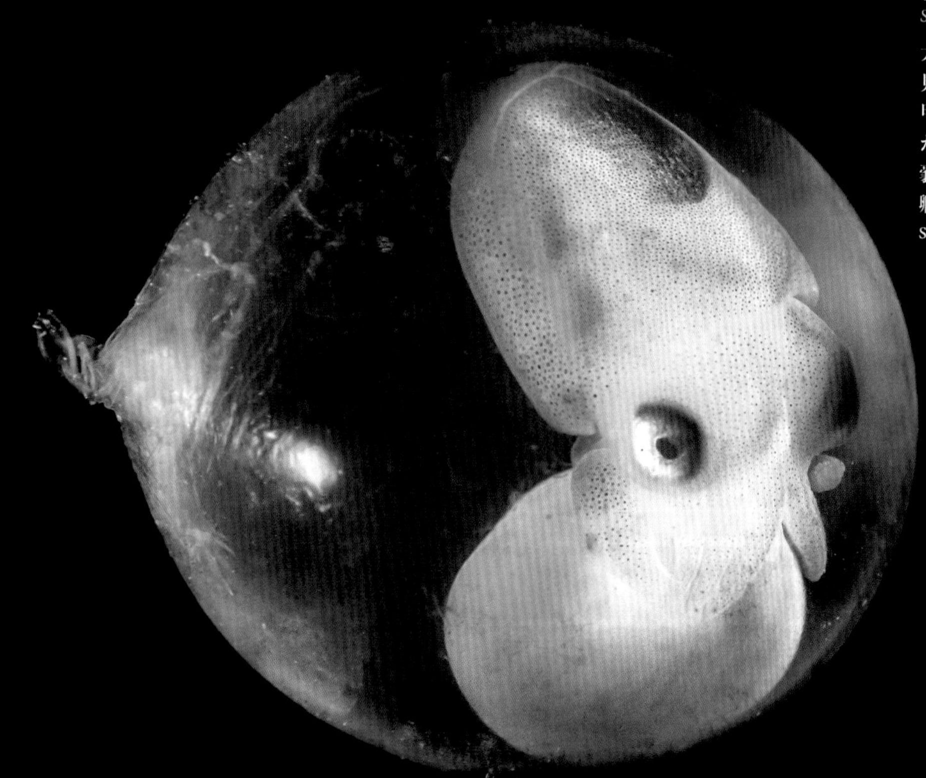

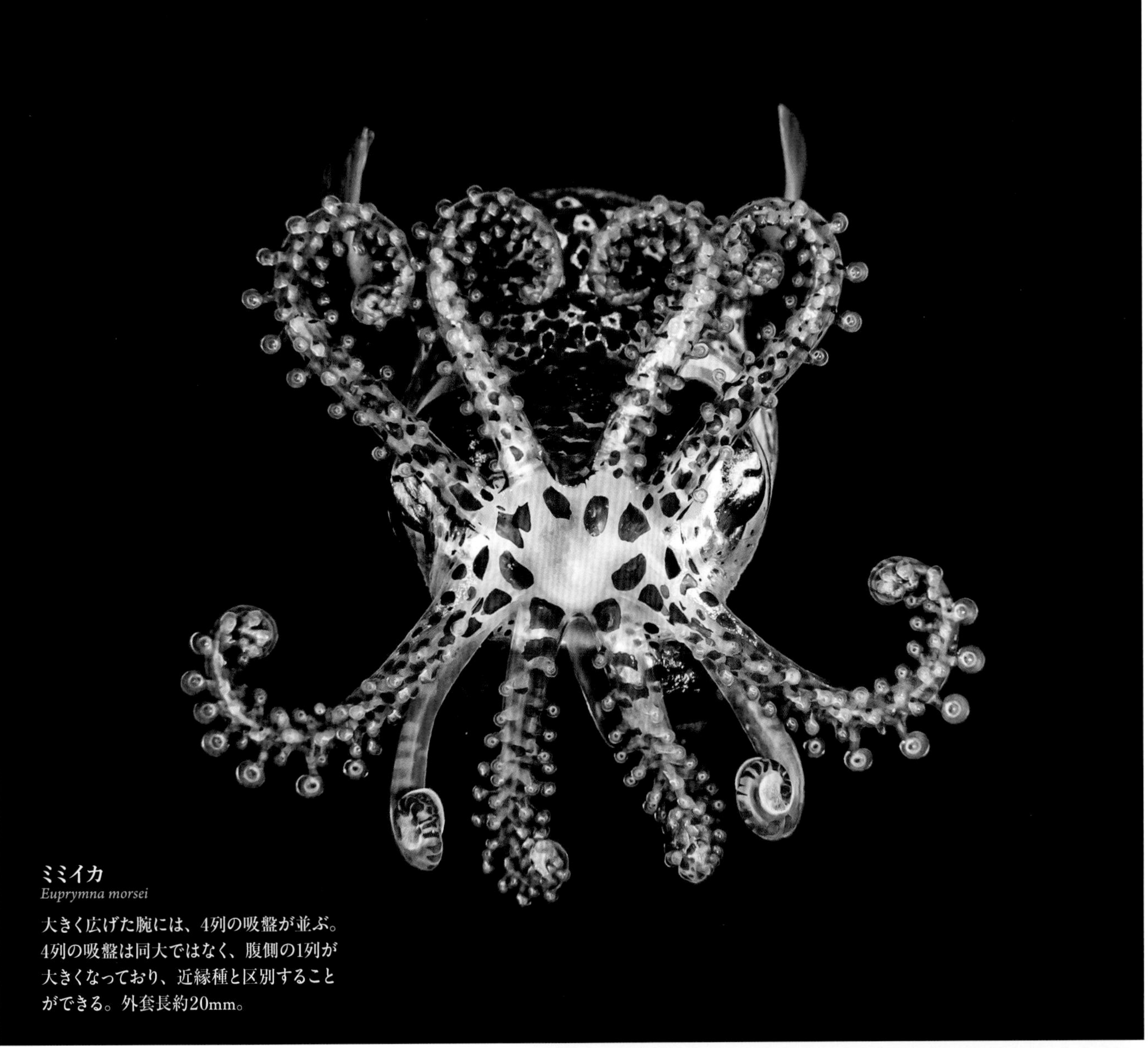

ミミイカ
Euprymna morsei
大きく広げた腕には、4列の吸盤が並ぶ。4列の吸盤は同大ではなく、腹側の1列が大きくなっており、近縁種と区別することができる。外套長約20mm。

ダンゴイカ目 Sepiolida
ダンゴイカ科 Sepiolidae

外套膜が丸く、丸い耳型の鰭を持つ小型種で、約50種が知られている。分布する水深帯は潮間帯下から中深層までと広く、発光器を持つ種も多い。

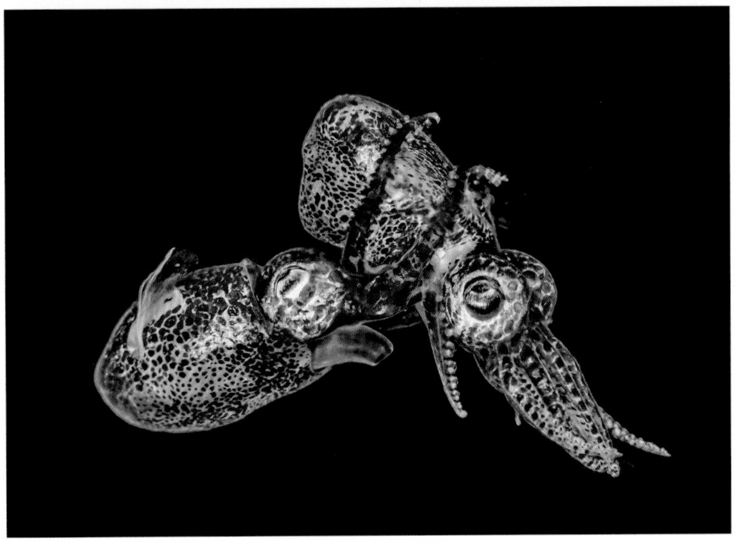

ミミイカ属の一種 *Euprymna sp.* **の交接**
雄（下の個体）が雌（上の個体）を抱え込むようにして、交接のために特化した交接腕を使って精子の入ったカプセル（精莢）を雌の体に植えつけている。交接は頭足類に特有の生殖様式で、精莢を受け取った雌は、自分の持つ卵と受精させ産卵する。外套長約25mm。

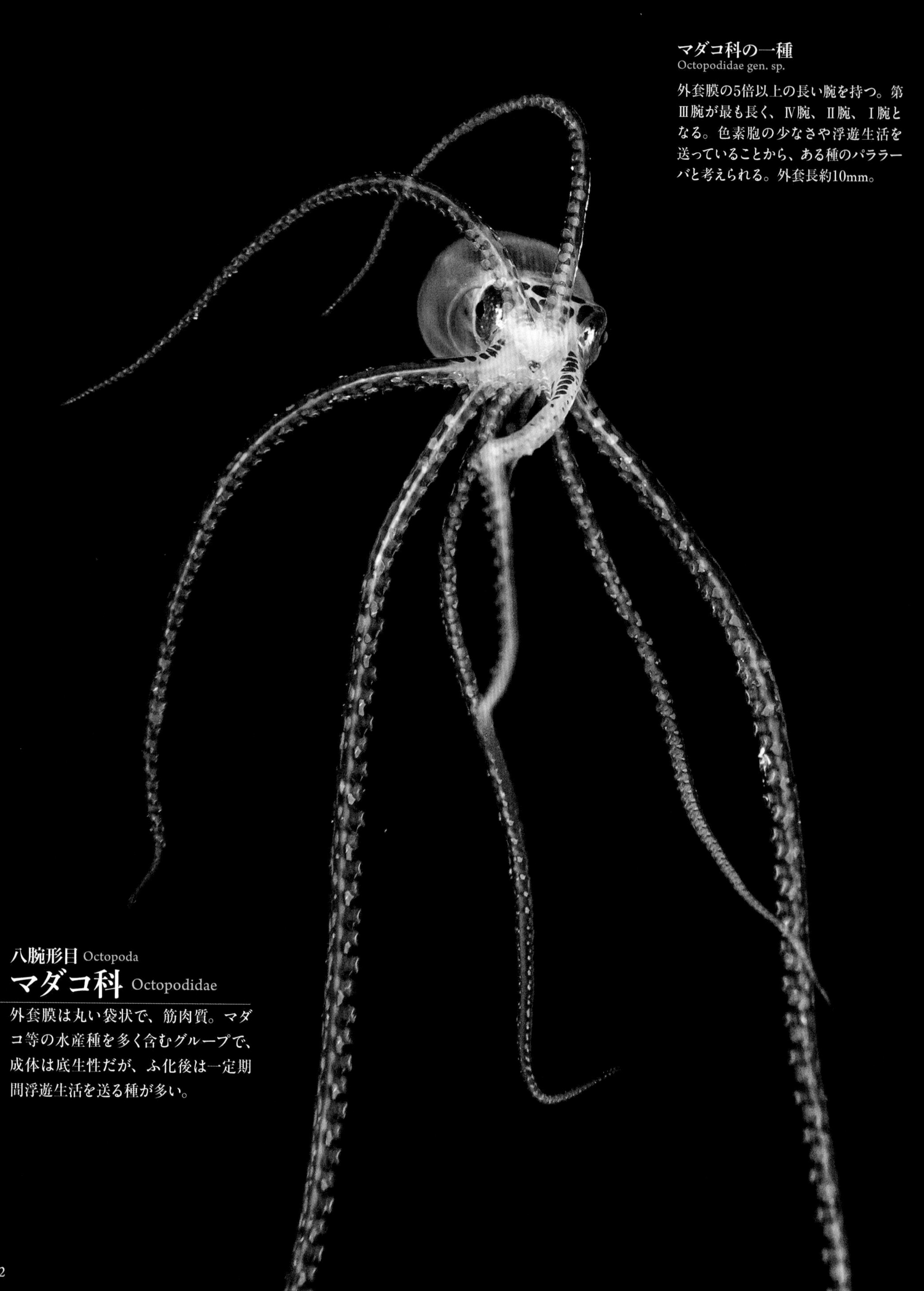

マダコ科の一種
Octopodidae gen. sp.

外套膜の5倍以上の長い腕を持つ。第Ⅲ腕が最も長く、Ⅳ腕、Ⅱ腕、Ⅰ腕となる。色素胞の少なさや浮遊生活を送っていることから、ある種のパララーバと考えられる。外套長約10mm。

八腕形目 Octopoda

マダコ科 Octopodidae

外套膜は丸い袋状で、筋肉質。マダコ等の水産種を多く含むグループで、成体は底生性だが、ふ化後は一定期間浮遊生活を送る種が多い。

マダコ科の一種
Octopodidae gen. sp.

外套膜の表面、内臓嚢、頭部、腕のすべてがオレンジ色の色素胞に覆われている。長い腕の先端を丸め、高く上げることで、浮きやすい状態を作っているのであろうか。パララーバ期に、体の一部を長くして浮力を得る種は、イカ類でも知られている。外套長約8mm。

マダコ属の一種
Octopus sp.

体を覆う色素胞はまだ多くない。外套膜表面にはマダコ科の発生初期にみられるkolliker's 器官と呼ばれる細かい突起が多数認められる。腕の短さから、まだパララーバ期の個体と思われる。外套長約8mm。

マダコ属の一種
Octopus sp.

全身が色素胞に覆われ黄褐色を呈している。外套膜には粒状の突起が認められ、成体に近い形態を有していると考えられる。第Ⅰ腕を上方に伸ばし、威嚇しているのかもしれないが、吸盤数もまだ少なく、若齢個体と思われる。外套長約20mm。

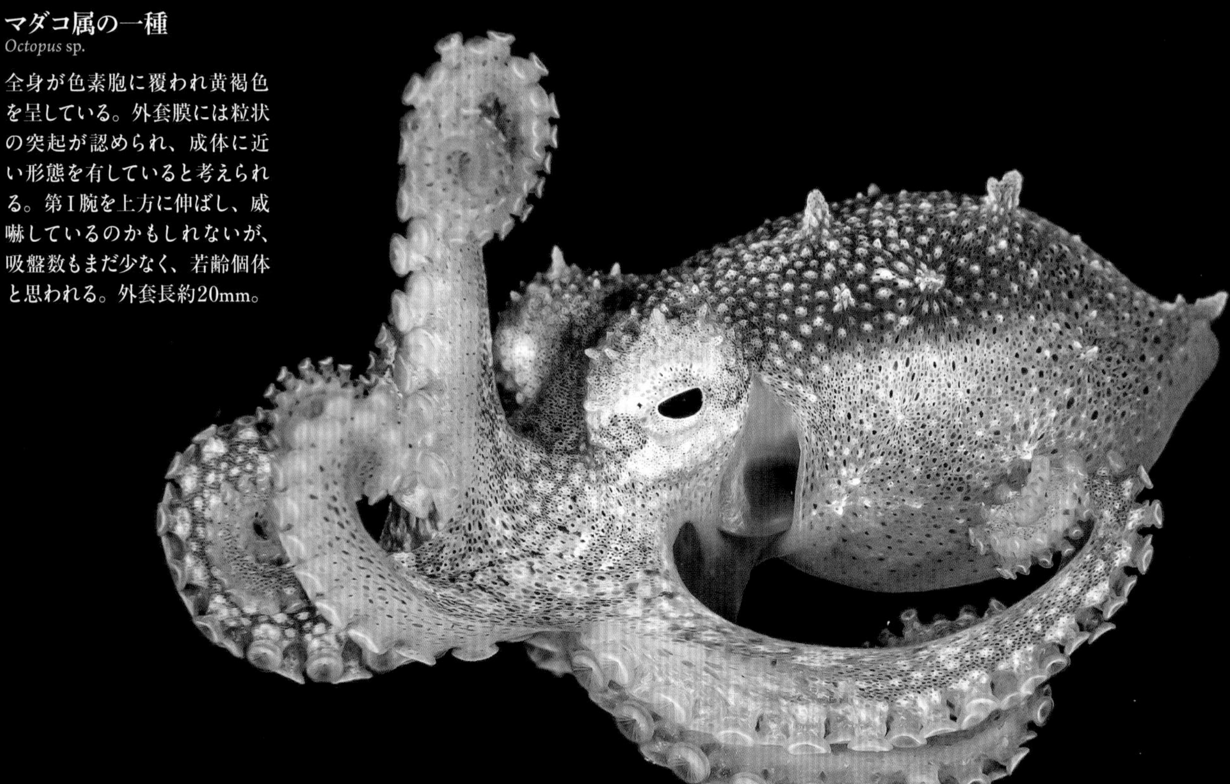

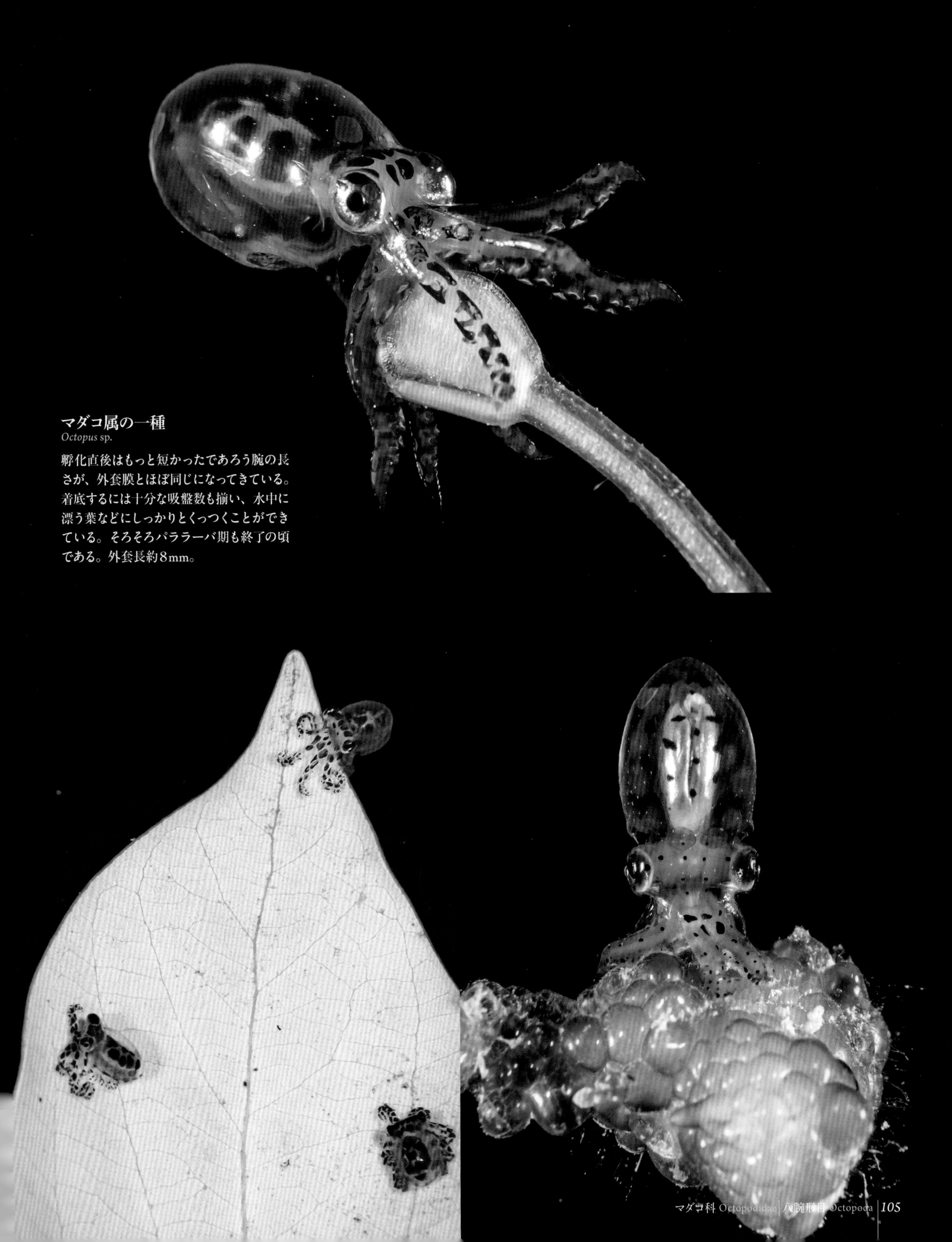

マダコ属の一種
Octopus sp.

孵化直後はもっと短かったであろう腕の長さが、外套膜とほぼ同じになってきている。着底するには十分な吸盤数も揃い、水中に漂う葉などにしっかりとくっつくことができている。そろそろパララーバ期も終了の頃である。外套長約8mm。

八腕形目 Octopoda

ムラサキダコ科 Tremoctopodidae

世界中の暖海の表層に分布する。雄に比べて雌は大型化し、背中側の腕の間の紫のマントのような泳膜を広げて表層を泳ぐ姿がしばしば目撃される。雄は成体でも3cm程度。第Ⅲ腕が交接腕化するが、交接時までは折りたたまれ膜に包まれている。交接時に膜が破れると体の倍近い長さの交接腕が現れ、交接腕ごと切り離して雌の体内に入れる。

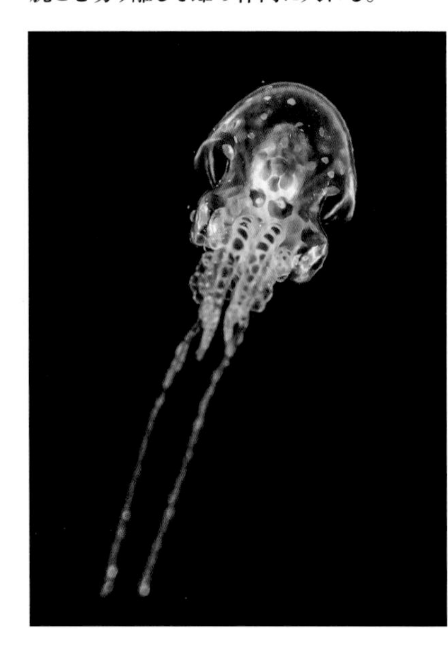

ムラサキダコ
Tremoctopus violaceus gracialis

孵化後は、まず背中側の第Ⅰ腕が発達し、その後第Ⅱ腕が長くなる。ムラサキダコのパララーバ期から若齢期までは、カツオノエボシの刺胞を第Ⅰ腕とⅡ腕に内側につけ、防御に使っている。体から長く垂れ下がっているのがクラゲの刺胞。外套長約5mm。

ムラサキダコ
Tremoctopus violaceus gracialis

左写真の個体に比べ、第Ⅰ腕以外も長くなってきているが、腕の内側にはまだクラゲの刺胞を付着させている。外套長約8mm。

八腕形目 Octopoda

カイダコ科 Argonautidae

海岸に打ち上げられる白く薄い巻貝に似た貝殻は、このグループの雌が作ったもの。雌は膜状に広がった第Ⅰ腕の先端から貝殻を形成し、舟状の貝殻のなかに入って卵を保育する。ムラサキダコ科と同様、雄は雌に比べて小型で、膜に包まれた交接腕を持つ。世界中の熱帯・温帯域の表層に分布し、浮遊生活を送る。

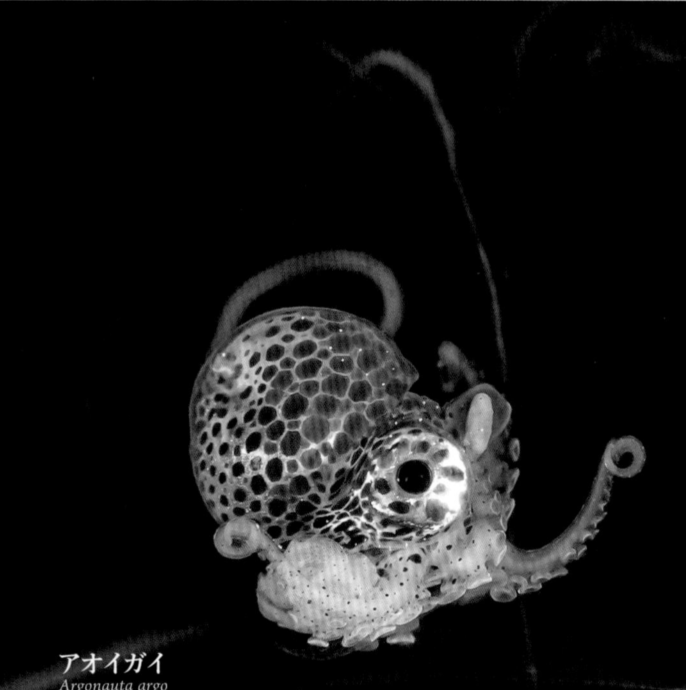

アオイガイ
Argonauta argo

写真の個体はまだ小さいが、孵化直後の腕はもっと短い。袖口状の腕膜からわずかに先端が出ており、孵化からある程度の日数は経過していること、背中側の第Ⅰ腕の先端が広がり膜状になっていることから雌であることがわかる。外套長約5mm。

チヂミタコブネ
Argonauta boettgeri

近縁種のアオイガイは純白の貝殻を形成するのに対し、タコブネは飴色の貝殻を形成する。貝殻の放射肋が細かいことからチヂミタコブネの雌と思われるが、かなりの大型個体である。殻長約200mm。

頭足類
—多様で短い一生、その第一歩
Live fast, Die young — Life of Cephalopoda

若林敏江
（国立研究開発法人水産研究・教育機構　水産大学校）

貝には見えない貝の仲間

頭足類（イカ・タコ）は、貝のなかま、すなわち軟体動物である。世界中に10万種以上いるとされる軟体動物の多くを占めるのは、サザエ・アワビなどの巻貝(腹足綱）や、アサリ・ハマグリなどの二枚貝であり、頭足類は全世界でわずか650種程度と言われている。イカ・タコは、軟体動物中にあって種数こそ少ない小さなグループだが、食用としての重要性やそのユニークな形態から、存在感は抜群である。頭足類が貝の仲間というと驚く人が多い。

「軟らかい体のなかま」とまとめられている軟体動物だが、その多くは硬い貝殻を持ち、内臓を包む軟体部は貝殻のなかにある。ところが頭足類には貝殻が見当たらない。厳密に言えば、まったく貝殻がないのは一部のタコ類のみで、多くのイカ類は体のなかに、貝殻とは思えぬ形に変化した貝殻を内包している。

これ以外にも頭足類は、軟体動物にはない多くの特徴的な形態が発達している。口のまわりに、発達した腕・触腕を持っていること、高度に発達した目を持つこと、精子は精包に入れて交接によって雌に渡されること等々[1]。遊泳能力が高い種が多いことも頭足類の特徴である。

多様な生態

軟体動物は、海の他、川・湖などの淡水域、さらには陸上までさまざまな場所に生息している。頭足類は、淡水や陸上にこそ進出することはできなかったが、海においては、少ない種数の割に分布域が広い。陸からの距離で考えれば沿岸から沖合・外洋まで、水深に視点をおけば表層から深海まで、水温に着目すれば熱帯から極域までと、その分布範囲は広い。

ここで、頭足類というグループに改めて注目してみると、分類学上はオウムガイ亜綱のオウムガイと、鞘形亜綱のイカ・タコを合わせて頭足綱という。鞘形亜綱に含まれるグループは、(諸説あるが）トグロコウイカ目、コウイカ目、ダンゴイカ目、ツツイカ目、コウモリダコ目、八腕形目であり、特殊なトグロコウイカ目、コウモリダコ目を除くと、コウイカ目、ダンゴイカ目、ツツイカ目がイカ、八腕形目がタコとなる。

余談にはなるが、イカとタコの違いは、(一般に思われているように）腕の数でも鰭の有無でもなく、吸盤の構造にある。イカもタコも腕に吸盤を持つが、イカの吸盤には柄があり、ワイングラスのような形をしている。また吸盤のなかにはキチン質の角質環があり、餌をしっかりとつかむため、ギザギザの歯になっている種が多い。一方、タコのほうは、吸盤に柄はなく、角質環ももたない。

一般的にイカは活発に泳ぎ、タコは海底を這ったり、岩穴に隠れているイメージではないだろうか。そのイメージはおおむね間違っていないが、イカのなかにもあまり活発に泳ぐことなく、海底近くをホバリングしたり、砂に潜ったり、表層付近や中層・深層で浮遊生活を送っている種もいる。

一方タコにも、底生ではなく表層近くを遊泳しているものや、貝殻に入って浮遊生活を送っている種もいる。しかし、これは親の話であって、子供の頃のイカ・タコは、必ずしも親と同じような生活を送っているわけではない。

生まれた時からイカ・タコ

前述の通り、頭足類は軟体動物中にあって、他のグループと異なる特徴を多く持っているが、その発生過程も特徴的である。

イカ・タコはサザエやアサリのように、トロコフォア・ベリジャー幼生期（p.112）を経ることなく、直達発生的な成長をする。このため、イカ・タコは生まれたときから、形はすでにイカ・タコなのである。

わたしたち日本人にとってイカ・タコは身近な生物で、完成度に違いはあれど、みなイカ・タコの絵を描くことができる。内臓が入った胴体部分に頭をつけて、頭から腕を数本はやせばタコ、胴体部分に三角の鰭をつければイカとなる。わたしたちにはお馴染みだが、「頭足類」の名前の由来ともなる、頭から足がはえている生物学的には不思議な構造を、イカ・タコは生まれたときにすでに持っている。

誰の子？

生まれたときから親と同じ形をしていれば、何の子供かはすぐにわかりそうなものだ。ところが、頭足類のなかでは長い発生期間を経て親のミニチュアとして孵化するコウイカ目以外は、到底子供から親を想像することはできない、一体誰の子？ と思うような姿をしている。

ヒトだけでなく多くの動物の赤ちゃんがかわいいのは、ローレンツが提唱したベビースキーマ――つまりは体に対する頭の割合が大きい、体がふっくらとしていて手足がずんぐりとしている、動作がぎこちないとする考

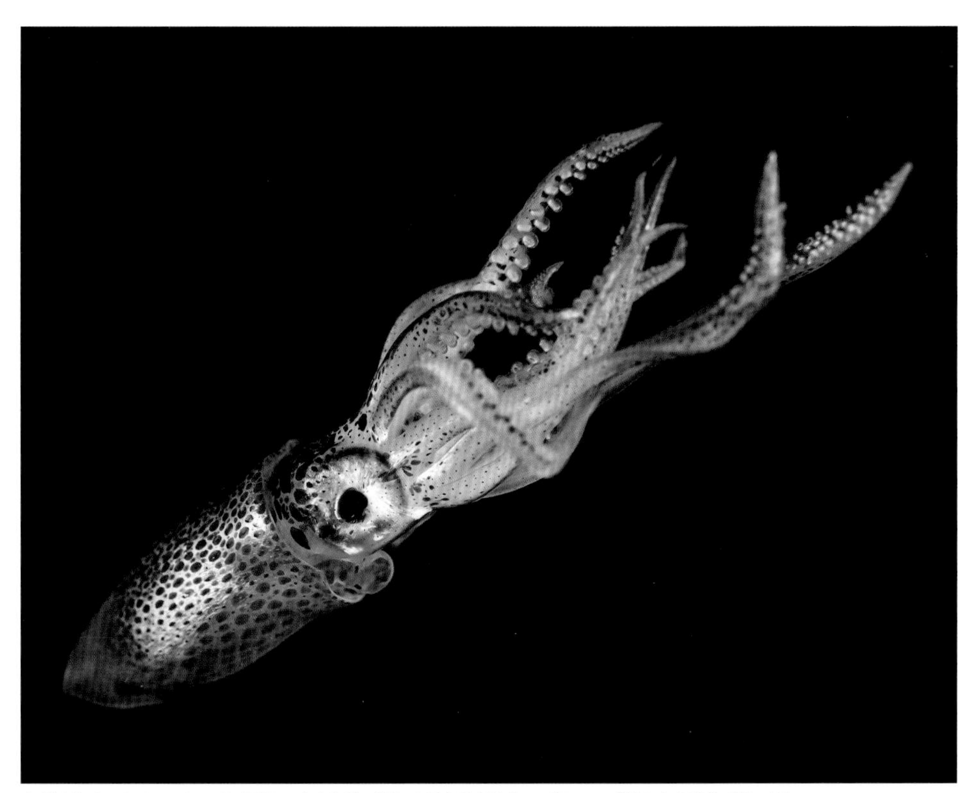

カギイカ *Orykia Loennbergii*。同じツメイカ科のほかの属とは異なり、パララーバ期から色素胞が多い種。触腕には、名前の由来である「カギ」はまだない。

えかた——などで説明できると言われるが、これはイカ・タコにも当てはまる。実際に、生まれたばかりのイカ・タコは、胴も丸く腕も短く、ずんぐり、コロコロとした印象である。

ここで、動物の初期の成長について考えてみると、“幼生”とは本来、個体発生において胚と成体の中間に位置し、成体とは形態が著しく異なる時期がある場合に、その時期のものを指して使われる。そのため厳密に言えば、頭足類に幼生期は存在しないし、幼生から成体への転換過程である“変態”もしない。しかし、多くのイカ・タコは、体のバランスだけでは説明できない、成長に伴う変化をする。

パララーバとは

イカ・タコの腕は伸び縮みする。そのため、イカ・タコの大きさは、体全体の長さである全長ではなく、外套膜（胴）の長さである外套長で示されることが多い。

頭足類の孵化時の外套長は数mmで、1mm未満の種さえいる。これらは、孵化直後は泳ぐことができず、一定期間浮遊生活を送る。この時期のものについて、以前は幼生（Larva）の用語が使用されていたが、真の幼生期を持たない頭足類稚仔には、“パララーバ（Paralarva）”という用語が与えられた[2)]。

これは「頭足類のふ化直後の成長期で、昼間表層付近で浮遊生活をなし、同一種の老齢個体とは異なった生活形態をするもの」と定義されている[3)]。頭足類すべてがこのパララーバ期を送るわけではないが、前述の、孵化後すぐに底生生活を送るコウイカ類や、一生浮遊生活を送る種を除いては、パララーバ期をすごすと考えてよい。

しかし、パララーバの定義は、おそらくすんなり頭に入って来るものではないだろう。一見、生態的な定義であるが、実際には形態の変化をもってパララーバ期の終了としているグループも多くあり、多様な形態、生態を持つ頭足類すべてにあてはめようとした苦肉の策と思われる。

結果として、パララーバ期の終わりは分類群によって異なっており、イカ・タコの標本を見て、その個体がどの成長段階にあるかを答えるのは非常にむずかしい。ここでは、比較的わかりやすい例をいくつかあげて、パララーバについて説明していこうと思う。

また、パララーバという用語は学術論文には使用されるが、日本語では「亜幼生」「擬幼生」と訳されるものの、あまり使用されることはない。「幼生」は定義に当てはまらないため、一部の水産重要種スルメイカやマダコなどを除き、慣例として「稚仔」という語を用いることが多い。

パララーバ期の終わり
ー腕の数が増えるー

食用としてお馴染みのスルメイカを含むアカイカ科というグループは、成長に伴い、変態に近い形態変化をする。イカ類には、8本の腕の他、餌を獲ることに特化した触腕という腕が2本ある。触腕は他の腕と異なり、柄の部分は伸び縮みしやすいように吸盤はなく、先端のみが掌のように広くなり吸盤が並んでいる。

アカイカ科は、発生時に2本別々の触腕が形成されるが、孵化前に2本の触腕がくっつき、孵化したときには、融合触腕という1本のゾウの鼻のような腕を持っている。そしてこの触腕の先端には、円形に並んだ8個の吸盤がある。

スルメイカは8個の吸盤の大きさが同じで、触腕の長さが短いが、アカイカでは側部の2個の吸盤が他の吸盤の2倍になり、触腕も長い。こうした形質を用いると、パララーバ期のアカイカ科の種同定ができる。研究者には便利な形質であるが、そもそもなぜ孵化後の一時期だけ融合触腕を持つのか、その先端に8個の吸盤が存在するのかは不明である。浮力を得るためや、融合触腕を使って体表についた微生物を食べているなどの説もある[4]が、未だにその役割は不明である。

孵化時に1本だった融合触腕は、成長とともに根本から分離をはじめ、やがて先端からも分離し、8個あった吸盤も4個ずつ左右に分かれ、最終的には外套長が1cmになる前に完全分離し、アカイカ科のパララーバ期が終了する。

触腕がくっついていたら、さぞかし餌が取りにくいと思われるが、イカは他に8本も腕があるので、これらを使用して餌を獲っているようである。その証拠に、アカイカ科のパララーバの胃からはカイアシ類や短脚類が出てくる。

パララーバ期の終わり
ー色素胞の増加ー

イカ・タコは体色を変化させることができる。体表に色素胞という色彩を変化させるための器官があり、色が入った袋である色素胞の拡大・収縮により体色が変化する。イカ・タコの成体の体表は、多くの色素胞で覆われており、体色の変化によりコミュニケーションをとっている種もいる。しかしパララーバは、色素胞が少なく、内臓も透けて見えるほどである。

ツメイカ科ホンツメイカ属(成体になると触腕に爪のような鉤を持つ)というグループも、ふ化直後は色素胞が少ない。少なければ、どこにどれくらいの色素胞があるかを確認することができる。

そこで色素胞の場所と数を確認しながら、ホンツメイカ属のパララーバを分けてみると、北太平洋の熱帯から温帯域には4種のホンツメイカ属がいることがわかった。ところが、それに対応する親が4種もいなかったのである。仕方なく、それらは長らくタイプB、タイプCのように呼ばれていた。以降成体の研究が進み、ようやくこれらがどの種のパララーバであるかがわかったのは、ほんの15年ほど前のことである。

種同定に便利な色素胞が少ない時期は短く、ホンツメイカ属のパララーバでもある時期から色素胞が急激に増加し、外套長が1cmになる頃には、体全体が色素胞に覆われる。そして、種に特徴的な色素胞の配列は消え、パララーバ期が終了する。

色素胞の急激な増加は、他の多くのグループでも見られる。表層で浮遊生活を送るためには、体を透明にしておいた方が捕食者に見つかりにくいが、生活形態を変えるためには色素胞の増加は必要となるのである。

パララーバ期の終わり
ー浮遊生活から底生生活へー

孵化直後のマダコは腕が短く、体の割に大きな漏斗を持ち、全身には数えるほどの色素胞しか存在しない。孵化時の外套長わずか1.5mm程度のパララーバは、約1か月の浮遊期間を経て着底し、マダコのパララーバ期が終了する。生活形態の変化をパララーバ期の終了とする典型的な例である。

そういう意味では、生まれたときから親と同じ底生生活を送る種や、一生浮遊生活を送る種には、パララーバ期は存在しないということになる。たとえば、世界最大のイカ、ダイオウホウズキイカを含むサメハダホウズキイカ科は、一生浮遊生活を送る。とくに、サメハダホウズキイカ科のサメハダホウズキイカ亜科は、生息水深も形態もほとんど変化しない。

一方、クジャクイカ亜科に属する種のほとんどは、稚仔の頃に長い眼柄と頸部を持ち成長とともに短くなるという、大きな形態変化をする。ちなみに「メナガイカ」と名づけられているイカの成体の眼はまったく長くなく、稚仔の頃の姿から名づけられたものだ。こうして同じグループでも、パララーバ期の有無、定義も異なる。やはり、頭足類の成長を型にはめようとするのはむずかしい。

イカ・タコの一生

イカの寿命は1年である。タコはもう少し長生きする種もいるが、長いミズダコでも3〜5年、マダコは1〜2年と、概して短命な生き物である。成体の大きさもさまざまで、ホタルイカのように外套長が数cmの種から、1m以上になる大型種までいる。

卵から孵化して一定期間浮遊生活(パララーバ期)を送ると、親とほぼ同じ形態を持つ若齢個体(Juvenile)と呼ばれる段階に入る。スルメイカを例にすると孵化後7〜8か月で成熟を開始し、雄が雌に精子の入ったカプセルである精莢(せいきょう)を渡す交接を行い、雌は受け取った精子を使って卵を受精させ産卵して死んでいく。わずか1年の間に、生活様式も、生息場所も、栄養段階も大きく変化する。

頭足類、とくにイカの一生は“Live fast die young”で表される。生き急いでいるわけではないだろうが、浮遊生活からはじまる短い一生を、一気に駆け抜けていく印象である。生まれてすぐの浮遊期間はさらに短いが、この期間を利用して海流に乗って長距離を移動したり、形態を変化させたりと、第一歩こそが一番劇的なのかもしれない。

パララーバの生息水深は、表層から水深200m(多くは100m)くらいと考えてよい。頭足類の成体の生息域は、表層から深海までと考えると、普段お目にかかれない珍しい種や新種が紛れている可能性もある。

細かい定義について述べてきたが、いつまでがパララーバ期なのかを考えるのは研究者に任せて、本書では親とは異なる愛らしく美しい姿を楽しんでいただきたいと思う。

(わかばやし・としえ　資源生物学)

【引用文献】

1) 佐々木猛智.「貝類学」東京大学出版会,東京. 2010.
2) Young RE, Harman RF. “Larva”, “Paralarva” and “Subadult” in cephalopod terminology. Malacologia, 29: 201-207, 1988.
3) 奥谷喬司. 頭足類の稚仔期 Paralarva とその周辺, 海洋と生物 62. Vol. 11: 192-195, 1989.
4) O'Dor RK, Helm P, Balch N. Can rhynchoteuthions suspension feed? Vie Milieu, 35: 267-271.

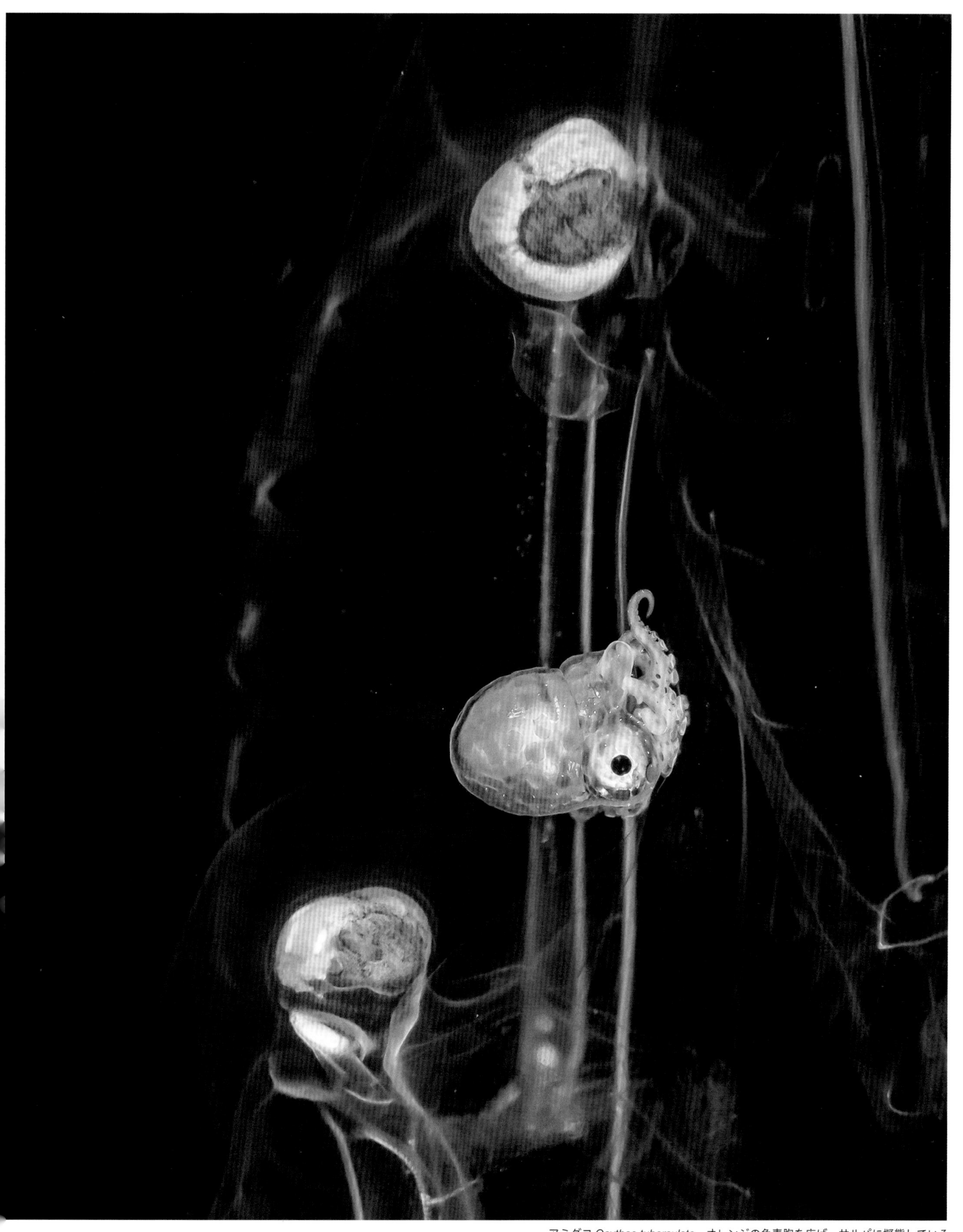

アミダコ *Ocythoe tuberculate*　オレンジの色素胞を広げ、サルパに擬態している。

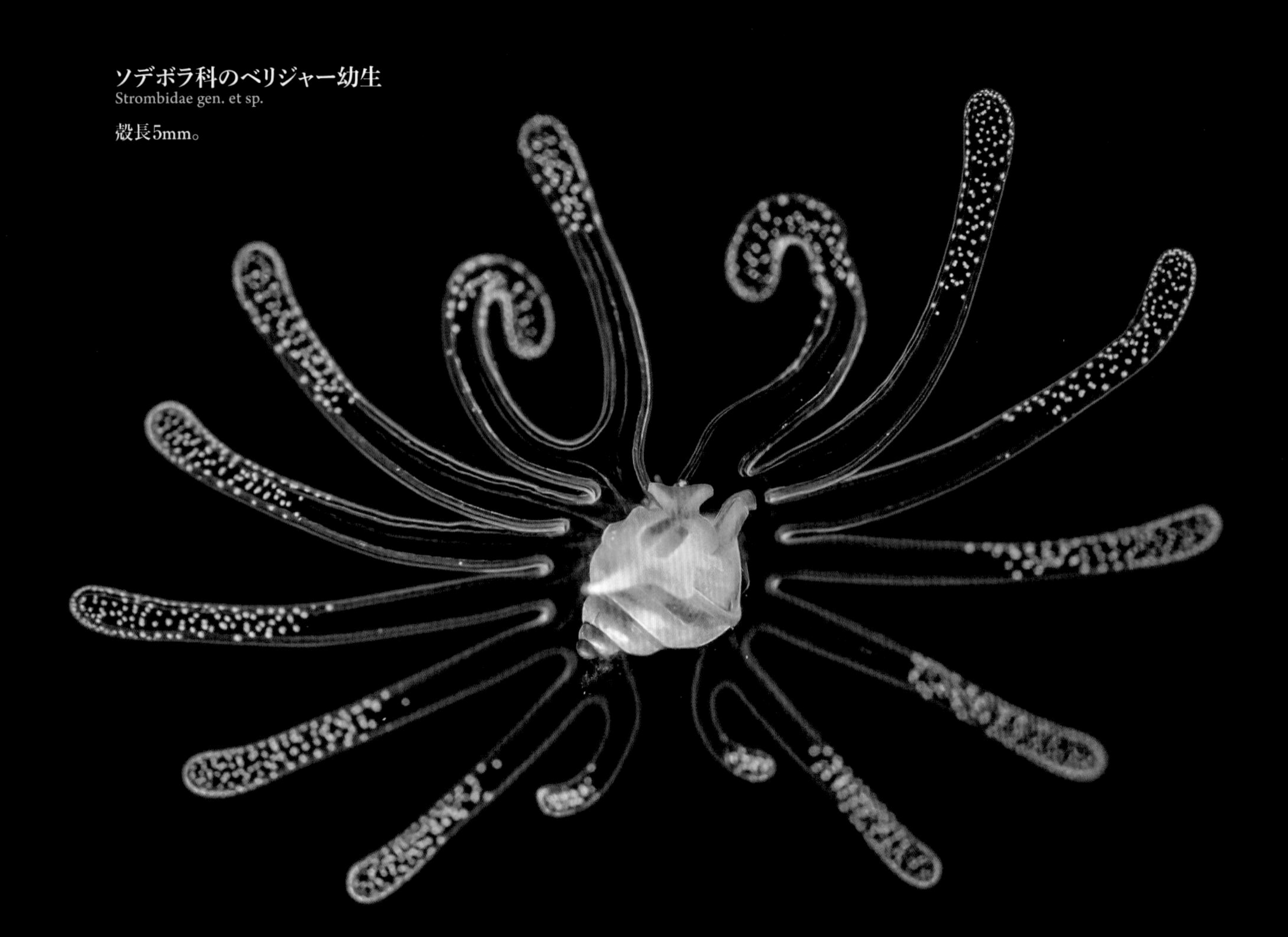

ソデボラ科のベリジャー幼生
Strombidae gen. et sp.
殻長5mm。

Larvae of Mollusca

貝類の幼生たち

幾重にも分岐した翼を広げて海中を浮遊する。
その中央には、できはじめたばかりの小さな貝殻。
巻貝のベリジャー幼生たちは潮に乗ることで分布拡大を試みる。
やがて着底するに相応しい場所を見つけれぱ、翼を失って匍匐生活をはじめる。

解説 **長谷川和範**
Kazunori Hasegawa

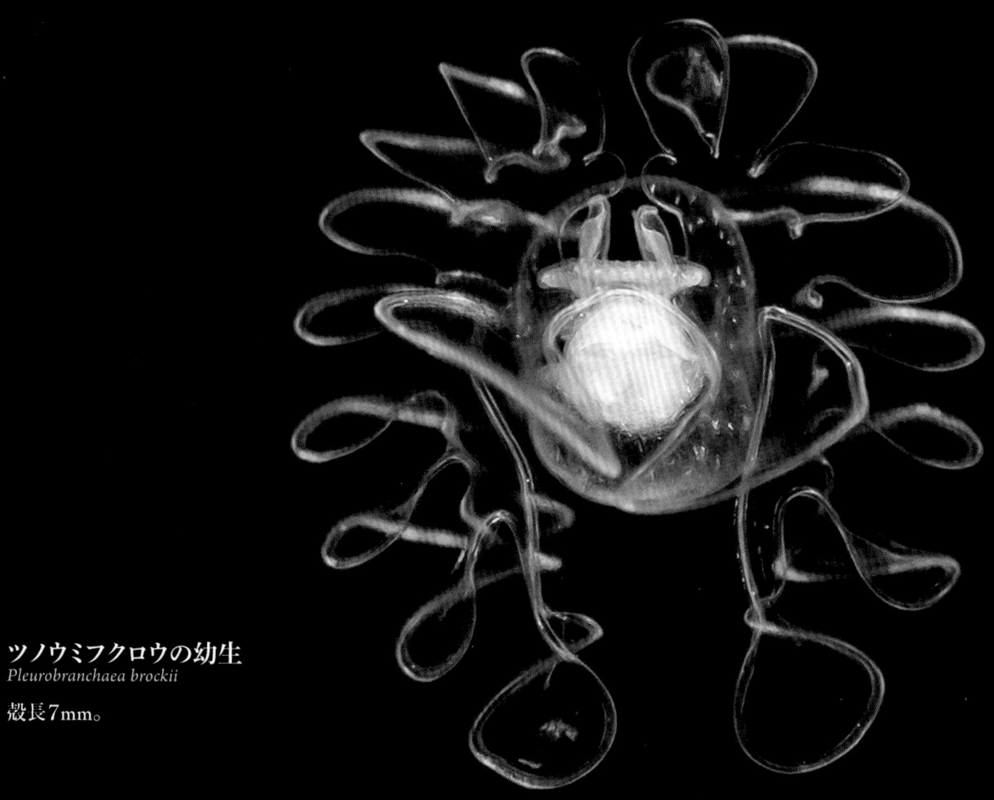

ツノウミフクロウの幼生
Pleurobranchaea brockii

殻長7mm。

ソデボラ科のベリジャー幼生
Strombidae gen. et sp.

殻長3mm。

ソデボラ科 Stromibidae

ベリジャー幼生の中期に、殻の周縁にキールを生じることが多い。面盤は最初は4本だが、だんだん数が増えていく。6本がもっともふつうだが、10本以上に分かれることもある。面盤に明瞭な色素胞を持つことが多い。

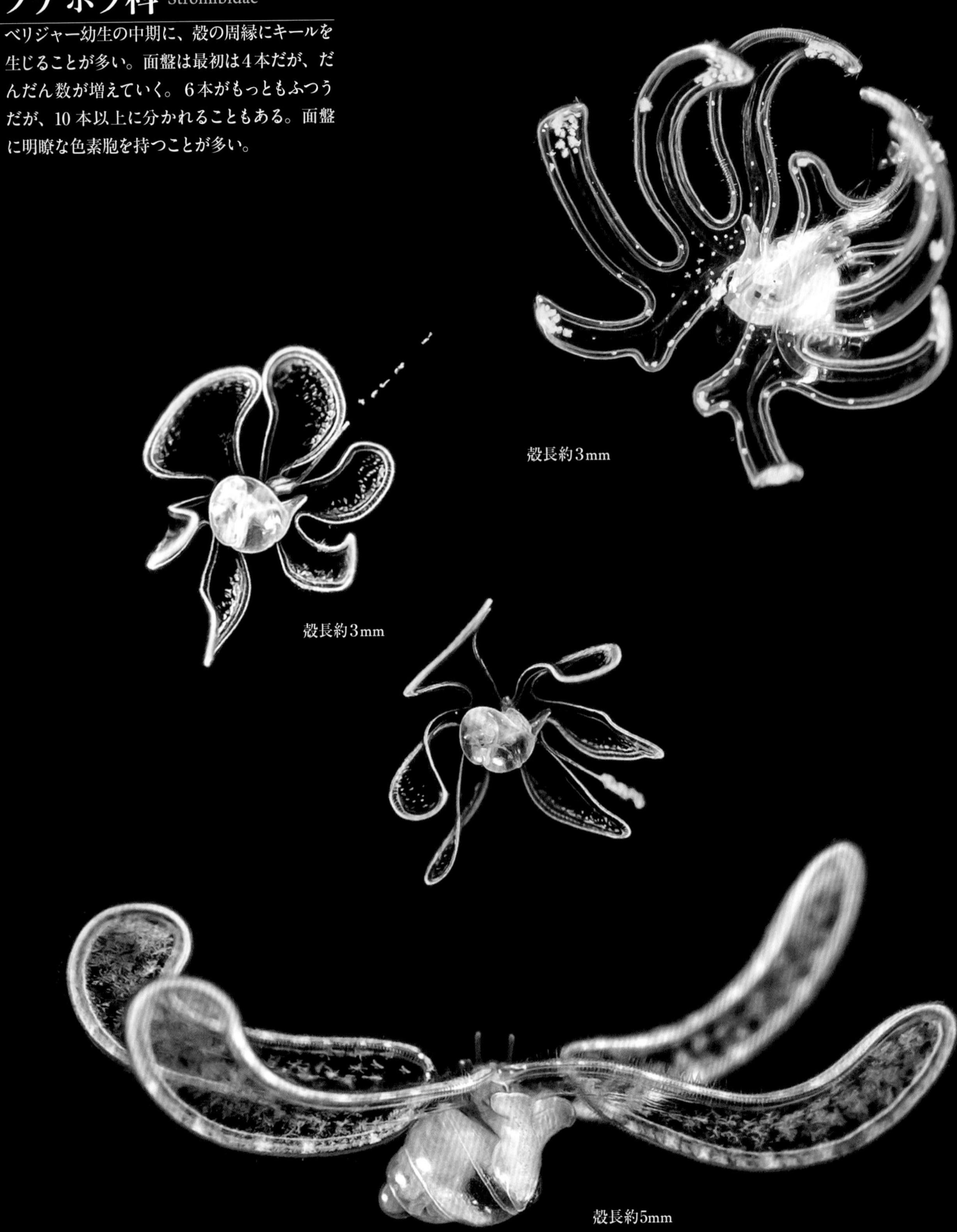

殻長約3mm

殻長約3mm

殻長約5mm

フジツガイ科 Cymatiidae

殻は細長い紡錘形で、平滑なものが多い。面盤は細長く左右2本ずつ。面盤に色素は明瞭でなく、繊毛がよく発達する。

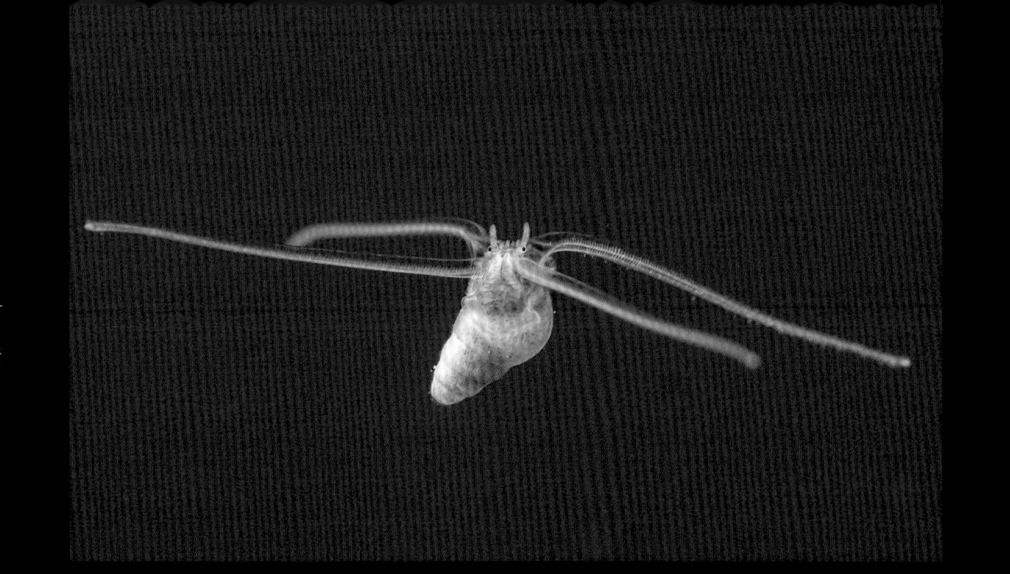

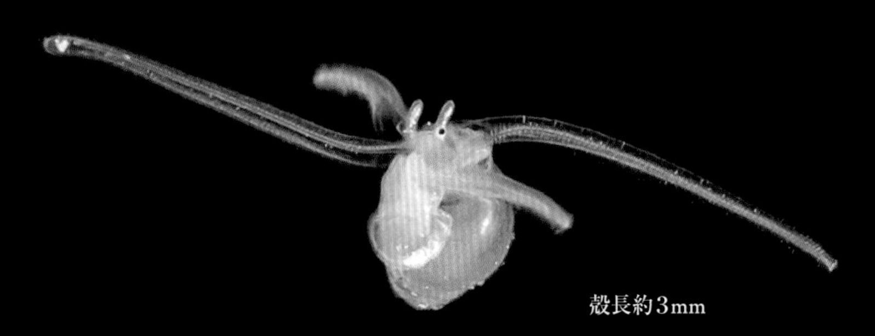

殻長約3mm

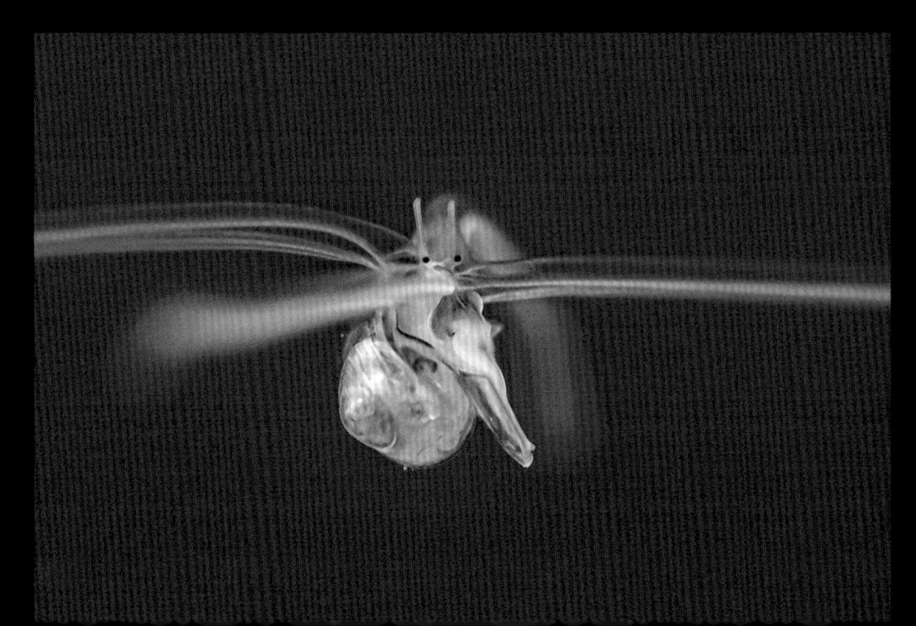

ヤツシロガイ科 Tonnidae

殻は平滑、あるいは格子状の彫刻がある。毛状の突起を持つものもある。面盤はフジツガイ科のものに近く、細長く4本で、明瞭な色素胞を欠く。

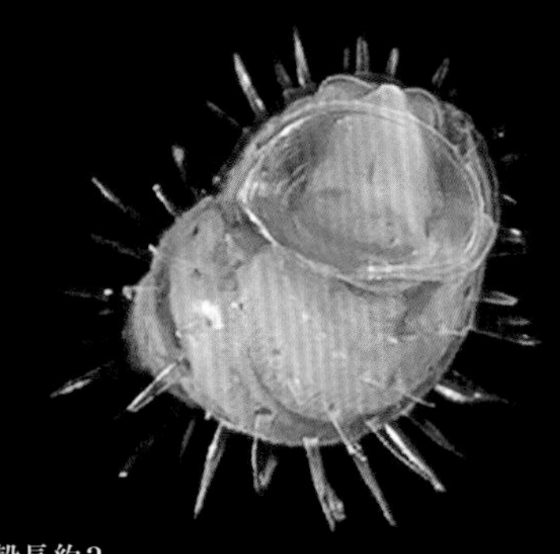

殻長約3mm

新腹足類 Neogastropoda

おそらくはイモガイ属のものだろう。殻は、プランクトン栄養型のものは平滑で、紡錘形になることが多い。面盤はやや細長く4本で、色素胞が並ぶ。

殻長約5mm

ツノウミフクロウ

Pleurobranchaea brockii

殻は、初期には露出しているが、徐々に外套膜に覆われ、変態後はウミウシ類のように脱落せず、溶解する。ウミフクロウのなかまの幼生はいずれも、大きく発達したベーラムを持つが、ツノウミフクロウではそれが複雑に折りたたまれることできわめて特異な形態になる。外套長約 7mm。

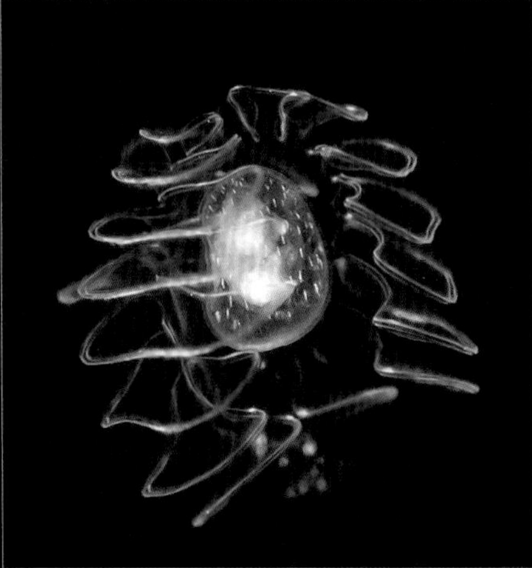

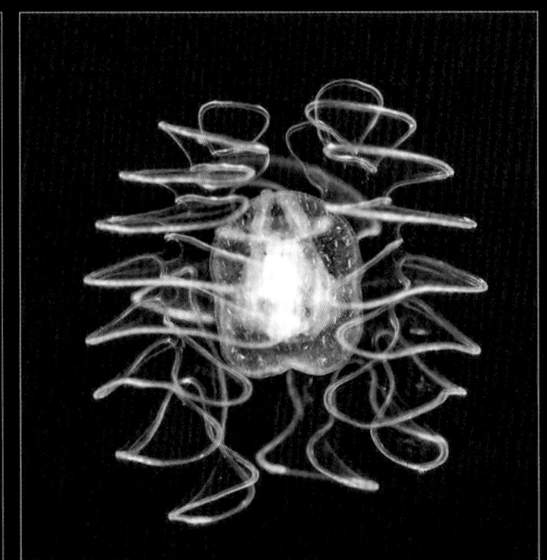

貝類の幼生について

Molluscan larvae

長谷川和範
（国立科学博物館）

多様な形態、多様な発生様式

夜のダイビングの最中、水中を照らすライトに集まってくる動物のなかに、小さな貝殻を下向きに背負い、翼のような器官を水平に広げて水中を漂っているものがいる。目を凝らしじっくりと観察すると、翼が生えている中心部分に頭があり、そこから２本の触角をアンテナのように上に突き出し、それぞれの根元に明瞭な目を持っていることがわかる。これらは貝類、とくに巻貝の幼生たちだ。

貝類とは、一般的には軟体動物のなかで貝殻を持つものを意味するが、ウミウシ類など貝殻を失ったものも含める場合も多く、ここでもそれに従う。軟体動物は動物のなかでも最も多様性に富んだグループの一つで、体の特徴（ボディプラン）についてみても、一見ミミズのような細長い体を持つカセミミズ類から、タコ・イカのなかま（頭足類）までさまざまで、生息場所も深海から淡水域まで、さらには陸上まで地球上のほとんどあらゆる環境におよんでいる。

こうした形態的な特徴や生息環境の多様性を反映して、貝類の発生様式も非常に多岐にわたる。発生とは、生物学的には受精卵から始まって成体に達するまでの過程を意味するが、ここでは親と似たような形や生活様式を持った幼若体になるまでを示す。そして幼若体になる前の、親とは異なった形をしたステージを幼生と呼ぶ。

陸上や淡水にすむ巻貝は、一般に卵から孵るとただちに匍匐・底生生活に入る（淡水二枚貝のイシガイ類ではグロキディウム幼生となって魚類に寄生する）。一方、海にすむ貝類は、それぞれの生存戦略などによって多様な発生の様態を示す。

ゾウクラゲの１種 *Carinaria* sp. のベリジャー幼生。

軟体動物の幼生

貝類を含む海生無脊椎動物全般の発生様式をみると、まずは大きく、海中を漂う浮遊幼生の時期を持つもの（浮遊発生）と、浮遊幼生期を持つことなく卵から直接這いだしてくるもの（直達発生）の二つに分けられる。さらに浮遊発生をする幼生は、卵のなかに蓄えられた卵黄の栄養にのみ頼って生活する「卵黄栄養型」と、浮遊生活の間に餌を摂りながら成長する「プランクトン栄養型」に分けられる。

一般的に幼生もしくは胚のサイズは、直達発生、卵黄栄養型、プランクトン栄養型の順に大きく、浮遊幼生期間ついて言えば、卵黄栄養型よりもプランクトン栄養型の方が長い。後で述べるように、これらの発生様式は、それぞれの種が分布を広げたり、適切な環境に定着したりするためにきわめて重要な役割を果たしている。

ここで軟体動物の幼生について詳しく見ていくと、発生形式が著しく特殊化した頭足類（p.90～111参照）を除いて、ほとんどのグループは胚と呼ばれる時期の最後(嚢胚期）から、基本的にまずトロコフォア（担輪子）幼生となる。このことは、軟体動物が著しい多様性を見せるにもかかわらず、単系統としてまとめられてきた根拠の一つとなっている。

また、近年の分子系統学的な解析では、同様にトロコフォア型の幼生期を持つゴカイ類（多毛類）やヒモムシ類などとも近縁であることも明らかになっている。これらをまとめて「トロコフォア幼生動物群」と呼ぶこともある。

トロコフォア幼生は、樽のような形の体の周りを1～2列の繊毛環が取り巻き、頂部に繊毛の束（頂毛）をそなえる。ヒザラガイ類などの原始的なグループや二枚貝の多くは浮遊性のトロコフォア幼生期を持つが、巻貝では一部の原始的ななかま（カサガイ類、アワビ類など）を除いて、この幼生期は卵嚢内や親の体のなかで経過する。その期間は一般的にきわめて短いもので、通常は24時間以内に次のベリジャー幼生へと移行する。

ベリジャー幼生は、左右に翼状に発達した面盤（ベーラム）と明瞭な貝殻を持つことで特徴づけられる。面盤はトロコフォア幼生の前方の繊毛環（口前繊毛環）が膨大して形成されるもので、初期にはいずれの種でも単純な左右2葉からなっている。

一方、貝殻はトロコフォア幼生期の後期に生じる貝殻腺によってつくりはじめられ、その後は幼若体や成体と同様に、外套膜の縁から炭酸カルシウムが付与されることによって成長する。幼生期においても、二枚貝は二枚の、巻貝のほとんどは螺旋形の貝殻を持つが、変態後の貝殻とは形態や彫刻のさまが大きく異なる。ちなみに、ベリジャー幼生の期間は種によってさまざまだが、プランクトン栄養型のものでは1年を超える場合があることが実験的に確かめられている。

ベリジャー幼生の後期には足が発達してきて、ときどき底を匍匐したりして着底への準備をはじめ、足（ペディ）ベリジャーと呼ばれる。そして適当な場所を選んで着底し、面盤（すなわち遊泳能力）を失い、初期の幼若体へと変態する。

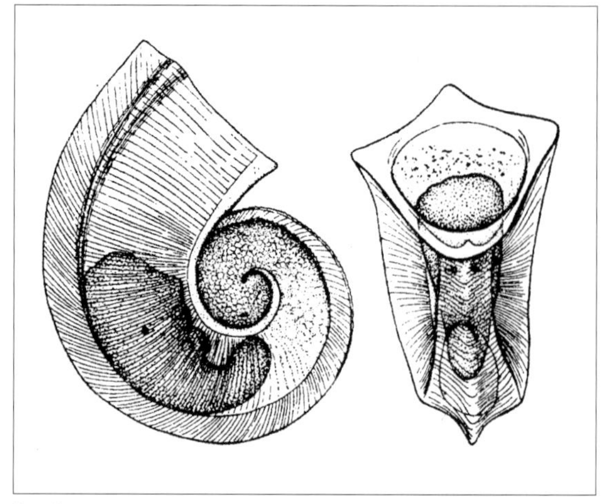

【図1】ベッコウタマガイ類 *Lamellaria* sp. のエキノスピラ幼生。なかに見える黒っぽい勾玉形の塊が本当の殻で、外側は偽の殻（副殻）に覆われている。Habe (1944, Venus 13: fig. 4)

巻貝の幼生：

さて、海中で実際に観察されるものの多くは、浮遊幼生期間が長い巻貝のプランクトン栄養型ベリジャー幼生である。本書に掲載されている貝類の幼生も、すべて後鰓類（広義のウミウシのなかま）を含む巻貝に同定される。

巻貝のベリジャー幼生で観察者の目をまず惹くのは、あるものでは細長く伸びたり、または複雑に分岐したりしている面盤だろう。面盤は、ベリジャーの初期には単純な左右の2葉からなり、多くの比較的原始的な巻貝類では、おおむねそのままの形状で幼生期を終える。

一方で、より進化した巻貝のなかまでは、浮遊力を高めるために面盤が著しく発達・分岐する場合があり、たとえばタマガイ科や新腹足類の多く、またクルマガイ科では左右の面盤が前後2つに分かれて4本となって細長く伸長し、ゾウクラゲ科やスイショウガイ科ではそれぞれ3つに分かれて6本となる（p.117）。スイショウガイ科の一部では、さらに多数に分岐して複雑な形状となる場合があり、ベリジャー幼生のなかでは異色の存在感を放っている。また後鰓類では、多くの種は比較的シンプルな2葉

【写真1】アヤボラ *Fusitriton oregonensis*。殻長は、原殻（左端）3.3mm、成殻（右端）10cm。左端のベリジャー幼生の殻には *Conradia minuta* Golikov & Starobogatov, 1986 という親とは別の名前がつけられたことがある。幼若個体（写真中央）を見ると本種の幼生であることが明らか。黄色の矢印は、原殻と幼若体の殻との境界。

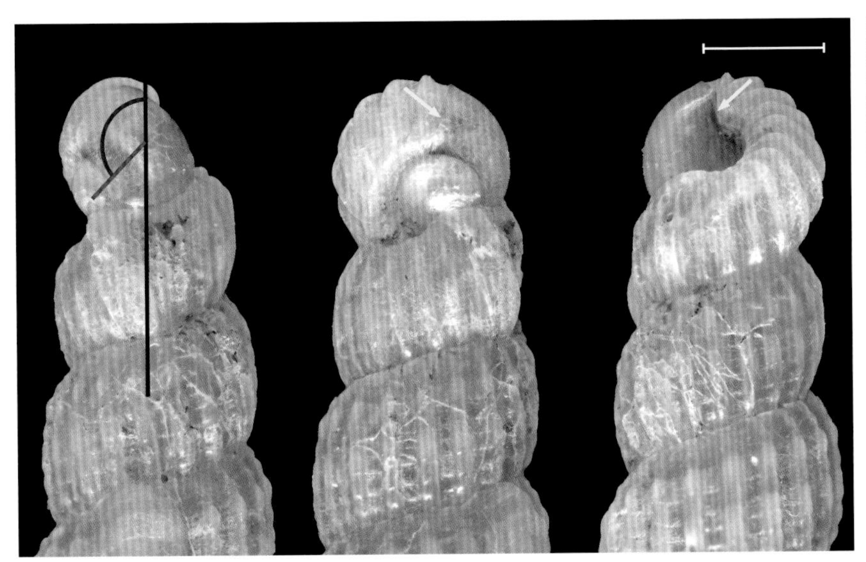

【写真 2】オオチリメンギリ *Turbonilla varicosa* の殻頂部。
原殻（ベリジャー幼生期の殻）の軸は赤色で、変態後の殻の軸は黒色で示す。変態時に 140 度傾いていることがわかる。黄矢印は、原殻と幼若体の殻の境界。スケールは 500 μm。

の面盤を持つが、本書でも紹介しているツノウミフクロウのもの（p.116）は例外的に特異な形態へと進化している。

巻貝幼生の貝殻：

巻貝のベリジャー幼生は通常明瞭ならせん状の貝殻を持つことで、他の分類群の幼生から容易に識別できる。変態後に貝殻を失うウミウシ類や広義のカタツムリのなかまに含められるイソアワモチ類も、この時期にはすべて貝殻を持っている。

ただし、カサガイ類やウミウシ類の一部ではらせん状とならず、左右対称の筒型となる。また、ベッコウタマガイ類では、真の殻の外側にエキノスピラと呼ばれる、通常は周辺に小さい棘のたくさんならんだ透明で大きな副殻が形成され、これは海中で浮力を増す役割を果たしていると考えられる（図 1）。

着底・変態の後、貝類は幼生時につくられた殻（原殻、あるいは胎殻と呼ばれる）を基として、それに新しい貝殻の成分を付与しながら成長する（付加成長と呼ばれる）。じつは変態後の幼若体やときには成体の殻頂部には幼生時の殻が残されていて、これを詳しく観察し、比較することによって、幼生の貝殻から種を同定することが可能な場合がある。また、逆に原殻の形態から、幼生の生態を調べなくても発生様式を推測することができる。

プランクトン栄養型の幼生の殻は、成体の形態とは著しく異なっているため、誤って別種と考えられて、異なる名前をつけられることがある。比較的最近でも、北の海や深海に多くみられるアヤボラという貝の原殻が、微小な巻貝の新種として報告されたことがある（写真 1）。

また、巻貝のベリジャー幼生の殻に関する興味深い現象の一つとして、逆旋があげられる。巻貝には右巻きと左巻きがあり（海に棲んでいる巻貝の 9 割以上は右巻きである）、当然ながら右巻きの貝のベリジャーの殻も普通は右巻きだ。

しかし、後鰓類やカタツムリの仲間が含まれる異鰓類というグループでは、右巻きの種のベリジャー幼生期の殻は例外なくすべて逆の左巻きで、変態時に突然右巻きに変わる。この逆旋現象は、成体の殻の殻頂部に残された原殻の形状から確認することができる（写真 2）。

幼生の分散と着底：

底生の海生無脊椎動物においては、変態後の移動能力は通常きわめて低い。固着生活をするなど、一旦着底した場所を一生離れないこともある。しかしながら、それらの地理的分布をみると、同一種の分布がインド・西太平洋域と呼ばれるポリネシアからアフリカ東岸までのじつに広域にわたる場合も少なくない。こうした分散と遺伝子の交流を可能にしているのが、彼らが浮遊幼生期を持つことである。

上に述べたように、プランクトン栄養型のベリジャー幼生の時代は、種によってはきわめて長期におよぶ。ときには幼生としての成長を止めて浮遊期間を延長する場合もあり、海流に乗って広い範囲を移動することができる。その代表的な例がヤツシロガイ上科で、日本の温帯域にも普通なボウシュウボラは、大西洋に分布するものと同種とされている。

一方、広く分散しようとすれば、それぞれの個体が然るべき場所に辿り着いて生き残る可能性がおのずから低くならざるを得ない。また、好適環境の選り好みの都合などで、敢えて分散することを避けて直達発生、あるいは短い卵黄栄養型の浮遊幼生を選ぶ種もある。

とくに深海性の巻貝では直達発生するものが多い。また、干潟に見られるウミニナは浮遊幼生期を持つのに対して、近似種のホソウミニナは直達発生と、近い仲間でも異なった生存戦略をとっている例もある。

浮遊幼生が着底する際には、好適な場所を選ぶために、多様なメカニズムが働いていることが多くの研究で明らかになっている。基質の形状のような物理的要因が影響する場合や、同種の個体や海藻などの餌となる生物の発する化学物質を利用する場合など、さまざまなケースが知られている。その詳細については、カキやアワビをはじめとした養殖貝類の種苗生産とも大きくかかわることであり、水産学分野でも精力的に研究が進められているテーマでもある。

（はせがわ・かずのり　無脊椎動物分類学）

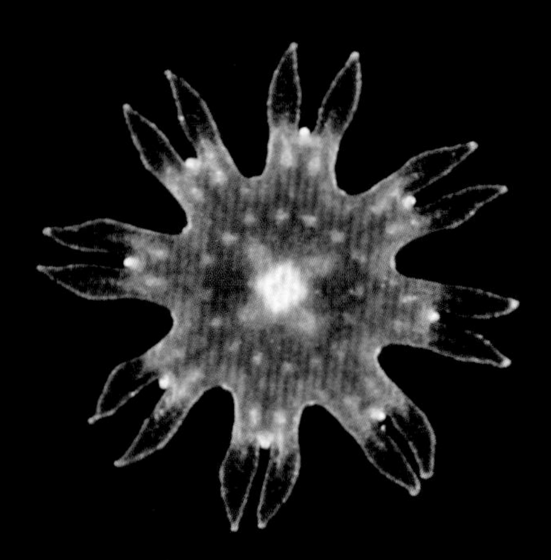

ブラックシーネットル
Chrysaora achlyos

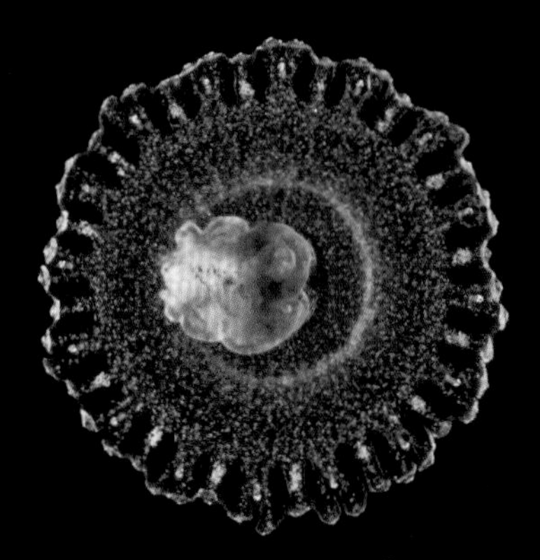

サカサクラゲ
Cassiopea sp.

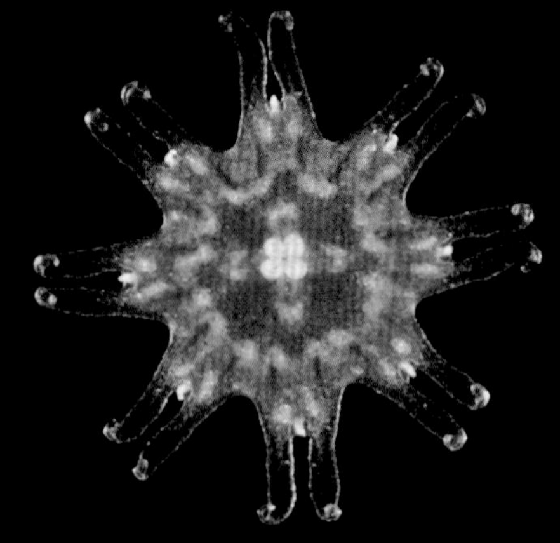

パープルストライプシーネットル
Chrysaora colorata

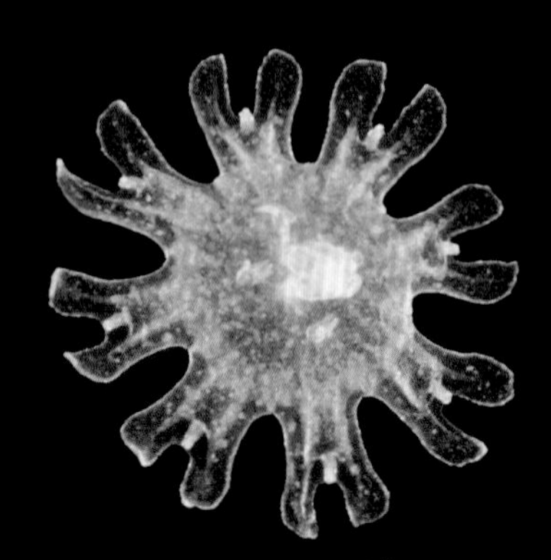

タコクラゲ
Mastigias albipunctata

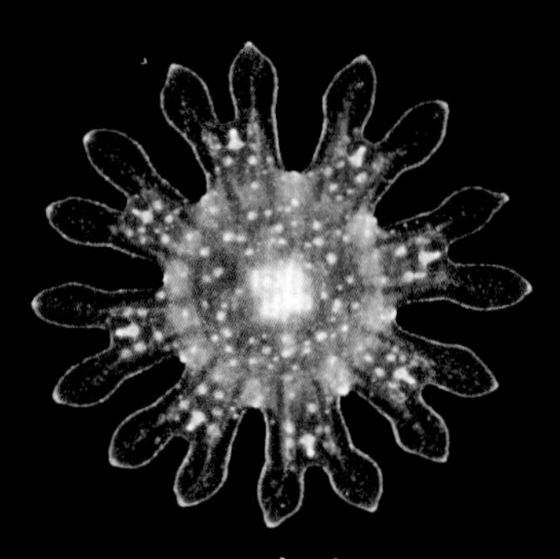

コンパスジェリー
Chrysaora hysoscella

Juveniles of Jellyfish

稚クラゲたちの世界

海中を漂って生きる生物として広く知られるクラゲたちは、
どんな姿をたどって成体にいたるのか。
微細な世界を拡大して眺めれば、幼生たちもまた
海中を華やかに彩る存在になる。

解説 戸篠 祥
Sho Toshino

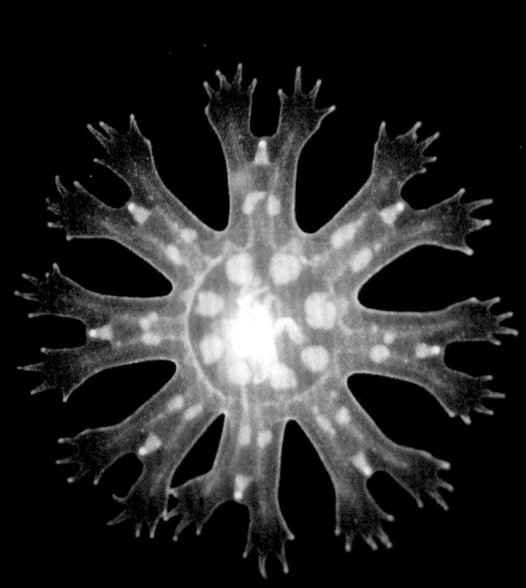

ビゼンクラゲ
Rhopilema esculentum
（写真：戸篠祥）

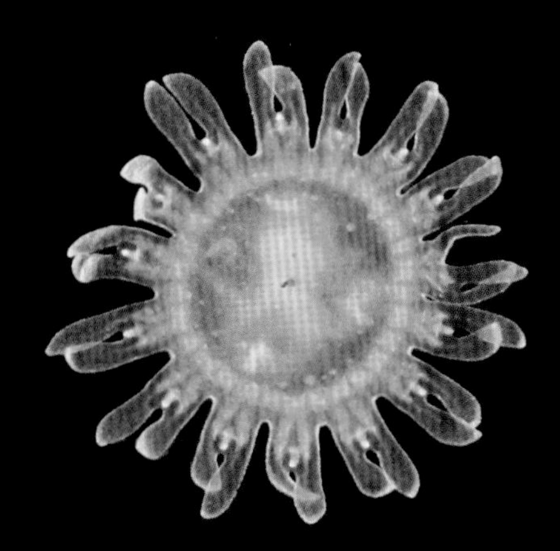

アマクサクラゲ
Sanderia malayensis

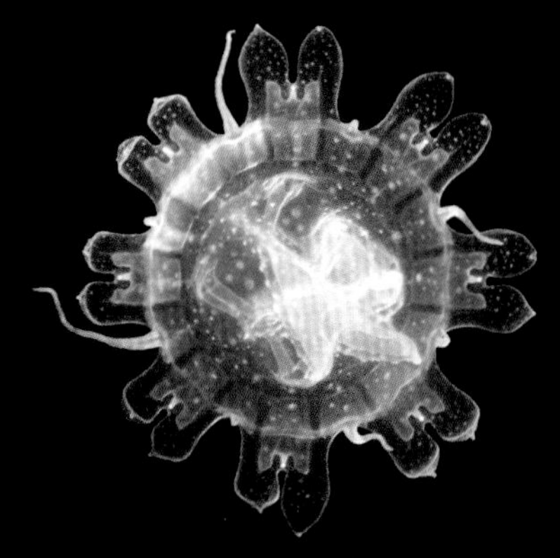

ユウレイクラゲ
Cyanea nozakii
（写真：戸篠祥）

鉢クラゲ綱のエフィラ
Ephyrae of Scyphozoa

鉢クラゲ綱の稚クラゲはエフィラと呼ばれる。エフィラは、ポリプが変態したストロビラ（横分体）がストロビレーション（横分裂）することにより産み出される。それぞれコスモスの花のような形をしており、海中を漂って生活する。基本的に8放射相称の体制を示し、種によってさまざまな形態や色彩を示す。

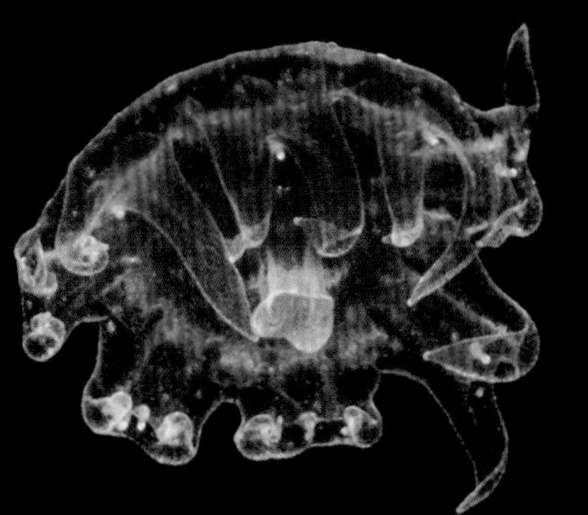

アカクラゲ
Chrysaora pacifica

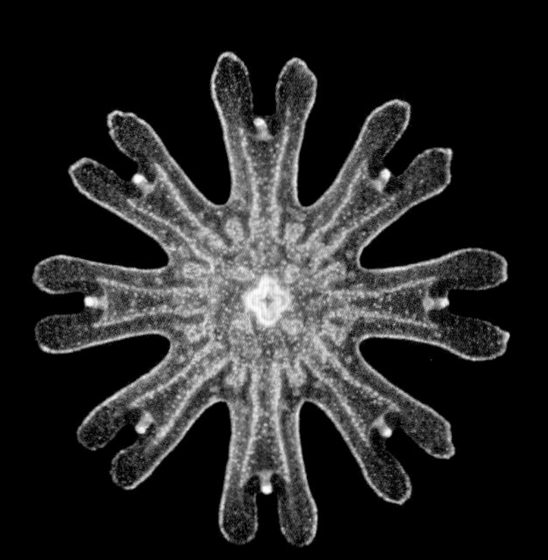

イボクラゲ
Cephea cephea
（写真：戸篠祥）

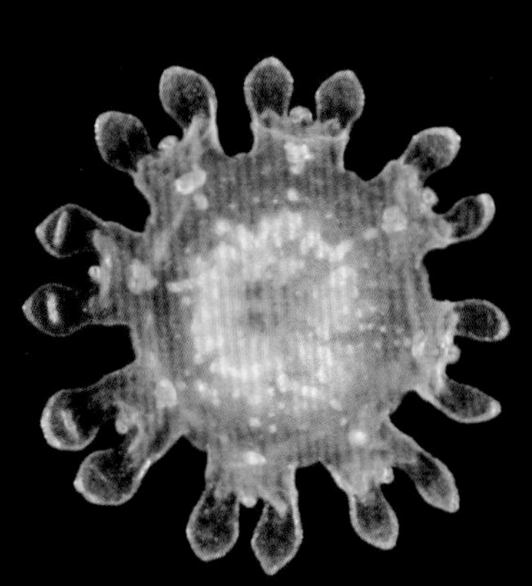

キャノンボールジェリー
Stomolophus meleagris

アカクラゲ *Chrysaora pacifica*
のストロビラ

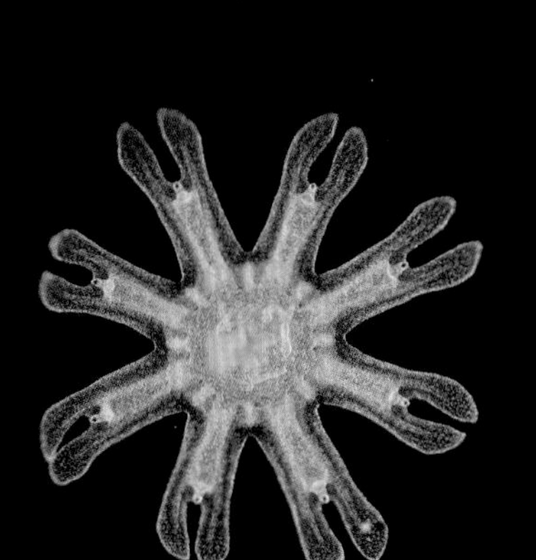

ミズクラゲ
Aurelia coerulea

写真：水口博也

鉢クラゲ綱の稚クラゲたち
Juveniles of Scyphozoa

刺胞動物に含まれるクラゲのなかで、鉢形や椀形の傘を持つクラゲのなかまである。比較的大型で、水族館で展示されることも多い。

タコクラゲ
Mastigias albipunctata

体中に褐色藻と呼ばれる共生藻を保有する。褐虫藻は光合成により、宿主のタコクラゲへ栄養を提供する。傘径8mm。（写真：戸篠祥）

アマクサクラゲ
Sanderia malayensis

体色は橙色や茶褐色で、体全体に刺胞瘤を持つ。縁弁数は13～16と個体によって変異がみられる。クラゲ類を好んで食べる。傘径10mm。

サカサクラゲ
Cassiopea sp.

傘を下にして生息する。世界中の温帯や亜熱帯、熱帯の海に広く分布する。寿命は長く、飼育下では数年生きる。傘径40mm。

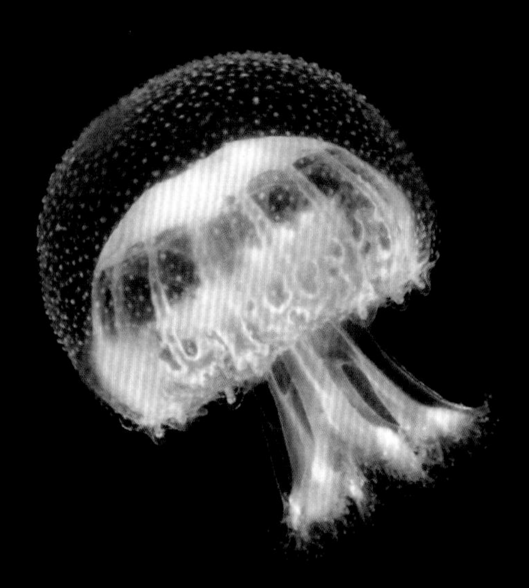

キャノンボールジェリー
Stomolophus meleagris

砲弾のような球状の傘を持つクラゲ。成体は食用となり、コリコリと歯ごたえのある食感が珍重される。傘径20mm。

イボクラゲ
Cephea cephea

暖海に生息するクラゲ。普段は外洋を漂って生活し、ときに沿岸にも現れる。成体は傘頂部に大きなイボをそなえる。傘径20mm。（写真：横田有香子）

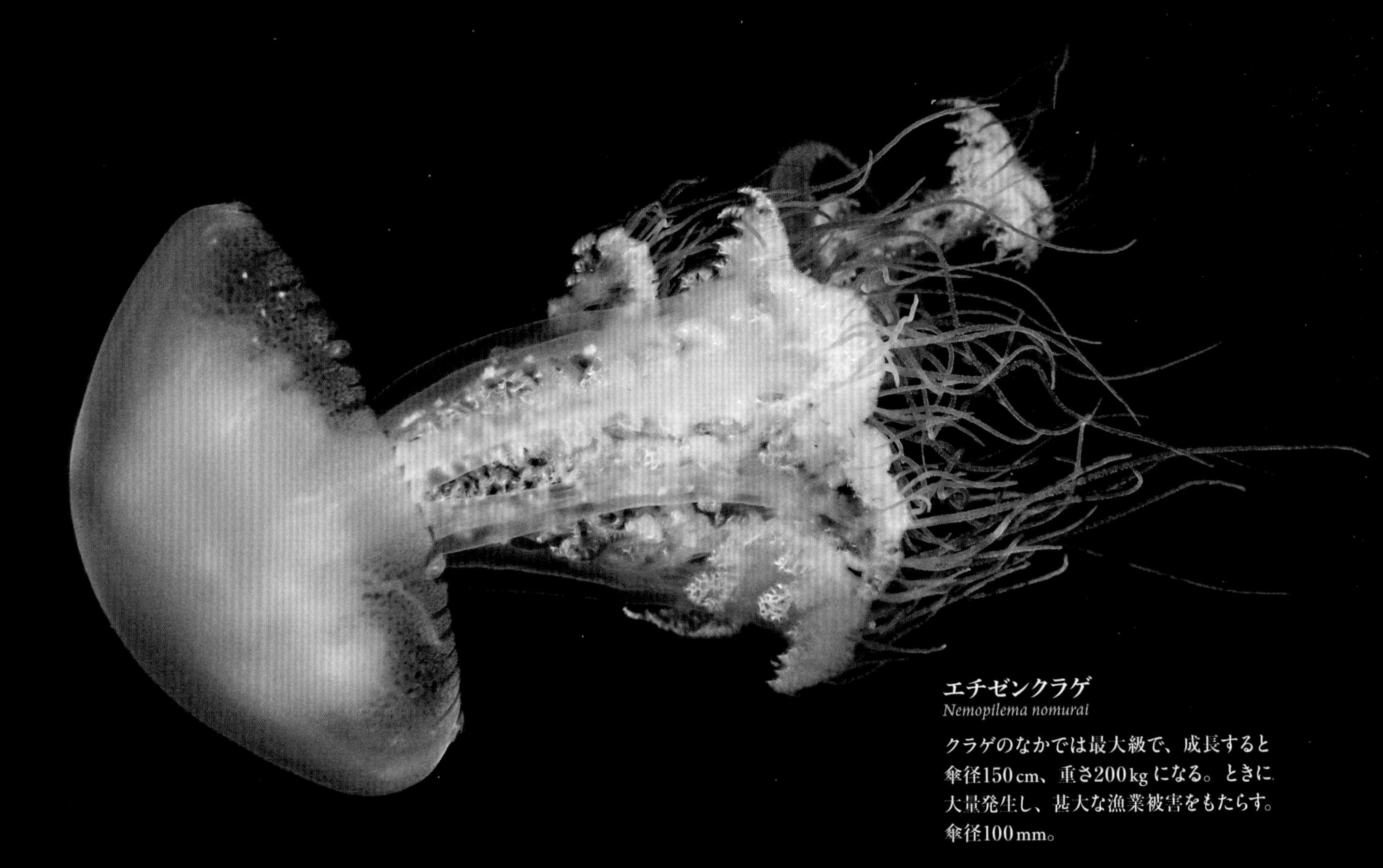

エチゼンクラゲ
Nemopilema nomurai

クラゲのなかでは最大級で、成長すると傘径150cm、重さ200kgになる。ときに大量発生し、甚大な漁業被害をもたらす。傘径100mm。

アカクラゲ
Chrysaora pacifica

薄赤色で縁弁を8枚持つエフィラは、成長するにつれ外傘表面に縞模様が現れる。刺胞毒は強く、他のクラゲ類を襲って食べる。傘径20mm。

ミズクラゲ
Aurelia coerulea

コスモスのような形をしたエフィラ(p.121)は、成長にともないお椀状の体になる。同時に体の隅々を走る水管が、より複雑に分枝するようになる。傘径20mm。

キタユウレイクラゲ
Cyanea capillata

冷たい海に生息する大型クラゲ。他のクラゲ類を大量に捕食することが知られる。紫色の触手には強烈な刺胞毒がある。傘径20mm。

写真：水口博也

花クラゲ目 Anthoathecata
ニホンベニクラゲ
Turritopsis sp.

若返りすることで知られる。沿岸性で西日本に広く生息する。傘径5mm。

花クラゲ目 Anthoathecata
ハナヤギウミヒドラクラゲモドキ
Thecocodium quadratum

外洋性で、日本沿岸での報告例は稀。傘縁から傘頂部に向かって筋状に刺胞列が伸びる。傘径2mm。

ヒドロクラゲ綱の稚クラゲたち

Juveniles of Hydrozoa

鉢クラゲ綱とともに刺胞動物に含まれる。ほとんどが傘径数mm程度の小型種で占められる。生態や生活史が多様で、クラゲのなかでもっとも分化が進んだグループである。

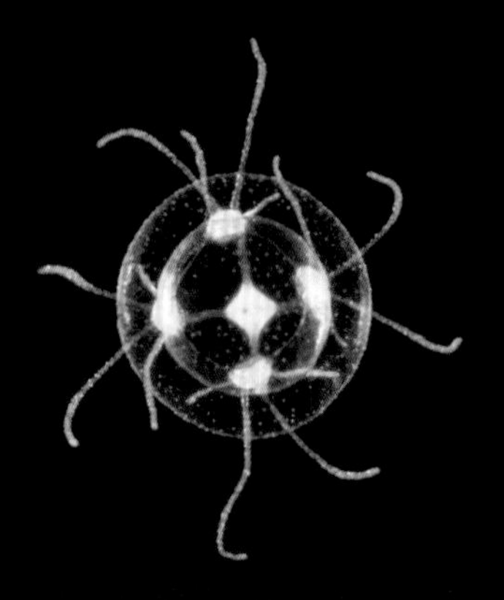

花クラゲ目 Anthoathecata
ドフラインクラゲ
Nemopsis dofleini

ドイツの生物学者フランツ・ドフラインの名を冠するクラゲ。傘縁の4か所に触手を数本備える。冬から春にかけて現れる。傘径2mm。

花クラゲ目 Anthoathecata
ハナアカリクラゲ
Pandea conica

冬から春にかけて外洋に現れる。傘を下にして触手を伸ばしていることがあり、獲物を待ち伏せて捕食するものと考えられる。傘高10mm。

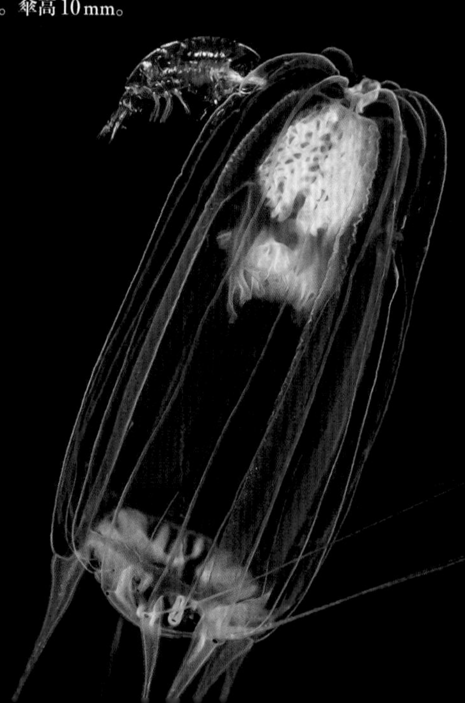

花クラゲ目 Anthoathecata
スズフリクラゲ科の一種
Zancleidae sp.

釣鐘状の傘に触手を2本備える。外傘上に白い刺胞列が伸びる。スズフリクラゲ科はたがいに形態が酷似しており、種同定が難しい。傘高2mm。

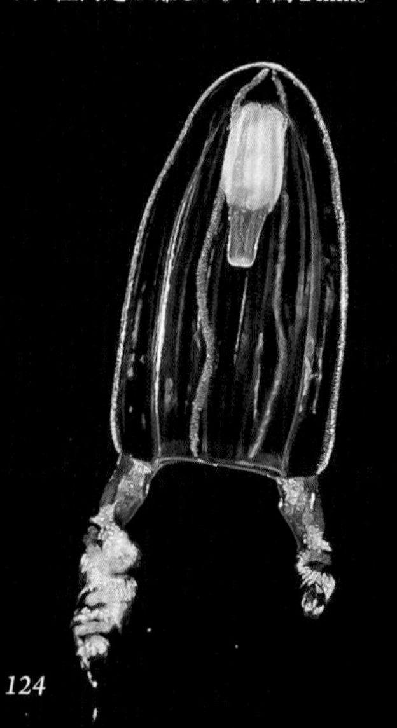

花クラゲ目 Anthoathecata
エボシクラゲ科の一種
Pandeidae sp.

名前は、傘頂部に突起が烏帽子のようにみえることから。触手の付け根に赤い眼点をそなえる。クラゲ食で、他のクラゲ類を襲って食べる。傘高4mm。

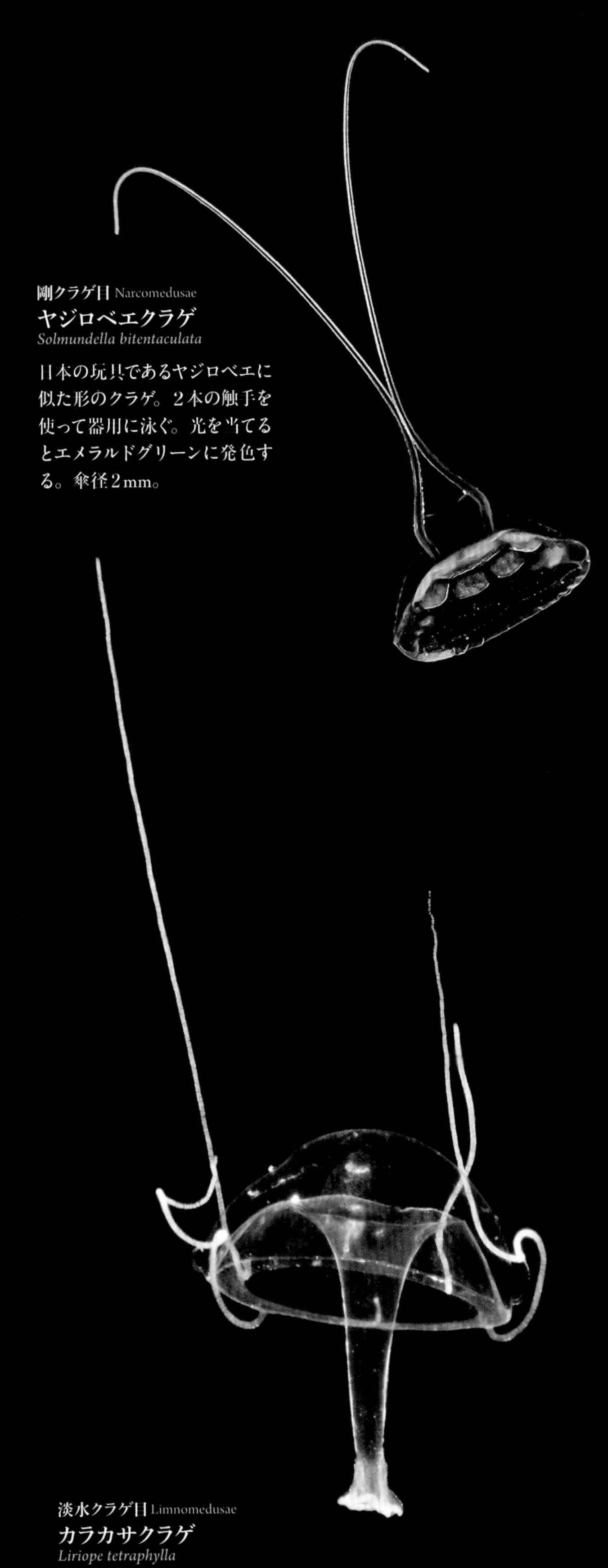

剛クラゲ目 Narcomedusae
ヤジロベエクラゲ
Solmundella bitentaculata

日本の玩具であるヤジロベエに似た形のクラゲ。2本の触手を使って器用に泳ぐ。光を当てるとエメラルドグリーンに発色する。傘径2mm。

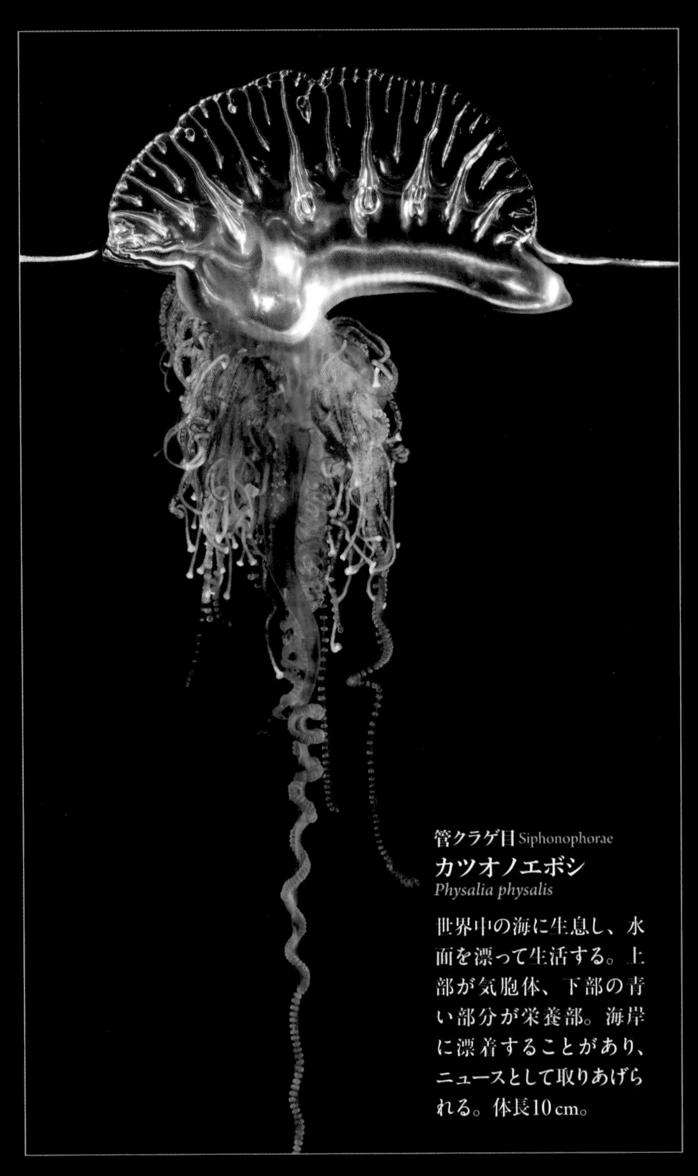

管クラゲ目 Siphonophorae
カツオノエボシ
Physalia physalis

世界中の海に生息し、水面を漂って生活する。上部が気胞体、下部の青い部分が栄養部。海岸に漂着することがあり、ニュースとして取りあげられる。体長10cm。

淡水クラゲ目 Limnomedusae
カラカサクラゲ
Liriope tetraphylla

お椀状の傘に長い口柄支持柄を持つ。4本の触手で、稚魚などを捕える。日本沿岸に広く分布し、年中出現する。傘径10mm。

軟クラゲ目 Leptothecata
オワンクラゲ属の一種
Aequorea sp.

緑色蛍光タンパク質（GFP）を持つクラゲとして有名。成長にともない、放射管と触手の数が増加する。他のヒドロクラゲ類を食べる。傘径4mm。 （写真：戸篠祥）

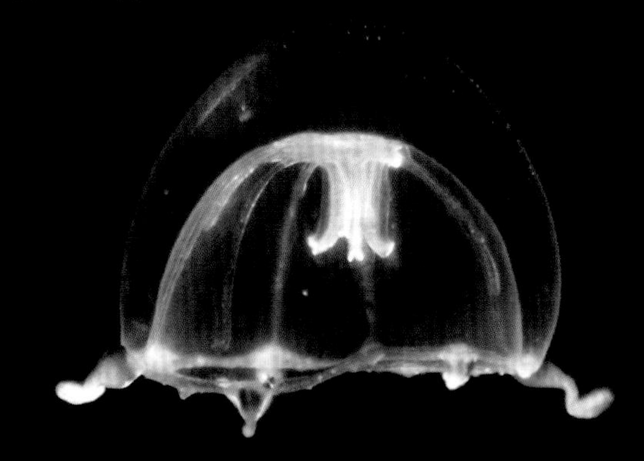

写真：横田有香子

有櫛動物門
クシクラゲ類の稚クラゲたち

Ctenophora

８列に並んだ櫛板を波打たせて泳ぐとき、光の回析によって虹の７色が体側を飾る。ウリクラゲ目の無触手綱と、ウリクラゲ目以外の有触手綱にわかれる。

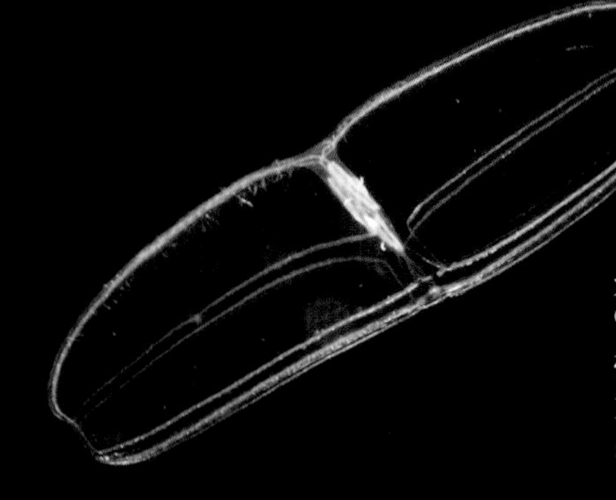

オビクラゲ
Cestum veneris

帯状の体を持つ。成長すると1mに達し、蛇のように体をくねらせて泳ぐ。体長20mm。

チョウクラゲ
Ocyropsis fusca

側枝を備えた触手を２本持つ。成長にともない、触手は退化する。蝶のように羽ばたくように力強く泳ぐ。体長5mm。

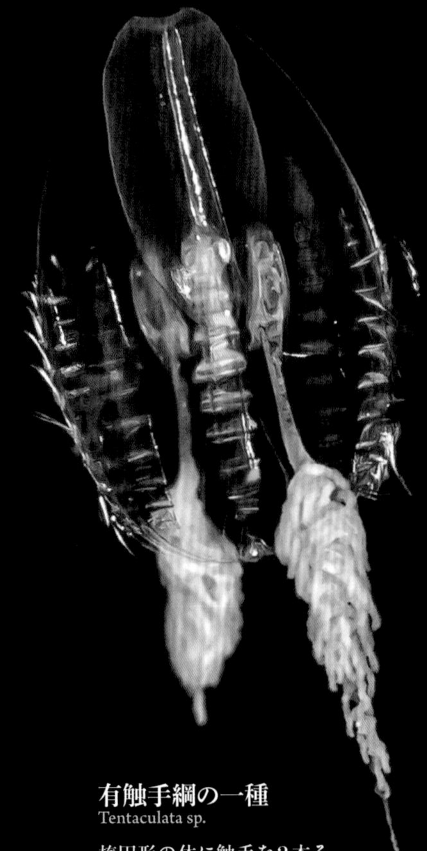

有触手綱の一種
Tentaculata sp.

楕円形の体に触手を２本そなえる。触手には膠胞と呼ばれる粘着細胞があり、獲物をくっつけて捕獲する。体長10mm。

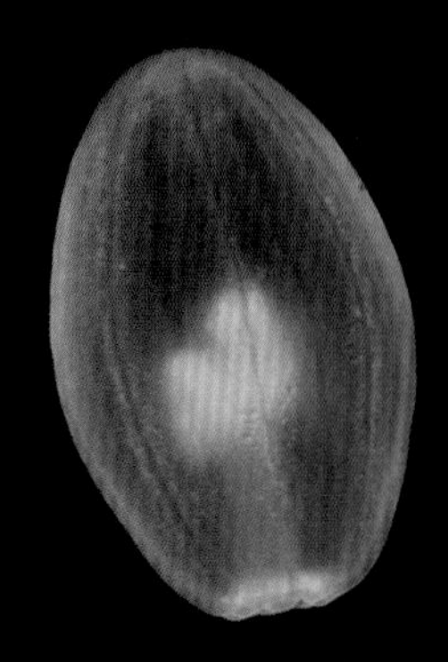

ウリクラゲ
Baroe cucumis

楕円形の体で、口を広げて他の有櫛動物を襲って食べる。体全体に朱色の色素胞が散在する。体長５mm。

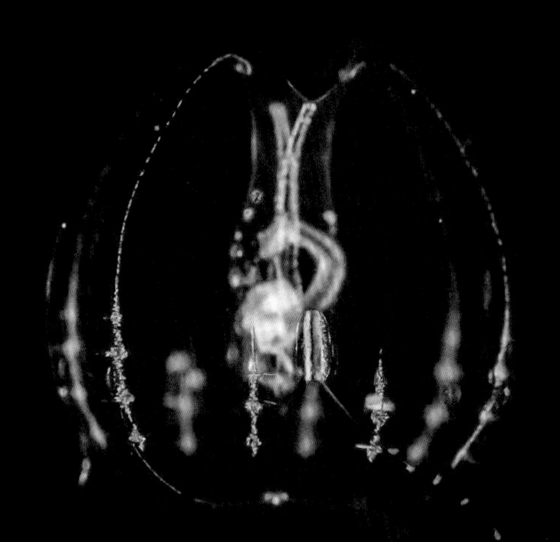

有触手綱の一種
Tentaculata sp.

球状の体に触手を２本備えた写真の個体は、櫛板や水管系が未発達で種同定は困難。動物プランクトンを捕食する。体長６mm。

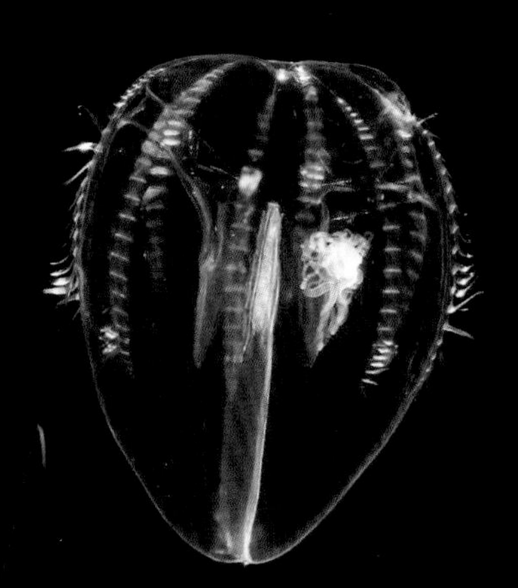

フウセンクラゲ目の一種
Cydippida sp.

触手にある側枝はカイアシ類を模したような形状をしており、カイアシ類を餌とする稚魚をおびき寄せるような効果があると考えられる。体長８mm。

ツノクラゲ
Leucothea japonica

体の表面に小さな角状突起を多数そなえる。西日本では冬に出現する。成長すると20 cm ほどになる大型の有櫛動物。体長20mm。

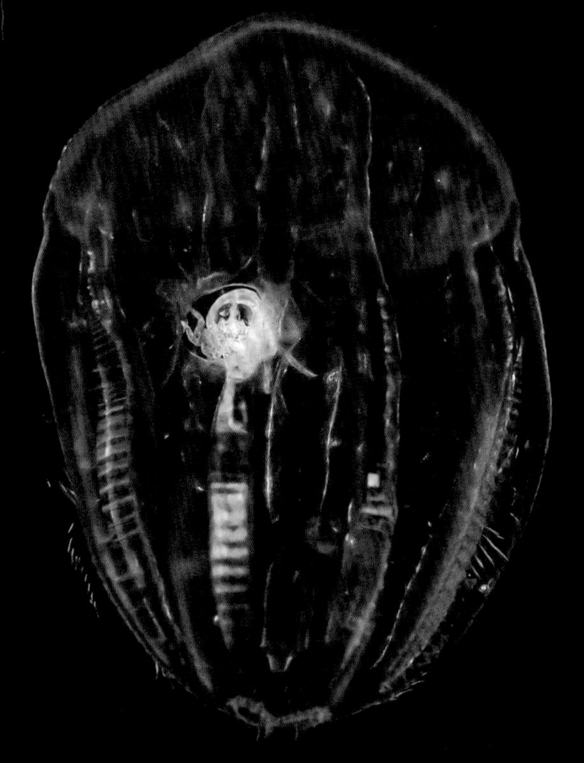

ウリクラゲ属の一種
Baroe sp.

ウリクラゲ属の幼生は触手を持たず、獲物を丸のみにするようにして捕食する。写真の個体にはクラゲノミ類が寄生している。体長20mm。

オオツカプーキアテマリクラゲ
Pukia ohtsukai

南西諸島に生息する有櫛動物。成長しても大きさは10 mm ほど。沖縄では一年を通してみられる。甲殻類の幼生が寄生することがある。体長５ mm。

写真：横田有香子

クラゲの幼生たちの暮らし

Life of Juveniles of Jellyfish

戸篠 祥
（公益財団法人黒潮生物研究所）

鉢クラゲ綱の生活史

およそ5億年前、カンブリア紀に誕生したクラゲは、さまざまな環境に適応することで栄華を極めた。現在、世界中で約3800種のクラゲが知られており、そのうち約600種が日本でも確認されている。

さて、クラゲたちはさまざまな環境に適応し、環境変化に応じて柔軟に順応することができる。その秘密は彼らの生活史にある。

わたしたちがふだん目にするクラゲは、子孫を残す時期（有性世代）であり、その期間は数日から数か月と、彼らの一生のなかではごくわずかにすぎない。

クラゲの生活史について、まずは鉢クラゲ綱のミズクラゲを例に紹介する。

クラゲには雌雄があり、成熟個体は海中で放精を行う。海中に放たれた精子は海水とともに雌の胃腔内にある卵巣に取りこまれ、受精が起こる。受精卵は口腕にある保育嚢に運ばれ、卵割を繰り返してプラヌラ幼生となる。プラヌラは楕円形で回転しながら泳ぎ回り、岩や貝などの固着基質に定着する。定着したプラヌラはつぶれた餅のようになり、やがてポリプになる。

ポリプはイソギンチャクのような形をしていて、大きな口と糸状の触手をそなえている。餌は甲殻類や多毛類、二枚貝などの幼生などで、体の大きさに比して胃腔が大きいため、非常に多くの食物を取りこむことができる。

成長するにつれ体サイズが大きくなり、触手数も増加する。十分に成長すると、さまざまな方法で増殖することができる。

ポリプは無性生殖によって増える。無性生殖とは、雌雄の配偶子ではなく自身のみで完結するやりかたで、生まれた個体はすべて自身と同じ遺伝子を持つクローン個体になる。ちなみにミズクラゲのポリプでは、体の一部から膨らみそれが新しいポリプになる「出芽」や、1つのポリプがちぎれて2つのポリプになる「縦分裂」、体の一部がちぎれて耐久性のある休眠芽となる「ポドシスト」などの方法をとる。

いずれも栄養条件や環境に合わせて最適な方法を選択し、効率的な増殖を行う。ポリプの1個体が2個体、4個体、8個体…と増えていくため、最終的にその数は膨大なものとなる。

さて、ポリプは時期になると、クラゲをつくりだす。ミズクラゲの場合、水温が15℃あたりを下回ると、ポリプが横分裂（ストロビレーション）を開始する。

まず、ポリプの側方がくびれはじめ、皿を幾枚も重ねたような横分体（ストロビラ）となる。そして、一枚一枚がエフィラと呼ばれる稚クラゲとなって大海原へ泳ぎだす。そのとき、ミズクラゲのように一回のストロビレーションでエフィラを複数つくるものもいれば、タコクラゲやサカサクラゲのようにエフィラを1個体しかつくらないものもいる。

いずれも、エフィラ遊離後には横分体の基部に残体と呼ばれる組織が残り、それがふたたびポリプとなって、横分裂を繰り返す。このように1個体のポリプから膨大な数のエフィラが誕生する。

＊

ミズクラゲのエフィラは盤状の体に8本の縁弁を備えており、各縁弁の先端は二又に分かれている。体の中心には口があり、そこから胃、胃水管と連結する。胃のなかにはフィラメント状の胃糸があるが、数本程度である。

エフィラは成長するにつれ、縁弁の間が連結し体が椀状や鉢状になる。また、胃水管系がより複雑に枝分かれし、生殖巣が発達、成熟を迎える。

これまでミズクラゲを例に紹介したが、鉢クラゲ綱のなかでも例外的な種も存在する。たとえば、沖合の表層で生活するオキクラゲや深海やフィヨルドに生息するクロカムリクラゲでは、プラヌラは定着してポリプになることはなく、水中でそのままエフィラへ変態する。彼らはポリプの付着基質が乏しい環境に生息しているため、それに適応した結果だろう。

また、冠クラゲ目のイラモでは、遊離

ミズクラゲのストロビラと、そこから遊離したエフィラ。

直後のエフィラがすでに成熟した生殖巣を持っており、放卵放精後速やかに死を迎える。冠クラゲ目ではエフィラが成熟してもクラゲではなく、エフィラのような形態を残す種も多く、幼形成熟の形質を残したグループなのかもしれない。このように、ポリプやクラゲが退化的な種がいて、クラゲの進化や系統関係を推察する上で非常に興味深い。

立方クラゲ綱の生活史

アンドンクラゲやハブクラゲを含む立方クラゲ綱の生活史は、基本的には鉢クラゲ綱のものと同じだが、各ステージで多少の差異がみられる。たとえば、立方クラゲ綱のプラヌラは鉢クラゲのものと違って、多数の眼点をそなえている。眼点は光を感知する器官であり、固着場所を探す際に用いられるのだろう。

また、眼点の場所は、不思議なことに種によって異なる。アンドンクラゲでは体の赤道面付近に見られるが、フタバリッポウクラゲ *Tripedalia binata* では体の端に見られる。これらの眼点はプラヌラが定着したあとに消失する。

ポリプからクラゲへの変態様式は、さらに独特である。変態がはじまると、口丘（口とその周辺部分）が円形から四角形になる。そして、ポリプの触手が口丘の四隅に集合し、束になる。

束となった触手は吸収されて球根のような形をつくると、感覚器になる。そして、感覚器と感覚器の間から新たにクラゲの触手が生じる。やがてポリプはクラゲの形になると拍動をはじめ、基質から離れて泳ぎだす。基質には鉢クラゲで見られるような残体は残らない。

すなわち、1つのポリプがそのまま1個体のクラゲへ完全変態する。このような変態様式は、立方クラゲ綱特有のものだ（ただし最近では、残体を残す変態様式を持つ種も見つかっている）。

遊離したばかりの稚クラゲは成熟個体のような箱型ではなく、球状に近い傘を持つ。傘の表面には多数の刺胞の塊があり、外敵から身を守るのに役立っているようだ。触手は4本あるが、触手の付け根にある葉状体はその時点ではまだ発達していない。

感覚器も4個あり、傘からむき出しの状態にある。各感覚器にはすでに成体と同様に6つの眼と平衡石がそなわっており、視覚に関しては基本的な機能が完備されている。

体が成長すると感覚器は傘の内部に収納され、感覚器を保護する覆いが形成される。成長した立方クラゲはガラスのように透明な傘を持っているが、それは傘を透かして体の周囲を見渡すためかもしれない。

ヒドロクラゲ綱の生活史

ヒドロクラゲ綱は、クラゲのなかで最も多様な生活様式を持つ。下位の目レベルで大まかな違いがあるうえに、さらに変則的な生活史を送るものも含まれる。

花クラゲ目や軟クラゲ目、淡水クラゲ目では、基本的にポリプとクラゲの世代交代が行われる。多くの種では、ポリプは群体性で、ポリプ上に多数のクラゲ芽が形成される。また、一部の種ではクラゲではなく子嚢と呼ばれる袋状の構造で卵や精子がつくられる。

淡水クラゲ目では群体性と単立性両方のポリプがみられ、単立性のものではポリプの側面からフラスチュールを出芽する。フラスチュールは芋虫状で、匍匐移動することで遠く離れた基質へとたどり着き、自身で新たなポリプになる。

管クラゲ目は一生を浮遊生活し、群体性のポリプを持つ。ポリプ内では各個虫が機能分化し、摂餌や攻撃・防御、生殖など異なった役割を果たしている。なかにはカツオノエボシやボウズニラのように、気胞体と呼ばれる浮きを持つものもいる。

一方、剛クラゲ目や硬クラゲ目ではポリプが退化し、プラヌラが幼生を経てクラゲとなる。他のクラゲの体内に寄生するものもあり、付着基質の乏しい外洋に適応したものと思われる。ポリプが他の生物の体表上に付着するものも知られている。たとえば、エボシクラゲ科のポリプは、クロダイやカゴカキダイなどの稚魚に寄生することが知られている。

いずれにせよ、それぞれのポリプは時期が来ると稚クラゲを遊離し、役目を終えたかのように宿主上から消失する。一方、クラゲを出したあとも宿主上で生き続け、栄養を蓄えてふたたび繁殖に備える種もいる。

ヒドロクラゲ綱の稚クラゲは大きさが1mm前後で、その段階で種判別するのは非常に困難である。成長にともない、花クラゲ目では口柄に、軟クラゲ目や淡水クラゲ目では放射管に生殖巣が発達する。

＊

こうして刺胞動物のクラゲたちは、有性生殖をするクラゲ世代と無性生殖をするポリプ世代を交代させることで、環境変化により柔軟に順応し、効率的に増殖・繁殖することができるのである。

有櫛(ゆうしつ)動物門（クシクラゲのなかま）の生活史

有櫛動物門は、ゼラチン質の体に櫛板と呼ばれる運動器官を備えることからクシクラゲとも呼ばれる。しかし、刺胞動物のクラゲたちのように刺胞は持っていないため、刺されることはない。有櫛動物門は一部の（クシヒラムシ目など）底生性のグループを除き、一生を浮遊生活する。

有櫛動物門は触手を持つ有触手綱と、触手を持たない無触手綱（ウリクラゲ目のみ）に大別される。有触手綱の触手には膠胞（こうほう）と呼ばれる粘着細胞があり、獲物をくっつけるようにして捕獲する。一方、無触手綱は大きな口を広げて他のクシクラゲを飲みこむようにして捕食する。

クシクラゲのなかまはほとんどが雌雄同体で、精巣と卵巣を合わせ持つ。有触手綱では卵はフウセンクラゲ型幼生となる。フウセンクラゲ型幼生は楕円形あるいは球形で、2本の触手と触手を収納する触手鞘を持つ。フウセンクラゲ目ではそれほど形態を変えることなく成長するが、カブトクラゲ目やオビクラゲでは体が扁平になり、触手は退化する。また、クシヒラムシ目では櫛板が退化するとともに底生生活へ移行する。

一方、無触手綱では大型の卵が触手や触手鞘を持たない幼生となる。成長すると上記のように大きな獲物を飲みこめるよう、咽頭が大きく発達する。

（としの・しょう　水産学）

その他の無脊椎動物の浮遊する幼生たち The World of Drifting Larvae

これまで紹介してきたものたちのほかにも、海に浮遊する幼生たちは多い。
ときに夜の海を照らすライトの光のなかに現れる幼生たちの豊かな世界を紹介する。

解説 若林香織 Kaori Wakabayashi

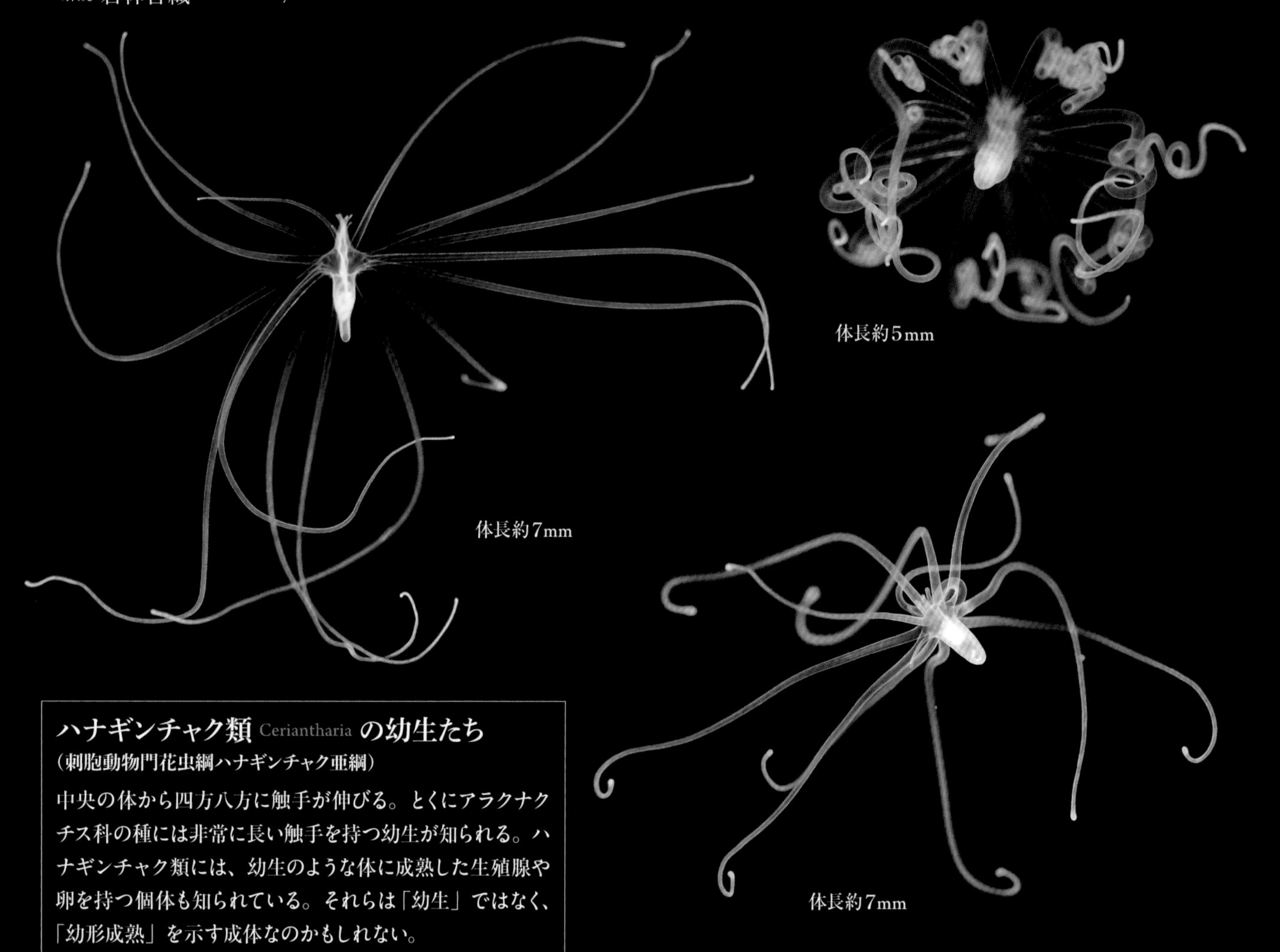

体長約7mm

体長約5mm

体長約7mm

ハナギンチャク類 Ceriantharia の幼生たち
(刺胞動物門花虫綱ハナギンチャク亜綱)

中央の体から四方八方に触手が伸びる。とくにアラクナクチス科の種には非常に長い触手を持つ幼生が知られる。ハナギンチャク類には、幼生のような体に成熟した生殖腺や卵を持つ個体も知られている。それらは「幼生」ではなく、「幼形成熟」を示す成体なのかもしれない。

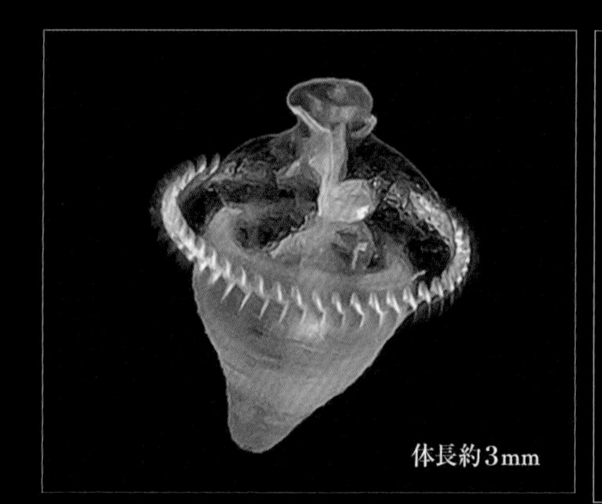

体長約3mm

スジホシムシ類 Sipunculidae の ペラゴスフェラ幼生
(環形動物門星口動物目スジホシムシ科)

体の中央を横断する繊毛環を持つトロコフォア型。刺激を受けると、頭部と繊毛環を胴部に引きこむ。ホシムシ(星口動物)は、かつてそれ単独で動物門を構成していたが、近年の系統学的な研究により、ゴカイなどを含む環形動物門の1グループであることがあきらかになった。

ギボシムシ類 Enteropneusta のトルナリア幼生

（半索動物門ギボシムシ綱）

左の２個体はもっとも発達したトルナリア、右の個体は変態期のトルナリアである。半索動物は棘皮動物（ウニやヒトデを含む）とともに、脊椎道物に近縁な無脊椎動物であり、その進化的な証拠が幼生の体制に見られる。成体は海底の砂泥に潜って生活する。

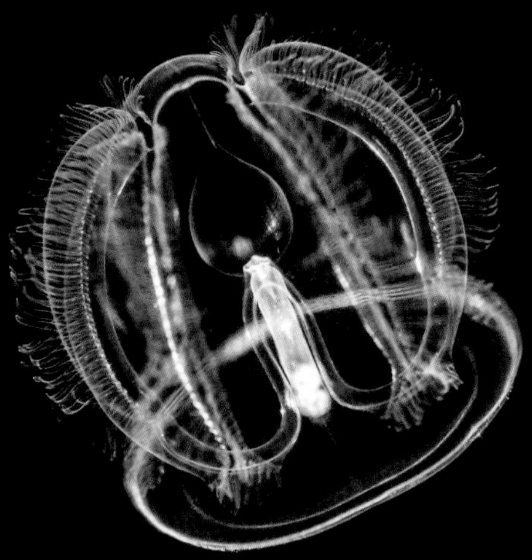

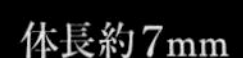

体長約7mm

体長約7mm

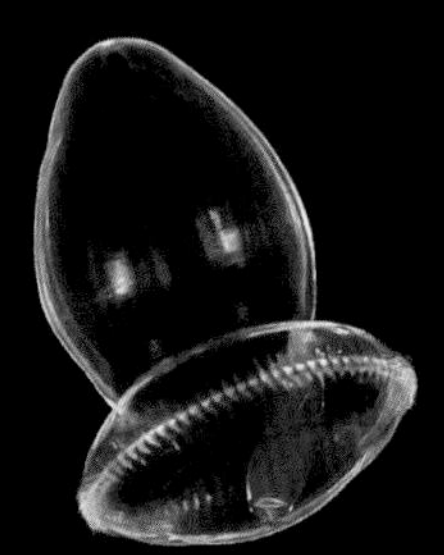

体長約5mm

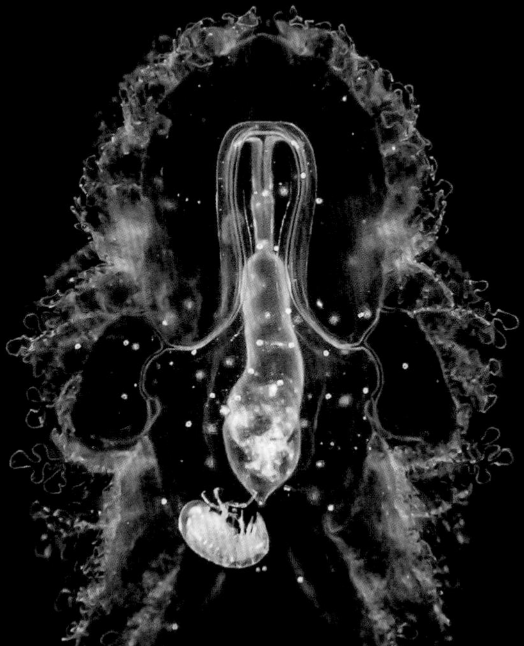

イカリナマコ類 Synaptidae の アウリクラリア幼生

（棘皮動物門ナマコ綱無足目イカリナマコ科）

ナマコ類の浮遊幼生は「アウリクラリア」と呼ばれる。泳いだり餌を集める役割を持つ繊毛帯が体の周囲にある。イカリナマコ類の幼生は大型で、繊毛帯がフリル状になり、浮遊生活により適応的であると考えられる。体がゼラチン状のためか、ときどきクラゲノミやフィロゾーマがついている。

体長約10mm

アオミノウミウシ
Glaucus atlanticus

太平洋側でギンカクラゲやカツオノエボシが多く見られるときに一緒に見つかる"夏の風物詩"でもある。大きな個体は断続的な産卵が見られ、写真の個体も産卵中。　（写真：水口博也）

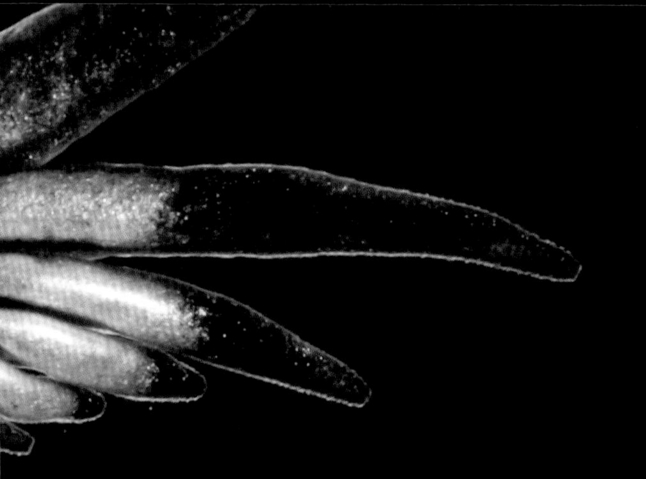

豊かな浮遊生物たちの世界

Amazing World of Ocean Drifters

幼生期に限らず、成体になっても浮遊生活を営む生物は多い。ときには流れに乗るために“翼”をそなえ、浮力を得て背景の水のなかに姿を溶けこませる。海面下の世界を彩る蠱惑的な浮遊生物たちを紹介する。

Pelagic Snails
浮遊性巻貝類

多くのなかまが匍匐生活を行うなかで、
殻をなくしたり殻を極端に薄くして、
海中に浮遊する暮らしを選択したものたちがいる。
その変則的な暮らし故に、
別のグループに分類されていたものも少なくない。

解説 伊藤公一
Koichi Itoh

クチキレウキガイ属の一種
Atlanta sp.
殻は透明で平たく巻いており、体層周縁に薄い竜骨板が突起しているのが特徴。ウキヅノガイなどを食べるが、同種同士で食べ合うこともある。殻径約20mm。

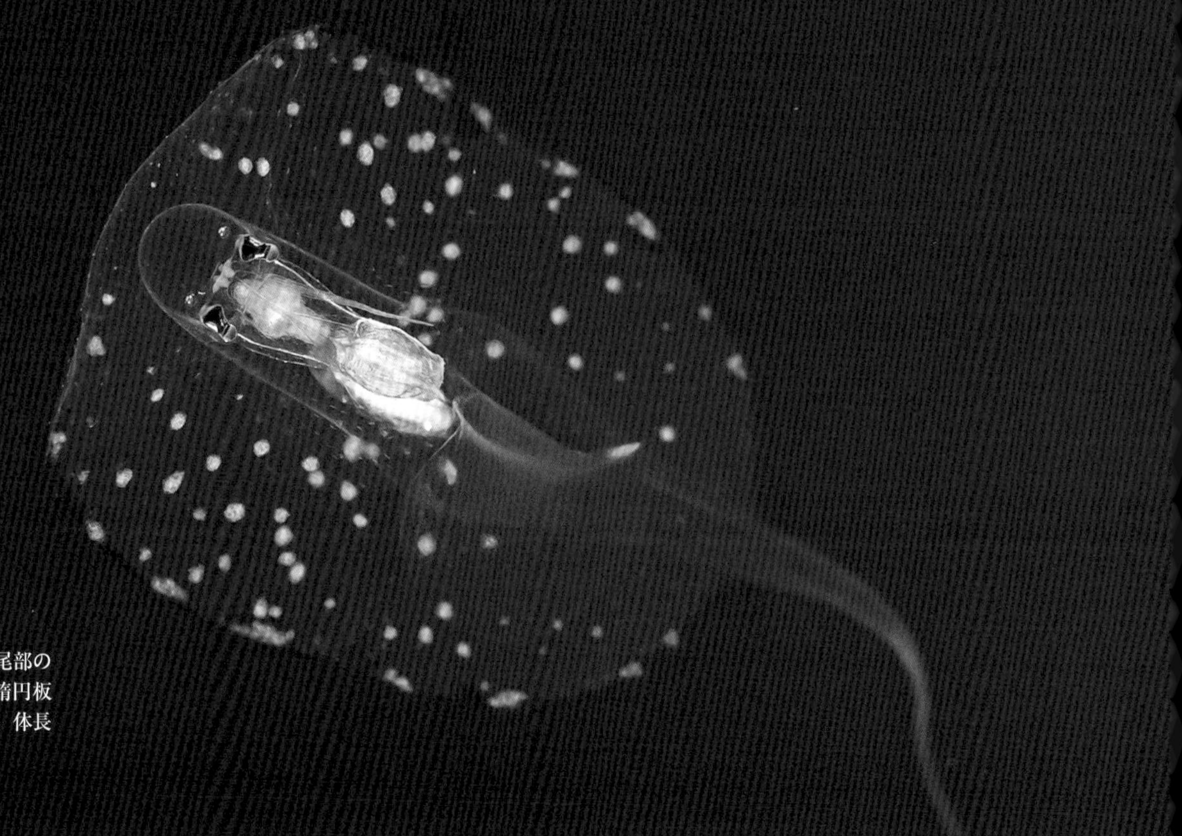

コノハゾウクラゲ
Pterosoma planum
体は円筒形で、頭部から尾部の付け根までゼラチン質の楕円板状の皮層に覆われている。体長約15㎜。

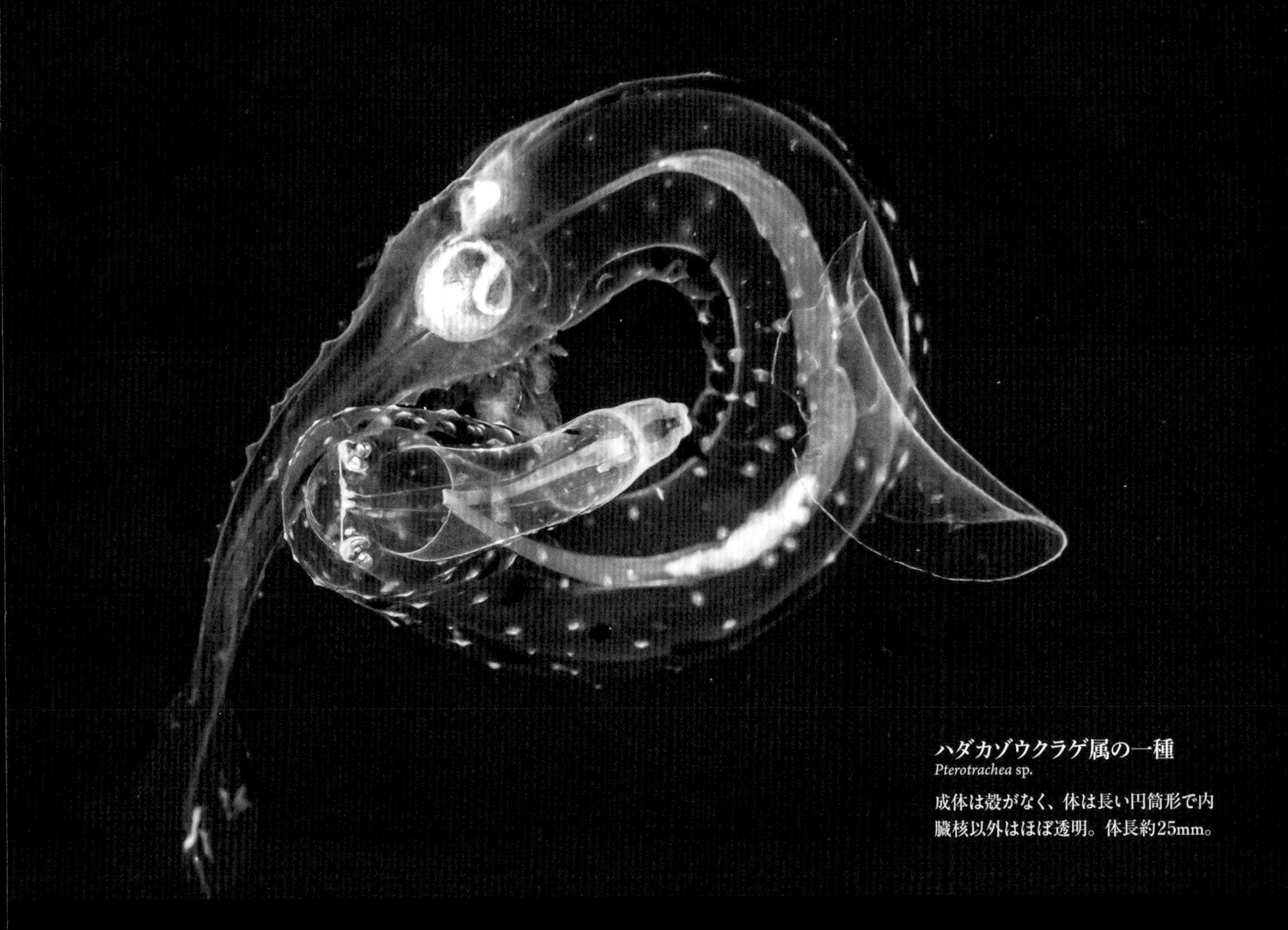

ハダカゾウクラゲ属の一種
Pterotrachea sp.

成体は殻がなく、体は長い円筒形で内臓核以外はほぼ透明。体長約25mm。

異足類 Anisopodiae

体はゼラチン質で円筒形である。吻が長く、ゾウクラゲの名前の由来となっている。春から夏にかけて、体が欠損している個体や体の一部が海岸で見つかることがある。

カエデゾウクラゲ属の一種
Cardiopoda sp.

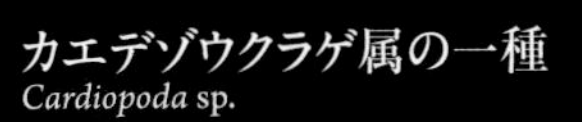

黒潮の影響がある太平洋側で見られる珍しい種である。体は橙褐色で美しい。体長約30mm。

有殻翼足類 Thecosomata (Shelled Pteropods)

薄い殻を持つ翼足類であり、その形は蝸牛型、円錐形、亀甲型などさまざまである。１対の翼足で羽ばたくように泳ぐ。ゼラチン質の擬殻を持つ擬有殻翼足類においては、遊泳板を使い同じく羽ばたくように泳ぐ。

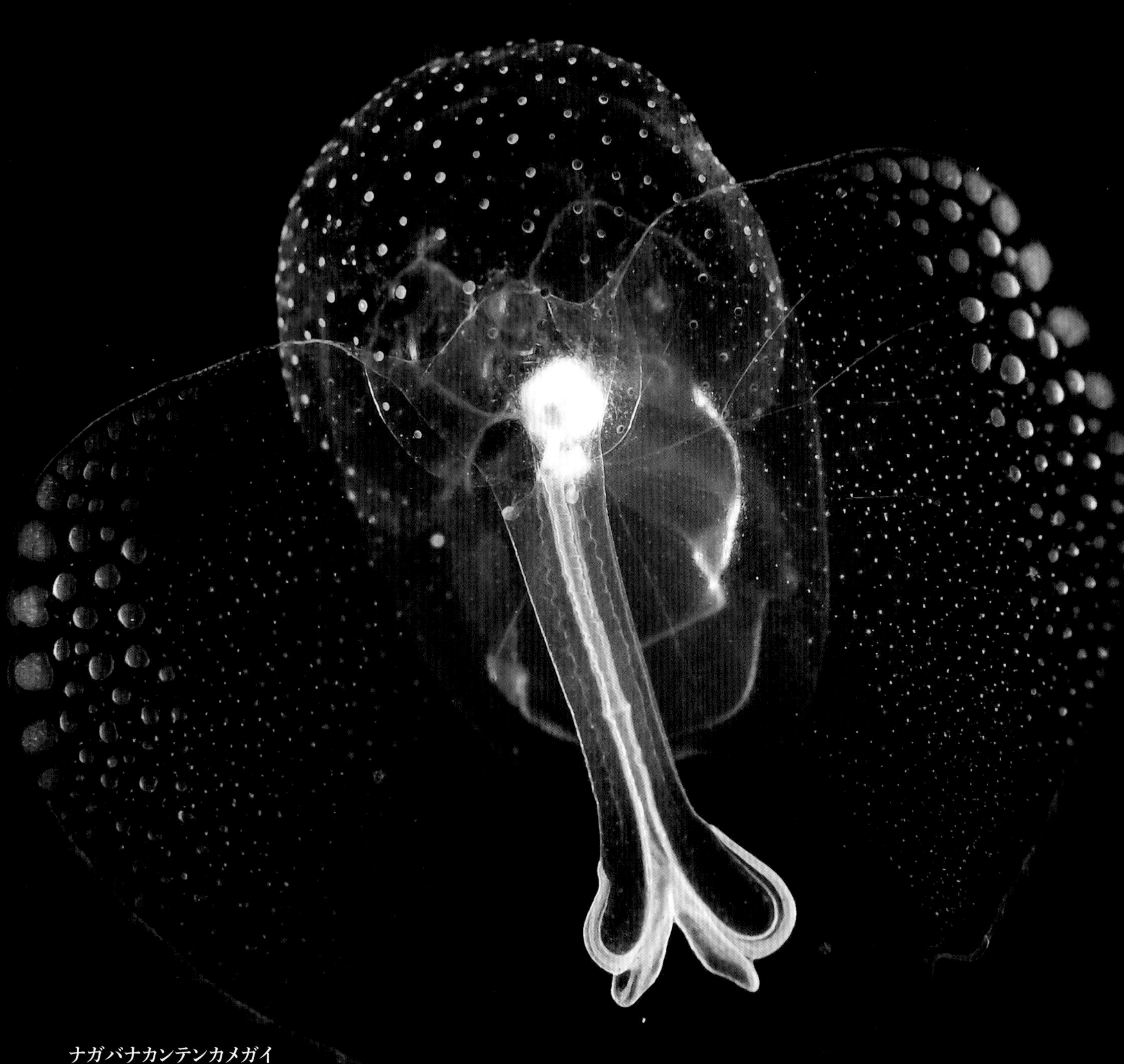

ナガバナカンテンカメガイ
Gleba cordata

ゼラチン質の殻を持ち、他の種より殻にある棘は少ない。吻は遊泳板の2/3に届くほど長い。そのため、他の種と違い吻を動かすことが可能となっている。殻長約15mm。

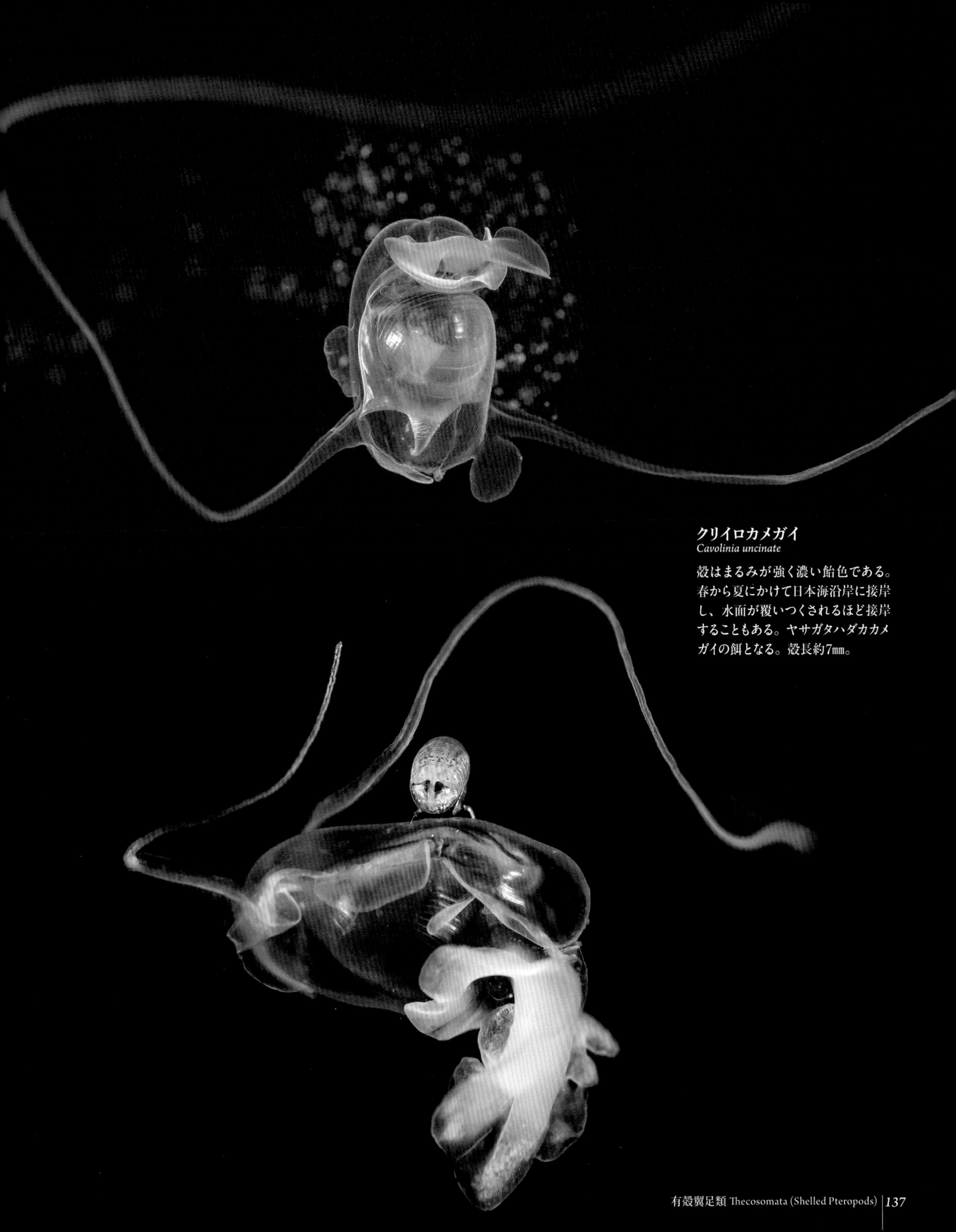

クリイロカメガイ
Cavolinia uncinate

殻はまるみが強く濃い飴色である。春から夏にかけて日本海沿岸に接岸し、水面が覆いつくされるほど接岸することもある。ヤサガタハダカカメガイの餌となる。殻長約7㎜。

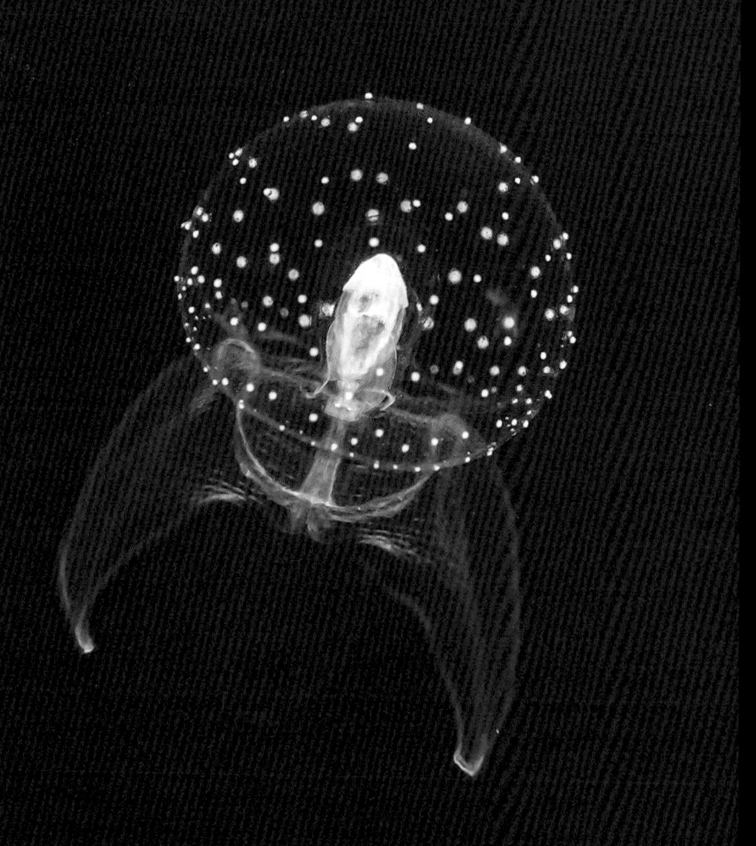

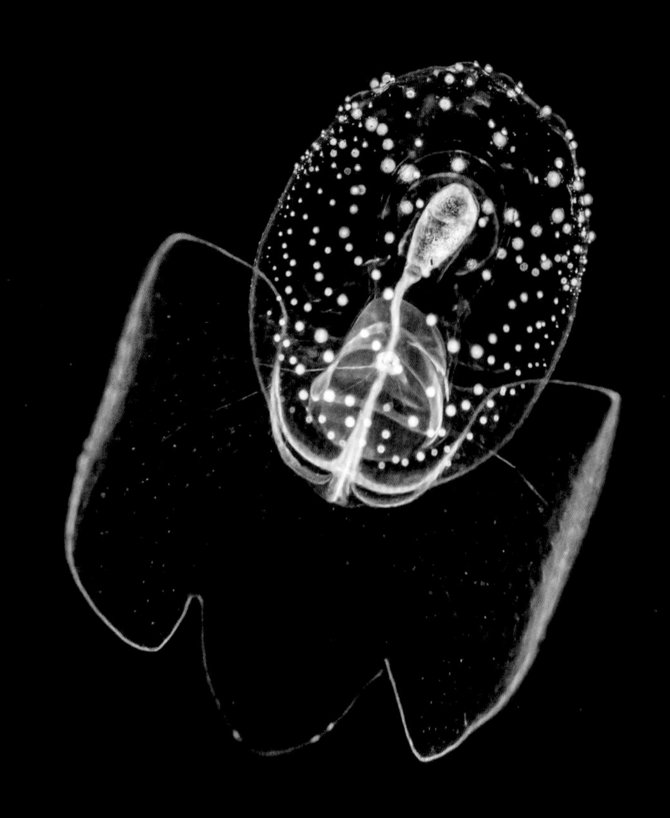

ウチワカンテンカメガイ属の一種
Corolla sp.

（写真4枚とも）左右の翼足は癒合して1枚になった遊泳板を持ち、羽ばたくように泳ぐ。透明で弾力のあるゼリー状の舟形の擬殻を持つ。このなかまは同定が非常にむずかしく、とくに小さな個体については同定ができない。数年に一度多量に接岸することがある。殻長約8mm。

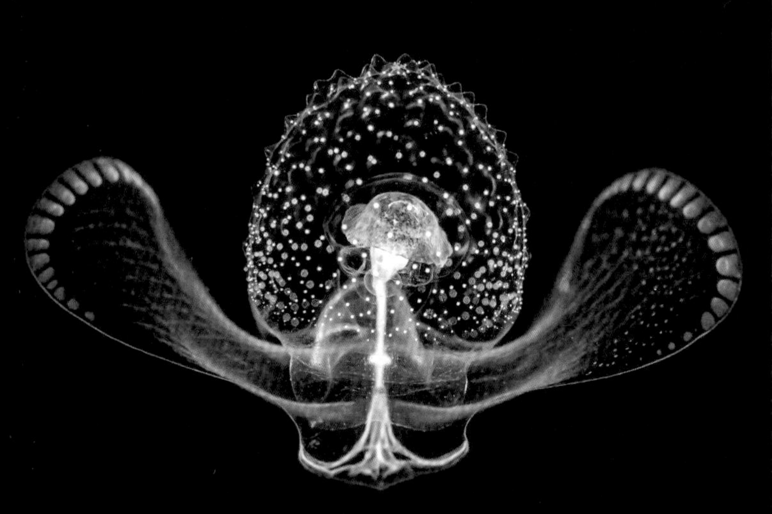

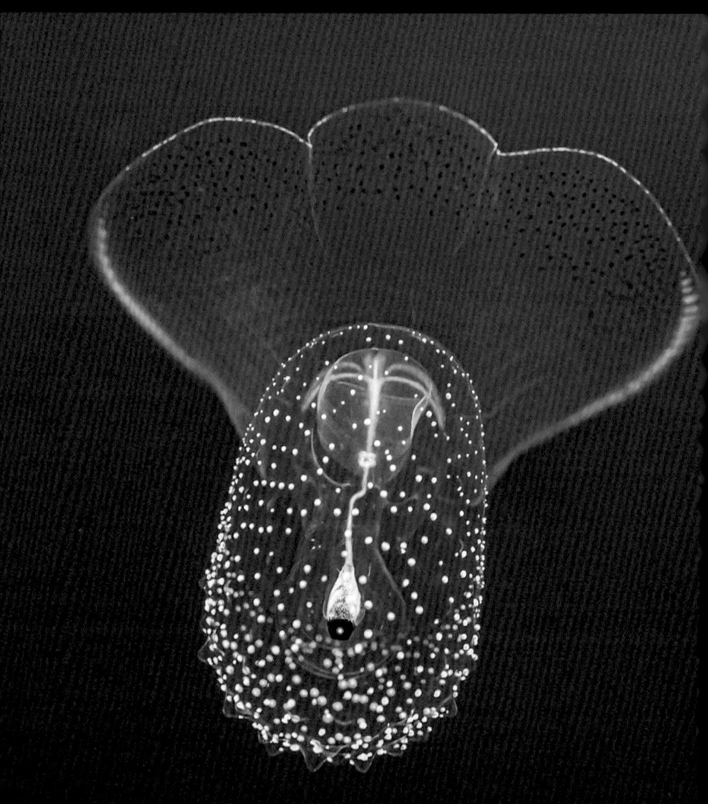

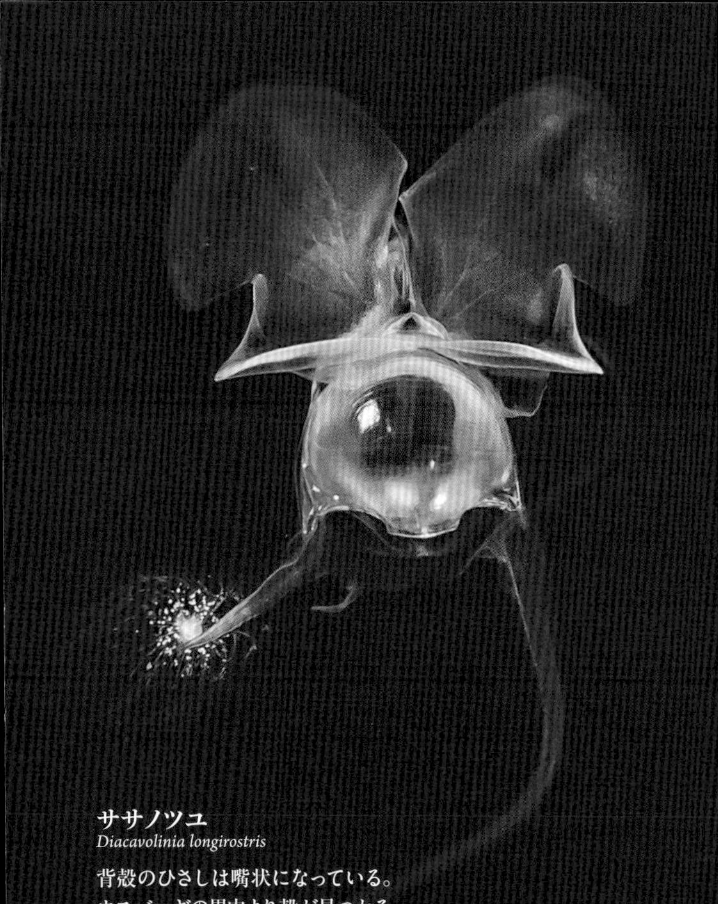

ササノツユ
Diacavolinia longirostris

背殻のひさしは嘴状になっている。ウスバハギの胃内より殻が見つかることがある。殻長約5㎜。

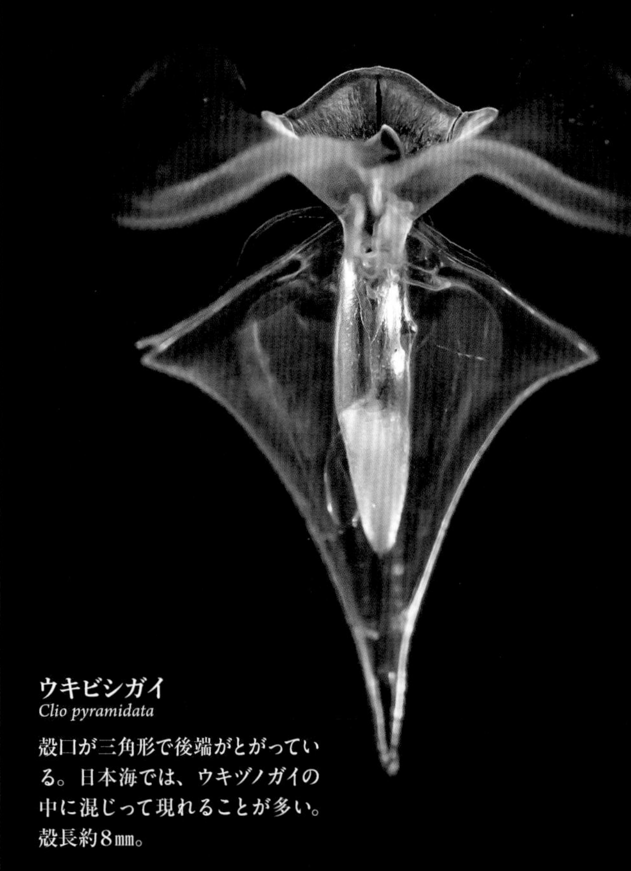

ウキビシガイ
Clio pyramidata

殻口が三角形で後端がとがっている。日本海では、ウキヅノガイの中に混じって現れることが多い。殻長約８㎜。

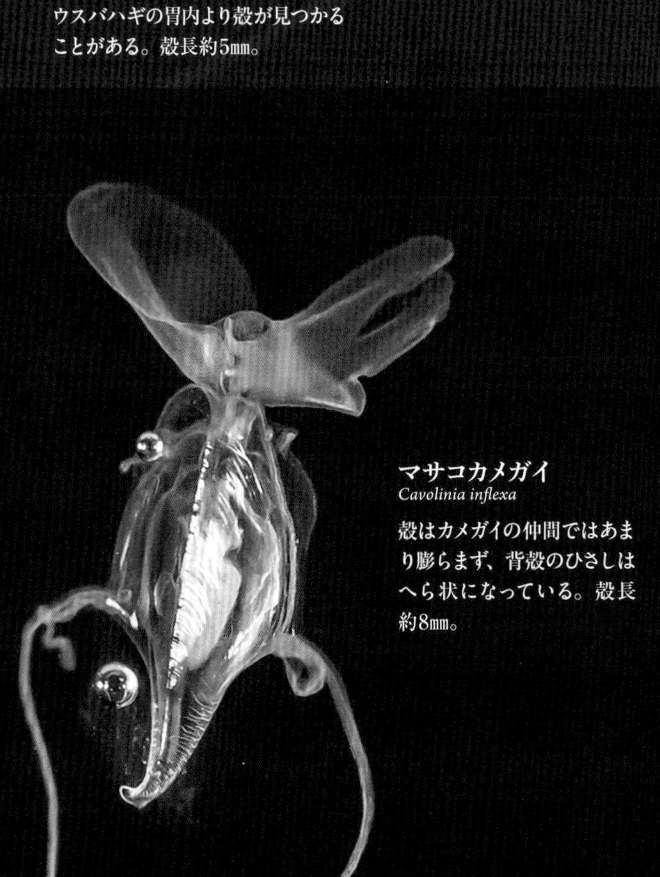

マサコカメガイ
Cavolinia inflexa

殻はカメガイの仲間ではあまり膨らまず、背殻のひさしはへら状になっている。殻長約8㎜。

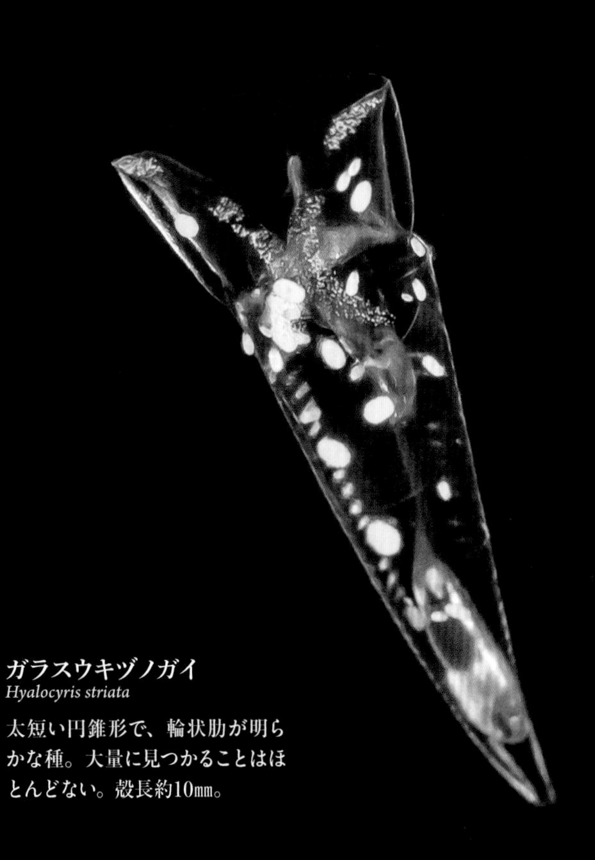

ガラスウキヅノガイ
Hyalocyris striata

太短い円錐形で、輪状肋が明らかな種。大量に見つかることはほとんどない。殻長約10㎜。

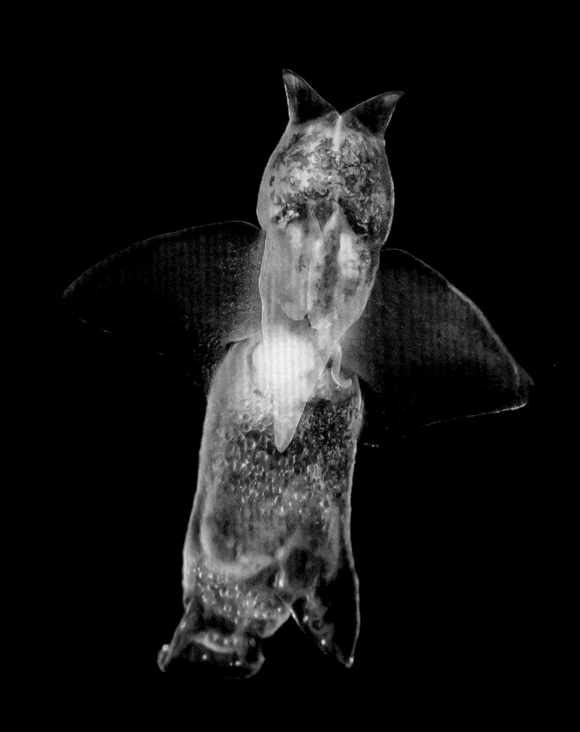

キノサキハダカカメガイ
Pneumodermopsis paucidens

日本では、日本海西部但馬海岸で最初に発見された種である。ウキヅノガイが接岸する初夏によく見られる。ハダカカメガイはゆったり泳ぐが、この種の泳ぎはせわしない。体長約5㎜。

裸殻翼足類 Gymnosomata (Sell-less Pteropods)

成体になると殻を持たない翼足類である。キノサキハダカカメガイにおいては、殻を持つ幼生の期間は3～4日間と非常に短い。

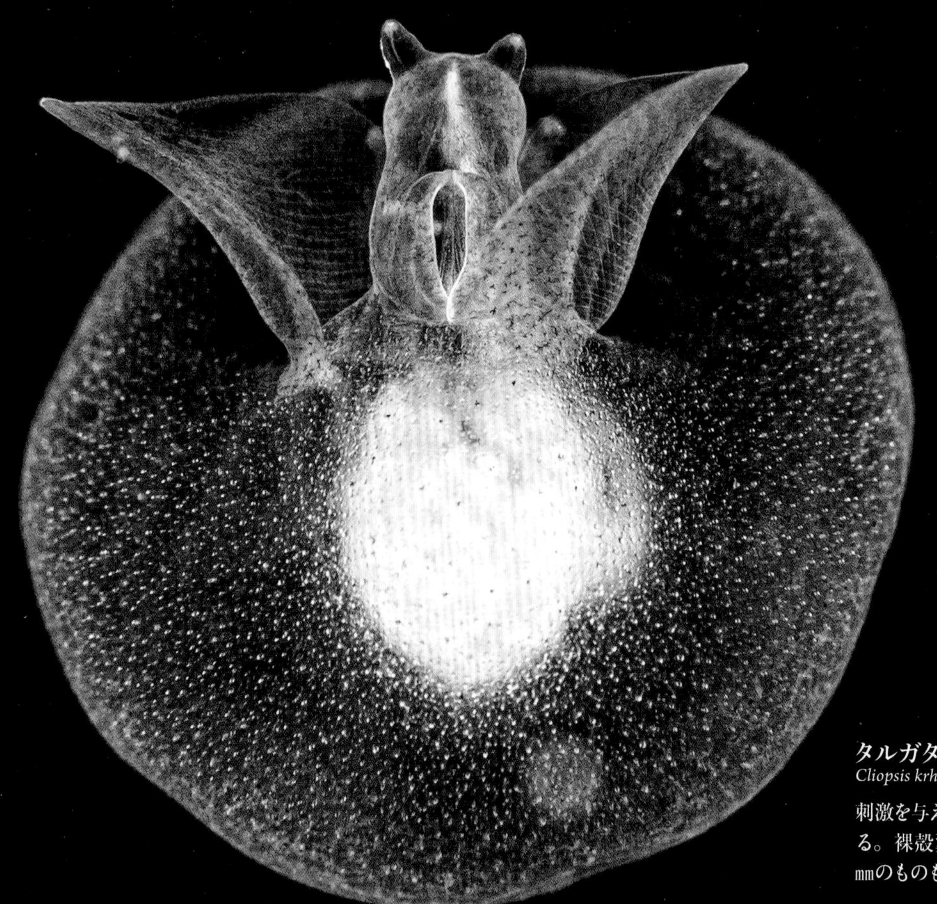

タルガタハダカカメガイ
Cliopsis krhoni

刺激を与えると頭部と翼足を体に埋め、丸くなる。裸殻翼足目のなかでは大きくなり、約80㎜のものも確認されている。体長約10㎜。

ハダカカメガイ
Clione elegantissima

水族館等で見ることができる種である。1年以上餌を食べずに生存する。体長約30㎜。

マメツブハダカカメガイ
Hydromylus globulosa

体は卵形で触角が長く、翼足も体のわりに長いのが特徴。墨を吐くことが知られている。体長約5㎜。

ササノハウミウシ
Cephalopyge trematoides

体が薄く透明なため、上下方向からの外敵に見つかりにくくなっている。また、薄い体をくねらせて泳ぐ。体長約10㎜。

浮遊性ウミウシ Swimming Sea Slugs

幼生の時期を含め、一生外洋で浮遊生活をする種である。ササノハウミウシ、コノハウミウシは遊泳し浮遊生活、アオミノウミウシは水面に浮いて生活、オキウミウシやヒダミノウミウシは自身で泳ぐことができないため、漂流物に付着して生活など外洋での生活に適応している。

コノハウミウシ
Pyllroe bucephala

体が薄く透明で、体高が高く木の葉のような形をしており、触角が長い。体表に発光器を持つ。体長約20㎜。

アオミノウミウシ
Glaucus atlanticus

腹面は深い青紫色、背面は銀白色で体側縁に鰓突起群が左右対称に3か所ずつある特徴的なウミウシ。上：体長15mm、 下：体長20mm。 （写真：水口博也）

浮遊性巻貝類について

Planktonic Gastropods

伊藤公一
（城崎マリンワールド）

浮遊性巻貝類は、終生プランクトンとして浮遊生活する動物である。

約4万種といわれる海産巻貝類のうち終生浮遊生活する巻貝類は約140種で、アサガオガイ類、異足類、有殻・裸殻翼足類、少数のウミウシが含まれる[1]。

浮遊性巻貝類は体を軽くしたり小さくしたりすることで、外洋での生活に適応している。彼らは浮遊生活では必要のない匍匐（ほふく）能力を捨てて、アサガオガイ類のように足裏の粘液分泌物から体を浮かすための泡の筏を作ったり、異足類では鰭を、翼足類は一対の翅を進化させて泳いだりするなど、外洋での生活に適応した。

外洋で得られる餌の種類は底生動物のそれとは異なる。そのため摂餌方法は、浮遊する粘液の網を用いて捕まえた餌を粘液から外しながら摂餌したり、頭部に備わっている吸盤や腕のようなバッカルコーンによって捕まえた餌を、長く伸びる口や鉤によって捕食するなどさまざまである。

こうして、浮遊性巻貝類は形態や行動を変化させ、多くの巻貝類とは異なる防衛、生殖や発生戦略をとる。初期の研究者は軟体動物として認識できず、ゼラチン質の動物プランクトン等に分類していたが、その後より多くの標本が採集され、内部の解剖がおこなわれるようになり、巻貝類に分類されるようになった。浮遊性巻貝類の多くは希少なものだが、一部の翼足類は、海洋の表層水域に広く豊富に存在し、商業的に重要な魚種の主要な餌となっているものもある。

ここで紹介する写真は、基本的には成体のもので、幼生としての生態はあまり知られていない。ただ、浮遊生活をする魅力的な動物群として、あえて紹介する。

アサガオガイ類

浮遊性巻貝類のなかでアサガオガイ類は、他の巻貝類と外見のちがいが少ない。ただし、外洋での生活にあわせて、気泡のいかだを構築する能力を持ち、そのいかだに逆さまにぶら下がって生活する。

彼らは泳ぐことができず、いかだから外れた個体は沈んでしまう。空気に触れることができない限り、いかだを再構築することができないため[2]、空気と水の境界面の境にある厚さ数cmの層でのみ生活ができる生物である。

殻は体と同様、澄んだ海水の色に似た紫から青色で、捕食者から身を守るのに効果があると考えられている。水中で下向きになっている貝殻は色が薄く、下方から接近する捕食者にとって空の明るい背景と明るい色の殻を区別することがむずかしい。

アサガオガイ類であるルリガイは、主にカツオノカンムリ、ギンカクラゲを食べる。自身で泳いで獲物を探すことができない彼ら

アサガオガイ *Janthina janthina*（写真：Paul R. Sterry/Alarmy/Agefotostock）。

は、獲物との出会いを偶然に頼らざるを得ないが、数cmの距離に餌があれば見つけることができる[3]。胃内容物にアサガオガイ類の歯を見つかることがあり、アサガオガイ類間の共食いもあるようだ[4]。

異足類

一般に知られた種としてゾウクラゲがあげられる。外洋で生活するため、殻の大きさや重量を小さくしたり、殻をなくしたり、鰭を発達させたり、体や殻を透明にするといった適応が見られる。体は寒天質。大きく複雑な眼を持ち、その眼球は可動性である。

異足類は、世界のすべての熱帯・亜熱帯の海に生息している。北緯40°と南緯40°を越えて生息する種は少なく、低緯度の狭い帯域にのみ生息するものが多い。水深1000m以深で採集された標本もあるが、その数は少ない。大型の種は日中に深海に移動することが知られている[1]。

異足類は3つの科に分けられる。

クチキレウキガイ科はもっとも原始的とされ、いずれも非常に小型で、殻径は通常10mm以下、殻の厚さは非常に薄い。また、体層周縁に非常に薄い竜骨板が突出することが本科の特徴で、遊泳時に体を安定させるのに役立っている。

日中は通常秒速2〜3cmで泳ぐが、妨害されると少なくとも3倍以上の速さで泳ぐ。さらに追いかけられると体を扁平で透明な殻のなかにすっぽり入れ、90度反転して水中で水平になる。こうすることで沈む速度が抑えられ、泳がずに同じ深さにとどまることができる。このときにも竜骨板が役に立っている。一方夜には、水中で動かず、上方に伸ばした粘液の紐にぶら下がっているのが確認されている[1]。

ゾウクラゲ科は、体のわりに小さく薄い殻は体の一部しか覆わず、体を殻のなかに引きこむことができない。露出した体は円筒形で、水中で上部に保持された1つの鰭をうねらせて泳ぐ。鰭の動きを逆にすることで、後方に泳ぐこともできる。体長は最小種のムチオゾウクラゲの20mmから、最大の浮遊性腹足類であるゾウクラゲの500mmとさまざまだ[1]。

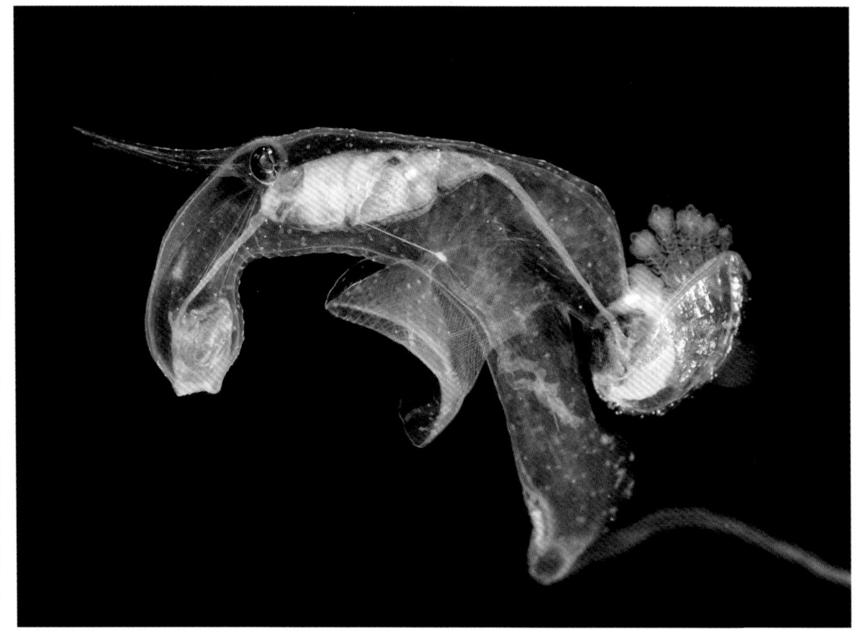

異足類カエデゾウクラゲ属の一種 *Cardiopoda* sp.

ハダカゾウクラゲ科はもっとも進化した科で、その名称は成体が殻を持たないことに因む。透明度の高い体は細長い円筒形である。ハダカゾウクラゲは、昼間は腹面を上に向けているが、夜間は腹面を下に向けた姿勢になり、ゆっくりとうねりながらその姿勢を保持しとどまる。この姿勢では、視界は主に下方と前方に向けられることになり、生物発光する餌を見つけるのに役立つと考えられている[5),6]。

また、獲物を追うときや捕獲を避けるときだけ活発に泳ぎ、それ以外のときは、緩いボール状に丸まり、中性浮力によって水中にとどまることも観察されている。

体長は、シリキレハダカゾウクラゲの約40mmからハダカゾウクラゲの330mmまで幅広い[1]。

有殻翼足類

アラゴナイトからなる石灰質の殻を持つ翼足類で、一般に知られた種としてはカメガイやミジンウキマイマイなどがあげられる。

世界中の海に生息し、南極海や北極海などの極地にもミジンウキマイマイ1種が生息するが、大半の種は、暖流域に限定されている[1]。

殻はすべての種できわめて薄く、浮遊生活にあわせて軽量化されている。殻のなかに入って身を守ることもでき、一部の種は足裏に開口部を塞ぐための蓋を持つものもあるが、成熟した成体ではしばしば蓋が失われてしまう。通常の遊泳姿勢では、頭部、足、翼足が殻の開口部から伸びている。

ほとんどの種がさまざまな浮力機構を発達させており、遊泳運動をしないときに浮遊を補助する。また、浮遊する粘液の網（種によって球状やリボン状などさまざまな形状が見られる）によって、水中の浮遊生物や小粒子を捕らえる。

もっとも原始的な科であるミジンウキマイマイ科では、反時計回りに巻かれた殻は非常に薄く小さい（直径1mm〜15mm）。

カメガイ科の殻は螺旋状の巻きがなくなり左右対称で、ウキヅノガイのようにまっすぐで尖ったものや、ウキヅツガイのように瓶型のもの、カメガイのように膨らんだものや球形のもの、ウキビシガイのようにピラミッド型などがある。

*

一部のものはゼラチン質の擬殻を持つ。この擬有殻翼足類はアミメウキマイマイ科、ヤジリカンテンカメガイ科、コチョウカメガイ科で構成され、10種以上におよぶ[1]。

アミメウキマイマイは、殻が背の高い蝸牛型で左巻き、殻表に亀甲模様があるのが特徴である。日本近海では珍しい種である[7]。

ヤジリカンテンカメガイ科は、日本近海では4種が確認されている。いずれも左右の翼足は癒合して1枚になっている(遊泳板)。透明で弾力性のあるゼリー状の舟形の殻(擬殻)を持つ。

擬殻は外れやすく、擬殻のみが海岸などで見つかることがある。擬殻の形や大きさ、遊泳板の形は種の同定に使われており、擬殻長は小型種で約35mm、カンテンカメガイでは最大80mmになる[1]。

コチョウカメガイ科のコチョウカメガイは殻や外套腔がないが、このグループに分類されることが多い。体は円筒形で体の中央部に遊泳板が取りつけられている。遊泳板の後縁は小葉に分かれており、後方に2本の長い触手を持っている。通常は静止しており、断続的に遊泳板を使い泳ぐ。触手はかなり伸縮し、完全に伸ばすと遊泳板の長さを超えることもある[8]。

裸殻翼足類

一般的に知られた種としてハダカカメガイ(クリオネ)があげられる。

裸殻翼足類は、北極海や南極海を含むすべての主要な海洋で発見されており、ハダカカメガイにおいてはヒゲクジラの餌の一部を形成している。ほとんどの裸殻翼足類は上深層あるいは中深層に生息し、それ以下の深さにはきわめて限られた種が生息するのみである。また、多くの種で垂直方向の移動が行われているようだ[9]。

成体には殻がなく、多くの軟体動物が持つ外套膜や外套膜腔もない。最大体長は2mm以下の種から100mmに達するものまでさまざまだ[10]。

裸殻翼足類の成体のもっとも顕著な特徴は、体の側面から突出している翼足である。有殻翼足類にくらべ裸殻翼足類の翼足は短く、体の大きさに対して表面が小さい。翼足が完全に発達するのは幼生期の後半で、それまでは体を包む3本の繊毛帯で泳ぐ。

裸殻翼足類のなかには、頭足類のような吸盤を持つ腕をそなえたものもある。吸盤を持つ腕はふだんは収納されており、獲物を捕らえるときのみ伸ばす。種により、腕の発達や数、吸盤の数などが異なり、これらの特徴から属や種を区別することができる。

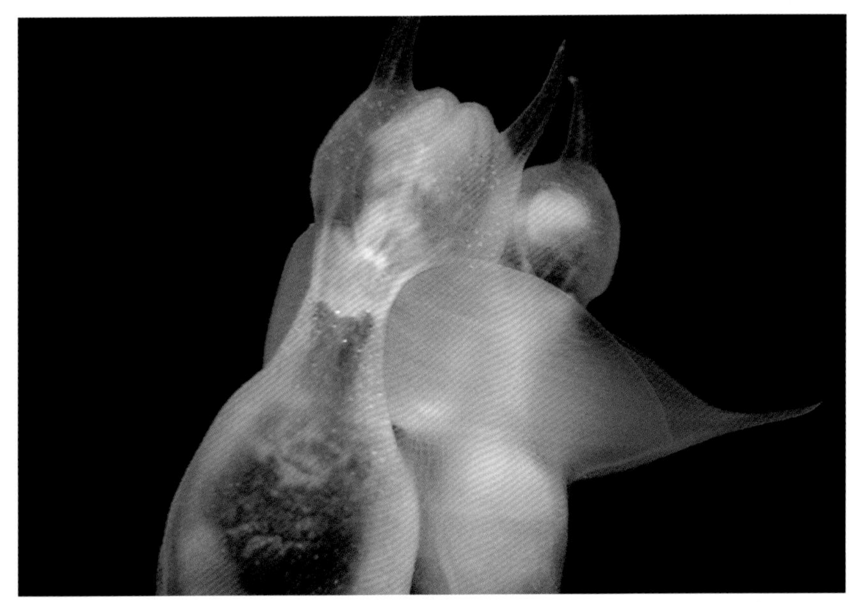

北極海に生息するダイオウハダカカメガイ *Clione limachina*。体長10cmに達する。(写真:水口博也)

こうした腕や吸盤の違いは、餌にする有殻翼足類の違いを反映したもので、それぞれの種を捕獲・摂取するために特化した構造を持っている。たとえば、ヤサガタハダカカメガイは大型の吸盤を使ってクリイロカメガイの丸い殻に取りつき、長い口吻で摂餌する。キノサキハダカカメガイでは多数の小さな吸盤を使い、ウキヅノガイの殻の側面に取りついて殻の開口部に移動した後、口吻を挿入して摂餌する。よく知られているハダカカメガイでは、バッカルコーンでミジンウキマイマイを捕らえ、鉤で軟体部をかき出して捕食する。彼らは常に獲物となる種と共存している。

ちなみにハダカカメガイは、自身が成長するにつれて、より大きな獲物を選択することが知られている。きまった獲物を利用する利点は、捕食に費やされるエネルギーに対するエネルギー収量を最大にすることができることである。実験では、ハダカカメガイは90%以上の効率で獲物を同化し、窒素はほぼ100%の効率で同化することが実証されている[11]。

浮遊性ウミウシ類

ウミウシ類は一般に殻と外套腔を持たず、発達した足でゆっくりと這う底生動物である。しかし、浮遊生活をする種もいる。アオミノウミウシはほぼ浮いているのみであり、オキウミウシ、ヒダミノウミウシは、自身では泳ぐことができないが、後述するようにそれぞれの方法で浮遊生活を営む。

一方で泳ぐことができるものもいる。コノハウミウシ科のササノハウミウシとコノハウミウシの2種だが、彼らも浮遊生物として存在することに特化している。これらのウミウシは比較的小さく(体長55mm以下)、細長く、体の透明度が高い。全身をうねらせて泳ぐことができ、外洋性の生活に順応している。

ちなみにササノハウミウシはシダレザクラクラゲを、コノハウミウシはスズフリクラゲ属の *Zanclea medusae* を捕獲して食べるこ

浮遊性ウミウシのササノハウミウシ *Cephalopyge trematoides*。

とが知られている。吻で獲物を見つけて捕獲し、獲物の触手を1本ずつ捕獲して食べた後、残りも摂取する[12]。ダイバーによりコノハウミウシの成体がオキオタマボヤの幼生の密集した群れを食べているのも確認されている[1]。

アオミノウミウシ科

アオミノウミウシ科には2属2種が含まれ、一般的な種はアオミノウミウシで、大西洋、太平洋、インド洋の熱帯域に分布している。タイヘイヨウアオミノウミウシは太平洋の暖かい海域のみに生息する。

カツオノカンムリ、ギンカクラゲ、カツオノエボシなどの刺胞動物や、アサガオガイのような他の表層生物と一緒に見られる。他の表層生物同様、風によって漂流することがあり、ときには浜辺に取り残されこともある。アオミノウミウシでは、体側縁に鰓突起群が左右対称に3か所ずつあり、鰓突起は合計84個に達する[13]。腹側の扁平な足は細長く、中足は尾のように体外に突出する。

腹面は深い青紫色、背面は銀白色である。活発に泳ぐことはなく、通常海面では逆さまに浮いている。浮力は、空気を飲みこむことで得られ、空気は胃腔に蓄えられる。[14]。主にカツオノカンムリ、ギンカクラゲ、カツオノエボシを食べるが、ウミウシの仲間も食べることが知られている[20),22),26]。ウミウシは視覚を持たないため、偶然接触した際に捕食すると思われる。

刺胞動物である獲物の触手も含め、すべての軟組織を食べる[15]。獲物の刺胞は、発射されたものも発射されていないものも、他の組織と一緒に摂取され、その一部は自身の主要な防御機構となる[16),17]

ヒダミノウミウシ科

ヒダミノウミウシ科は、ヒダミノウミウシ1種からなる。泳ぐ能力と浮力機構を持たないため、アオミノウミウシほど外洋生活に特化していない。体長は50～60mmに達する細長い体には、背面側面から突出した多数の鰓突起がある。多くの場合、カツオノカンムリの表面や流木などの浮遊物に付着しているエボシガイにしがみついているのが見られる。

食性は広く、体色は食性に左右される。カツオノカンムリを主に摂餌すると、頭部と背側甲板が深い青色になる。またエボシガイを主に摂餌すると、背面がピンクから茶色に発色する[18),19]。

（いとう・こういち）

【引用文献】

1) Carol　M. Lalli & Roonald W. Gilmer 1989. Pelagic Snails The Biology of Holoplanktonic Gastropod Mollusks.　3.28.30.32.34-35.60.67.70.219pp.
2) Bayer, F. M. 1963. Observations on pelagic mollusks associated with the siphonophores Velella and Physalia. Bull. mar. Sci. Gulf Caribb. 13: 454-466pp.
3) Bieri, R. 1966. Feeding preferences and rates of the snail Ianthina prolongata, the barnacle Lepas anserifera, the nudibranchs Glaucus atlanticus and Fiona pinnata, and the food web in the marine neuston. Publs Seto mar. biol. Lab. 14: 161-170pp.
4) Laursen, D. 1953. The genus Ianthina: A monograph. Dana Rep. No. 38. 40 pp.
5) Hamner, W. M., L. P. Madin, A. L. Alldredge, R. W. Gilmer,　& P. P. Hamner. 1975. Underwater observations of gelatinous zooplankton: Sampling problems, feeding biology, and behavior. Limnol. Oceanogr. 20: 907-917pp.
6) Seapy, R. R. 1974. Distribution and abundance of the epipelagic mollusk Carinaria japonica in waters off southern California. Mar. Biol. 24: 243-250pp.
7) 奥谷喬司 . 2016「わが国近海に見られる浮遊性巻貝類－VI」ウミウシ通信 93 : 4-5pp.
8) Chun, C. 1889. Bericht über eine nach den Canarischen Inseln im Winter 1887/1888 ausgeführte Reise. Sber. preuss. Akad. Wiss. 2: 519-553pp.
9) Mackie, G. O. 1985. Midwater macroplankton of British Columbia studied by submersible PISCES IV. J. Plankton Res. 7: 753-777pp.
10) Conover, R. J.,　& C. M. Lalli. 1972. Feeding and growth in Clione limacina (Phipps), a pteropod mollusc. J. expl mar. Biol. Ecol. 9: 279-302pp.
11) Conover, R. J.,　& C. M. Lalli. 1974. Feeding and growth in Clione limacina (Phipps), a pteropod mollusc. II. Assimilation, metabolism, and growth efficiency. J. expl mar. Biol. Ecol. 16: 131-154pp.
12) Bayer, F. M. 1963. Observations on pelagic mollusks associated with the siphonophores Velella and Physalia. Bull. mar. Sci. Gulf Caribb. 13: 454-466pp.
13) Thompson, T. E., & I. Bennett. 1970. Observations on Australian Glaucidae (Mollusca: Opisthobranchia). J. Linn. Soc. (Zool.) 49: 187-197pp.
14) Thompson, T. E. 1976. Biology of Opisthobranch Molluscs, vol. I. London: Ray Society. 207 pp.
15) Bennett, G. 1836. Observations on a species of Glaucus, referred to the Glaucus hexapterygius, Cuvier. Proc. zool. Soc. Lond. 1836: 113-119pp.
16) Thompson, T. E., and I. Bennett. 1970. Observations on Australian Glaucidae (Mollusca: Opisthobranchia). J. Linn. Soc. (Zool.) 49: 187-197pp.
17) Thompson, T. E., and I. D. McFarlane. 1967. Observations on a collection of Glaucus from the Gulf of Aden with a critical review of published records of Glaucidae (Gastropoda, Opisthobranchia). Proc. Linn. Soc. Lond. 178: 107-123pp.
18) Bayer, F. M. 1963. Observations on pelagic mollusks associated with the siphonophores Velella and Physalia. Bull. mar. Sci. Gulf Caribb. 13: 454-466pp.
19) Kropp, B. 1931. The pigment of Velella spirans and Fiona marina. Biol. Bull. mar. biol. Lab., Woods Hole 60: 120-123pp.

プランクトン生活を営むゴカイたち
—浮遊性多毛類について

Pelagic Polychaetes

飴井佳南子
（東京大学　農学生命科学研究科）

浮遊性多毛類とは

夜の海中に照らされるライトのなかを、細長い体を大きくくねらせて、体の側面にある多くの足を小刻みに動かしながら、ゴカイの仲間が目まぐるしく泳ぎまわる。赤い目がぎょろっと目立つウキゴカイ族のなかまである。

ゴカイあるいは多毛類は、ミミズやヒルと同じ環形動物門に属す。釣りを趣味にするかたなら、イシイソゴカイやチロリは馴染みが深いだろうし、もしもゴカイを観察しようとするなら、まずは磯場や干潟がおすすめである。岩の表面や裏側を這っていたり、岩の隙間に付着した石灰質の棲管のなかから花のように触手を広げていたり、干潟に空いた穴のなかにいるのを見つけることができる。

しかし、こうして目にするゴカイや釣り餌になるゴカイは、ごく限られた種にすぎない。ゴカイのなかまは、淡水〜汽水〜海水域に広く分布し、かつ世界中の海洋のあらゆる水深に生息している。森のなかの落ち葉の下にすら出現報告がある[1]。

ちなみに多毛類については、浮遊幼生期を送った後に底生生活に移るのが一般的な生活史といえる。しかし、「浮遊性多毛類」と呼ばれて、成体になっても動物プランクトンとして水中を漂い続けるゴカイもいる。浮遊性多毛類はプランクトンネットによって、カイアシ類、ヤムシ類、オキアミ類など他の動物プランクトンに混ざって採集されることが多く、体長は数 mm から数十 cm と幅がある。

浮遊性多毛類は現在約 143 種いるとされ[2]、西部太平洋など日本周辺の海域では現在 38 種報告されている。しかし、近年遺伝子配列情報を用いた研究も盛んに行われ、この種数は今後大きく変わると思われる。

ただし、彼らの水中における行動を観察するのはむずかしく、浮遊性多毛類の生態に関する情報はきわめて限られている。何をどのように食べているのか、どのように繁殖するのかなど、基本的な問いにすら確かな答えは得られていない。

オヨギゴカイ科のなかま

オヨギゴカイ科のなかまは透明な柔らかいゼリー状の体を持ち、外洋域での浮遊生活に適応した浮遊性多毛類である。海域によって出現個体数に差はあるものの、ほぼすべての海洋で見られる一般的な浮遊性多毛類である。

オヨギゴカイ科のなかまの頭部には角のような大きな感触手と、おおよそ体長に近い長さまで細く糸状に伸びる副感触手がある。眼は小さいレンズ眼で、頭部背面にある。

この科の特徴は、なんといっても背腹側へ二叉に分かれたいぼ足にみられる薄い膜状の鰭である。ほとんどのゴカイはこのような鰭を持たず、いぼ足に剛毛を持つなか、この科のものには剛毛も見られない。

オヨギゴカイ科のなかまは身体をカーブ状にくねらせて泳ぐが、カーブの外側で水をかき出すいぼ足は開き、内側にあるいぼ足は閉じることでより効率的に推進力を生みだしている[3]。前進はもちろん後進することもできる器用な泳ぎ手である。

少なくとも大型個体は積極的に遊泳する肉食捕食者だ。顎は持たないが、筋肉質な吻を使ってタリア類やオタマボヤ類などの尾索動物や、稚魚を含む動物プランクトンを捕食する[4]。また、寄生性のクラゲ類が体

オヨギゴカイ科のなかまには、尾部が伸長する種としない種がおり、写真のものは尾部が伸長する *Johnstonella*（亜属）に属する。美しい流線形の体は "gossamer（意味：漂うクモの糸）" にたとえられ、Gossamer worm とも呼ばれている。透けた体のなかに赤く見えるのは消化管である。（写真：mitsu1244/PIXTA）

の内壁に数個体ほど付着していることがある[5]。

ウキゴカイ族のなかま

オヨギゴカイ科とくらべて大きなぎょろっとしたレンズ眼が目立つのはウキゴカイ族だ。彼らは、底生生活を送る種を多く含む大きなグループであるサシバゴカイ科に含まれる[6]。南極や亜寒帯域を含むほとんどすべての外洋域に分布するが、大半の種は亜熱帯域に分布し、表層に集中する。

ウキゴカイ族は現在11属からなるが、共通した特徴的である大きな眼を除けば、とりわけ体の基質や吻の形態などは相当に多様である。このページの写真で紹介している種では、体は透明なゼリー状だが、ウキゴカイ族のなかには筋肉質で不透明な体を持つ種もいる。吻は、長かったり短かったり、先端が角状に尖っていたり、複数の突起物がみられたりとさまざまである。

写真のように細長い体を持つウキゴカイ族のなかまは、体をくねらせて器用に泳ぐことができる。一方で、クシクラゲのなかまに寄生する種も知られている[6]。

彼らが何を食べているかについては、吻の形や胃内容物の報告から推測され、長い吻を持つ種 *Torrea pelagica* と *Vanadis minuta* はカイアシ類やオキアミ類の幼体を捕食し、さらにより大型の種はおそらくタリア類を捕食することが知られている[7]。

生物発光はさまざまな海洋生物で知られるが、浮遊性多毛類も例外ではない。オヨギゴカイ科、ウキゴカイ族のいずれも、一部の種で生物発光を行うことが報告されている。

ウキゴカイ族は、液体状の発光物質を水中あるいは体内に放出し、黄色や緑色に発光する様子が頻繁に観察されている。また、オヨギゴカイ科は、鰭や体内の器官から液体状の発光物質が水中あるいは体内に放出されて、青や黄色に発光することが知られている[8]。

写真のウキゴカイ族のなかまはどちらも透明な体を持っているが、いぼ足と触糸の長さが異なる。ウキゴカイ族のいぼ足やいぼ足上に見られる触糸は、体の幅に対して短いことがほとんどであり、このように葉状に長いのは珍しい。また、体内の一部が黄色に発光している様子も下の写真から確認できる。

浮遊性多毛類の隠された多様性と生態

こうした浮遊性多毛類は、それぞれ環境が異なる各海洋において、どう多様化してきたのだろう。残念なことに、彼らについて知られていることは少なく、おそらく知られていない種もまだ多い。

こわれやすい体を持つ浮遊性多毛類はプランクトンネットで採集すると、体がちぎれてしまったり、弱ってしまうことが多い。完全な形態の情報や飼育によって得られるような生態の情報を調べるのがむずかしいことも、研究をむずかしくしている一因といっていい。

近年盛んに行われている遺伝子情報を使った調査は、浮遊性多毛類の隠された多様性や分布を明らかにできるだろう。同時に、実際に水中に生きて泳ぐ姿をとらえた写真や映像もまた、プランクトンネットによる採集や遺伝子の解析だけではわからないような、たくさんの情報を与えてくれるはずだ。

「何をどのように食べているのか」「どのように繁殖するのか」といった情報はもちろん、発光や寄生／共生関係のような思いもよらない隠された生態の発見につながるに違いない。　（あめい・かなこ　浮遊生物学）

【参考文献】

1) Purschke, G. 1999. Terrestrial polychaetes–models for the evolution of the Clitellata (Annelida)? Hydrobiologia, 406: 87–99.
2) Martin, D., Aguado, M. T., Fernández-Álamo, M-A., Britayev, T. A., Böggemann, M., Capa, M., Faulwetter, S., Fukuda, M. V., Helm, C., Petti, M. A. V., Ravara, A. and Teixeira, M. A. L. 2021. On the diversity of Phyllodocida (Annelida: Errantia), with a focus on Glyceridae, Goniadidae, Nephtyidae, Polynoidae, Sphaerodoridae, Syllidae, and the holoplanktonic families. Diversity, 13, 131.
3) Daniels, J., Aoki, N., Havassy, J., Katija, K. and Osborn, K. J., 2021. Metachronal swimming with flexible legs: a kinematics analysis of the midwater polychaete *Tomopteris*. Integr. Comp. Biol., 61: 1658–1673.
4) Jumars, P.A., Dorgan, K.M. and Lindsay, S.M., 2015. Diet of worms emended: An update of polychaete feeding guilds. Annu. Rev. Mar. Sci., 7: 497–520.
5) Bentlage, B., Osborn, K.J., Lindsay, D.J., Hopcroft, R.R., Raskoff, K.A., Collins, A.G., 2018, Loss of metagenesis and evolution of a parasitic lifestyle in a group of open-ocean jellyfish. Mol.Phylogenet. Evol.124: 50–59.
6) San-Martín, G., Álvarez-Campos, P., Kondo, Y., Núñez, J., Fernández-Álamo, M. A., Pleijel, F., Goetz, F. E., Nygren, A. and Osborn, K. J., 2021. New symbiotic association in marine annelids: ectoparasites of comb jellies. Zool. J. Linn. Soc., 191: 672–694.
7) Dales, R.P., 1955, The evolution of the pelagic alciopid and phyllodocid polychaetes. Proc. Zool. Soc. Lond., 125: 411–420.
8) Gouveneaux, A., Flood, P. R., Erichsen, E. S., Olsson, C., Lindström, J. and Mallefet, J., 2017. Morphology and fluorescence of the parapodial light glands in *Tomopteris helgolandica* and allies (Phyllodocida: Tomopteridae). Zool. Anz., 268: 112–125.

尾索動物 Tunicata

浮遊性の尾索動物（被嚢動物ともいう。脊索動物門のなかの1亜門）には、タリア綱とオタマボヤ綱がある。
前者はさらに、ウミタル目、ヒカリボヤ目、サルパ目の3グループに分かれる。冷水域から熱帯域、浅海から深海まで、
さまざまな海域に出現するが、複雑な生活史を持つ種も多く、生態もよくわかっていないものが多い。

解説 若林香織 Kaori Wakabayashi

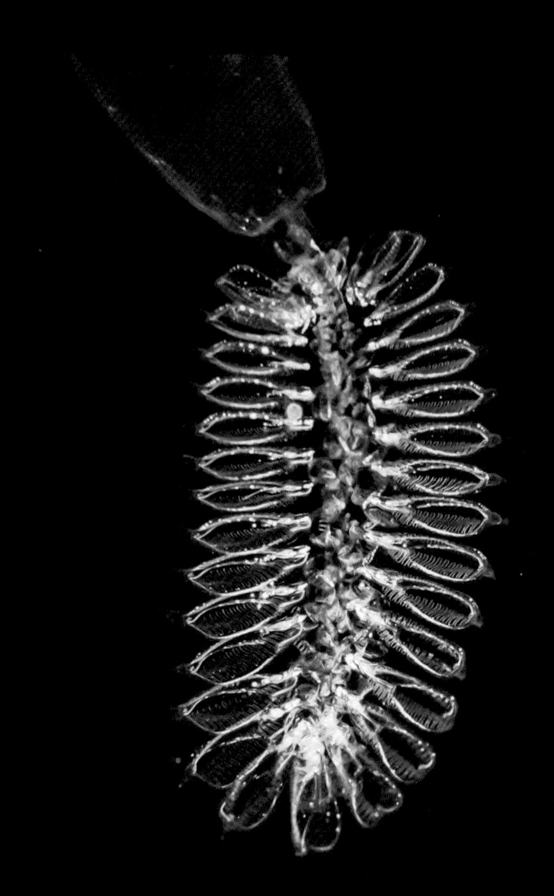

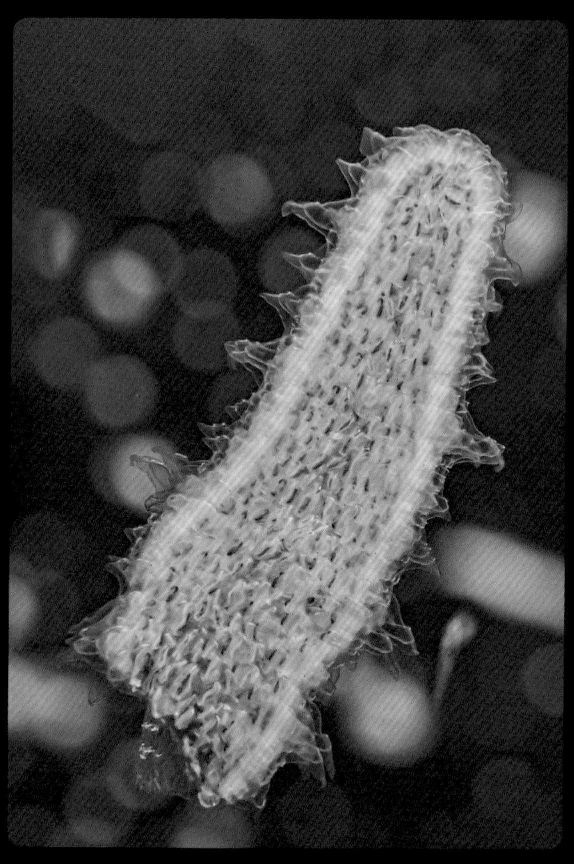

ヒカリボヤ
Pyrosoma atlanticum
（タリア綱ヒカリボヤ目）
群体。共生発光バクテリアを宿し、機械刺激や光刺激などで発光する。群体内部には空間があり、タルマワシ類やエビ類が共生する場合がある。全長約100mm。

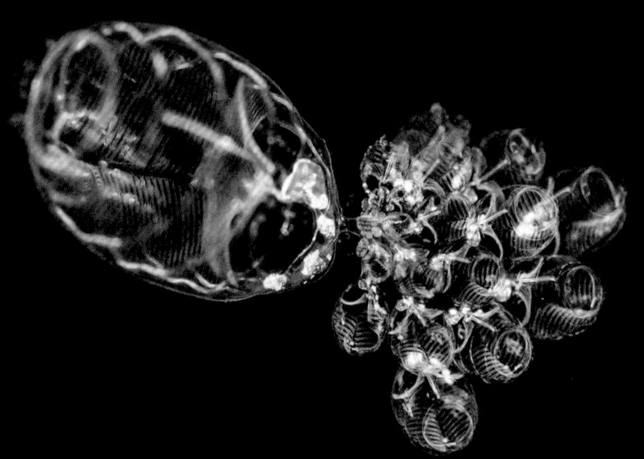

マキウミタル属の一種
Doliolетta sp.
（タリア綱ウミタル目）
育体。樽状の体には8本の体壁筋がある。有性生殖を行う生殖体を、無性的に生産する。左の写真は、育体を無性的に生産するナースの背芽茎。体長約10mm。

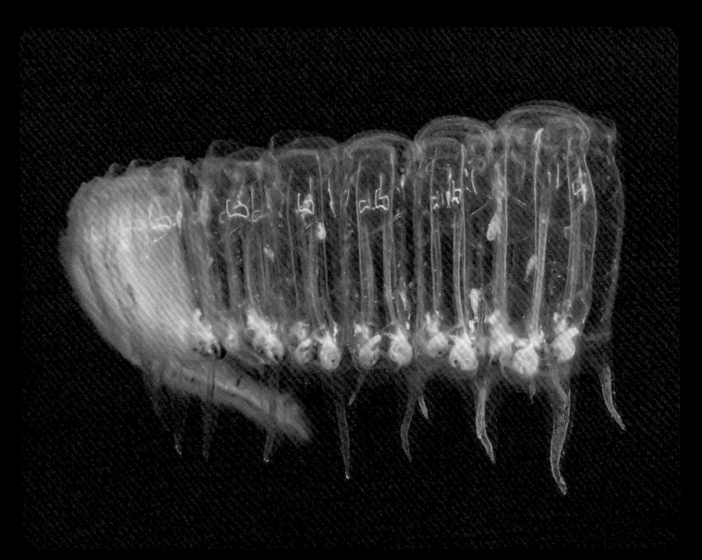

ツノダシモモイロサルパ
Pegea bicaudata
（タリア綱サルパ目）
連鎖個体。長いものでは1mにもなる。同属のモモイロサルパに似るが、被嚢後端に2本の突起があることで区別できる。個体長約40mm。

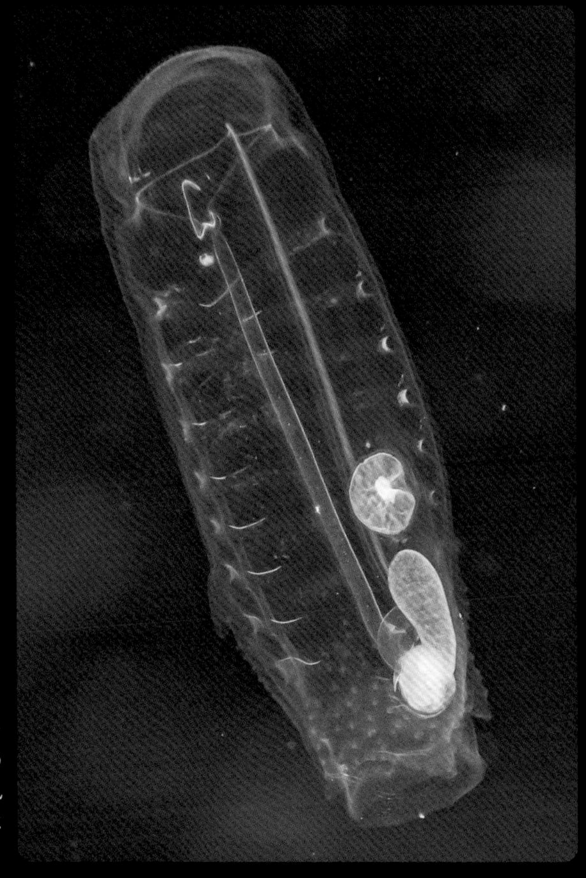

サキトゲトガリサルパ
Salpa younti
（タリア綱サルパ目）
単独個体。9本の体壁筋が体をとりまく。前方にある背節はその形状によってG字形、C字形、L字形に区別でき、本種の背節はC字形である。個体長約45mm。

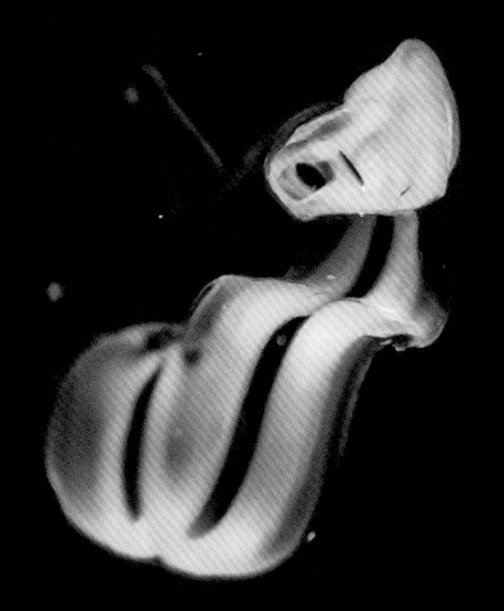

オタマボヤ科の一種
Oikopleuridae sp.
（オタマボヤ綱）
成体（個虫）。体幹部の中央に見える穴は口である。オタマボヤのなかまは括約筋を持たないので口を閉じることがない。体長約5mm。

オタマボヤ科の一種
Oikopleuridae sp.
（オタマボヤ綱）
成体（個虫）。体幹と尾からなり、消化器官や生殖器官は体幹に収容される。オタマボヤのなかまは粘液性の包巣（ハウス）を作り、これで濾し集めた粒子状の餌を食べる。体長約5mm。

浮遊生物を撮る

Photographing Ocean Drifters

横田有香子

身近なワンダーランド

漆黒の夜の海に照らされるライトを受けて、蠢く微生物の群れが億万の光の粒子となって漂い流れていく。そのひとつひとつを仔細に眺めれば、水中ライトの光を鉱石のような光彩に変えて動きまわる甲殻類のカイアシ類であったり、金属製の冑をまとったようなゾエア幼生であったり。一方で、ガラス細工のようなヒドロクラゲの仲間や、長く透明な鰭をベールのようにたなびかせて漂う稚魚たちなら、そこまで目を皿のようにしなくても見つけることができる。

俗にいう”大物“や特定の珍しい魚種を求める水中写真家も少なくないけれど、身近な海が舞台でも、視点のありようさえ変えれば、ワンダーランドのなかに身を置くことは不可能ではない。そのひとつの方法が、微細な浮遊生物たちを被写体にした撮影である。

微細な浮遊生物たちは——珪藻類や渦鞭毛藻類などの植物プランクトンから、成長すれば直接目にすることなど叶うはずのない深海魚の仔魚や稚魚まで——どこにでも存在する。わたし自身こうした浮遊生物を観察するようになって、どんな海でも熱中して撮影活動ができるようになった。

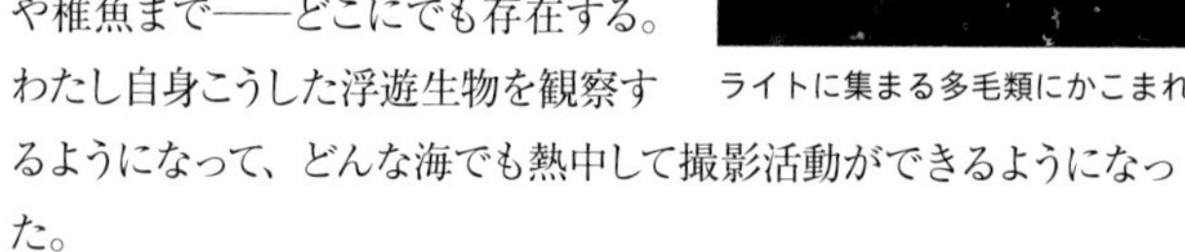

ライトに集まる多毛類にかこまれて撮影する筆者。（写真：川本剛志）

水深は数mからせいぜい15 m。深く潜らなくてもすむのが、このダイビングのもうひとつの魅力でもあり利点でもある。浅ければ、浮上速度さえ気遣えばさまざまなリスクも少なく、タンク1本での潜水時間もそれなりに長くとることができるからだ。

慣れることで見えてくる

微細な浮遊生物の観察や撮影には、それなりの慣れが必要になる。わたしも撮影をはじめた頃には、海中に置かれたライトの光芒のなかに雲霞のように集まり乱舞する微生物や仔魚たちに惑わされ、そのひとつに目の焦点をあわせようと試みつつも、狂ったように動きまわる粒子の群れを、ただ呆然と見守るほかなった。

やがて、トラップ用のライトからいくらか距離をおいて、薄暗がりのなかでこそ落ち着いておもしろい発見ができることがわかってきた。

夜のライトトラップは一般に船のすぐ下にライトを仕掛け、そのまわりで光に集まる稚魚を探す。ライトのまわりは生き物の数は多いが、何度も同じ海域での経験が増えてくると、そこで新鮮な出会いに恵まれる可能性はしだいに低くなってくるものだ。そのため、速い潮流などがなく海が穏やかなときには、少しライトから離れた場所で目を凝らすと、数こそ多くはないが、珍しい出会いに恵まれることもあり、わたし自身、このやりかたで被写体でもある観察対象を探すことが多くなっていった。

さらに潮の流れと自分との関係にも気づかされたことがある。

はじめの頃は、潮の流れに向かってカメラを構えていたが、そうすれば浮遊生物たちは一瞬にして目の前を流れ去っていく。逆に潮の流れを背に受ければ、自分も目的の被写体とともに流れながら、その生物が脚を動かしたり鰭を広げたりする光景を、しばらくの間いっしょになって観察することができる。

相手がクラゲのように、積極的に泳ぎまわる動物でなければ、潮の流れのなかに自分自身を漂わせることで、数分にもわたってファインダーのなかにその姿をとらえ続けることができるものもある。こうした撮影を重ねるなかで、ファインダーのなかに被写体をとらえやすいライトからの距離感や、潮の流れに対してカメラを向けるアングルなど、とるべき方法や身の置き方が感覚的にわかるようになった。

夜の海だけでなく、昼間のダイビングでも浮遊生物を探すこともある。しかし、多くが透明な体を持つ彼らを、日中の海のなかで探しだすのは、夜に海に照らされるライトのなかで探しだすのにくらべて数倍むずかしい。透明な体が、背景の海のなかに溶けこんでしまうからだ。

そんなとき、あたかも何も存在しないような海中を眺め続けてみる。その最中、何か違和感を感じたなら、そこに目の焦点をしっかりとあわせてみると、生物のうっすらとした輪郭が浮かびあがってくることが多い。

また、カイアシ類のサフィリナ（p.87）などは、大きくても5㎜、多くの場合2～3㎜ほど。こうした微細な生き物が大海原に浮遊しているのを見つけなければならない。それは、まさに奇跡的な出会いと感じざるを得ないのだが、それでも目が慣れてくるとしだいに見つけられるようになる。

とくに夜の海では、こうした生き物はかなりの先にいてもなお、ライトの光を一瞬反射するものだ。そのため、漆黒に海中にきらりと光る微細な粒子が目に入れば、とりあえずライトを消して接近を試みる。じっさい近づいてみると、ただの海藻の切れ端だったり、ごみであったりすることが多い。しかし、接近してふたたびライトを照らしたとき、それが生物であれば微妙に動いていることがある。

そもそも生物は、外敵に見つけられにくくすることで生きのびてきたといっていい。そんな彼らを見つけるのは、海中に感じとる“違和感”こそが最大の鍵になる。そして、昼間に浮遊生物を探す体験を重ねれば、夜の海では彼らの姿は自然に目に入るようになる。

流れはじめた潮のなかで

沖縄の糸満で、船から夜の海に照らされる集魚灯にあつまる稚魚たちを撮影していたときのことだ。

ダイビングの最中、ちょうど潮どまりの刻が終わり、潮が激しく流れはじめた。何か興味深いことが起こるかもしれないと岩にしがみつきながら、海の中層を眺めていた。目算どおり、プランクトンの群れが奔流となって目の前を流れていく。そのなかには、これまで見たことがない生物の姿も見える。

筆者が浮遊生物の撮影のために使う機材。

難点は、岩につかまりその場にとどまって撮影しようとすれば、浮遊生物は一瞬にして自分の目の前を通りすぎてしまうことだ。一方で、自分も一緒に潮に乗ってしまえば、被写体になる生物と同じ距離をとり続けることができるけれど、数カットを撮影する間にさえ、船の集魚灯さえ見えなくなるほどに流されてしまう。そのときわたしは、興味深い生き物を見つけては一緒に流されながら貴重な数カットを撮影し、一目散に船に泳ぎ戻ることを繰り返した。

このときに出会ったなかで、とりわけ印象に残っているのが、シマガツオの稚魚が刺胞動物をくわえている場面（p.61）である。

体長5㎜くらいの稚魚が、3～4㎜ほどの獲物をくわえている。もし何気なくその光景を目にしたなら、ほんとうに小さなゴミが流れていくくらいにしか映らなかっただろう。しかしマクロレンズを通して眺めたその光景は、それぞれの生物が大海原のなかで生き抜こうとする、ひとつのドキュメンタリーの一場面に匹敵するものだったのである。

偶然に起こった潮の流れの変化がもたらしてくれた出会い。海が見せる表情やその変化にも、敏感でありたいと思う。それは、海という舞台で作業をする人間にとって、安全面においても欠かしてはならない視点でもある。

カメラとレンズ

水中撮影では、マクロ撮影も主要な撮影方法である。とはいえ、一般にマクロ撮影といえば、ウミウシ類であったり、サンゴやイソギンチャクにすみつくエビ、カニ類など底生の生物が対象になる場合が多い。

一方、本稿の主役は浮遊生物だが、撮影機材や撮影技術は一般のマクロ撮影と変わらない。何より微細な被写体を、画面のなかでできるだけ大きく写しだせるマクロレンズの使用が前提になる。

問題は、どこに、どうピントをあわせるかだ。MF（マニュアルフォーカス）で一定の距離に焦点をあわせたまま、被写体との距離を調整しながらシャッターを切る（俗に“置きピン”と呼ばれる）こともあるが、わたしはAF（オートフォーカス）に頼る場合が多い。そのときフォーカスポイントをできるだけ小さな範囲にして、被写体の眼を狙う。

生物によってはどこが眼であるのかわからない場合もある。そんなときは、それぞれの生物に特徴的な突起などを狙う場合もある。

奥行きのある生物の体のできるだけ広い範囲にピントがあった状態にするためには、絞りこんで被写界深度を深くして撮影するのが常道だろう。一方で、被写界深度を極端に浅くして、自分の表現意図にあわせて被写体のごく一部にだけピントをあわせて撮影することもある。

ライトとストロボ

ライトについては、被写体になる浮遊生物を探す際には、遠くまで光が届くビーム型で光量が強いものを使うことが多い。しかし、暗い海のなかでフレーミングをし、ピントをあわせるためのライトについては多少の注意を要する。

わたしはカメラの水中ハウジングには、ピントあわせのために（甲殻類などに大きな影響を与えない）赤色ライトを装備し、日中でも洞穴などの暗い場所での観察にも利用しているが、これは夜の海での観察や撮影時のピントあわせにもそのまま使用できる。観察やピントあわせのためにあまり強い光を使うと、撮影前からその光に多くの浮遊生物が集まって、画面のなかはカオス状態になってしまう。そのために、うっすらといえる程度の光量に絞るのが常だ。

撮影にあたってはストロボの使用が前提になるが、夜間に仔魚や稚魚を対象にする場合、強い光量にすると、漆黒の闇を背景に魚体だけが光を反射して白く飛んでしまうことも少なくない。その場合、ストロボにディフューザーを使用し、光を拡散させることもある。

多くの水中写真家が経験していることだが、正面からストロボをあてると、無数の浮遊物に反射された光が写真をだいなしにしてしまうことも少なくない。その場合、被写体だけに光があたるように、ストロボの角度を工夫することも必要になる。

また、成魚はカラフルでも仔魚や稚魚は透明な体を持つものが多い。彼らやクラゲなどを被写体に、その透明感を強調したいならストロボの光は側方からあてるのが常だ。

いずれにせよ、とくに夜の海では安全面を考慮して、ライトは少なくとも２つ携行したほうが無難だろう。

どうアプローチするか

微細な被写体をマクロレンズで撮影する以上、当然のことながら被写体にはごく接近しなければならない。とはいえ、相手の多くは体調数mmの相当に小さい生き物であり、いかに水流を起こさないように近づけるかが大きな鍵になる。

ちなみに、テンジクダイ科やミノカサゴ類のように大きな鰭を精一杯に拡げて漂う稚魚たちは、この上なく魅力的な被写体だが、強い光を当てながら接近すれば、一気に鰭を閉じて光から逃げはじめてしまう。一方で、本書でも紹介したカクレウオやフリソデウオ科の稚魚のように、光に寄ってくる習性を持ったものもいる。その場合、稚魚たちがカメラやライトにぶつかって傷ついてしまわないように注意を払う必要がある。

わたしがとくに気を配るのは、ビーム型のライトで浮遊生物の存在を見つけたら、いったんライトを消して、暗闇のなかをそっと近づくことだ。自分の動きがつくりだすわずかな水の流れさえ、相手に感じさせたくないと思う。この試みは、必ずしも成功するとは限らないが、少なくとも相対する生き物へのリスペクトでもある。

こうして、しばらく暗闇のなかで目を凝らして眺めたあと、撮影しようとする直前に、ピントがぎりぎりあわせられる程度の弱い光で被写体を照らす。同時に、いっしょに潮に流されながらファインダーを覗く。こうすることで、多くの場合、被写体である稚魚たちも鰭を拡げたまま、何事もなかったかのように浮遊し続けてくれるものだ。こうして被写体になる生物と同じ距離感を保ちつつ、いっしょに流されながら撮影することが、もっとも自然に相手と空間を共有しつつ、生物へのストレスが少ない方法に思える。

*

以前、沖縄の久米島の夜に潜っていたときのことだ。漆黒の海中に向けて水中ライトを照らしながら、被写体を探してゆっくりと泳いでいく。そのとき、これまで見たことがないと思われるシルエットを見せる生物を視野にとらえた。

それぞれの生物が光や、撮影時のストロボに光にどう反応するかは常に未知数である。すぐに、ライトを消してゆっくりと、できるだけ水の流れも起こさないように近づいていった。

接近してみるとシオイタチウオの稚魚と思われ、胸鰭あたりから、体と同じくらいのベールのようなものがぶら下がっている(p.52)。あとで知ったことだが、これは深海性の魚類の稚魚にしばしば見られる外腸だった。

はじめて見る姿に、できるだけ影響を与えないと思われる赤色ライトを当てて観察したのち、恐る恐る数カット写真を撮ったのだが、その際のストロボの発光に反応して、あっという間に暗闇のなかに消えてしまった。

これ以外にも、アプローチの方法やライティングのせいで、観察さえしっかりできないうちに、逃げ去られてしまった例は数しれない。こうした経験から、被写体になるそれぞれの生物にとって、ストレスがよりかからない接近方法、撮影方法を積み重ねていくことができればと思う。

一期一会の出会い

わたしは出会った生物なら、基本的にはなんでも撮りたいと思う。以前に撮ったことがある生物でも、一見見栄えがしない被写体でも、じっくり観察し撮影してみると、思いもよらない発見があるものだ。

ときにタルマワシばかりに出会うこともある。飽きてしまいそうだが、じっくりと仔細に観察してみると、幼生を持ったものでは幼生が几帳面にきれいに並べられていることもあれば、ばらばらに配置されている場合もあり、親の個体差を見る思いがしてじつに楽しいものだ。

あるいは、フリソデウオ科の稚魚がそのときどきの光の当たり方によって千紫万紅の装いを見せてくれるように、撮影するたびに新たな姿に出会うことも少なくない。それは、シャッターを切った瞬間の光のさまと被写体の姿勢によって演出される刹那のアートでもある。

多くの被写体は微細な生物であり、それがよく動き回るため、ピンボケ写真も量産することになる。しかし逆に、思いもしなかった部位にピントが合うことで——眼だと思っていたものがじつは擬眼であったりと——新鮮な発見があることもある。

そしてもうひとつ、せっかく出会った被写体なら、できるだけさまざまなアングルから撮影しておきたいと思う。本書のように、撮影した対象をそれぞれの専門家に同定していただくとき、体のさまざまな部分をとらえた写真が必要になることもある。

海中での生物との出会いは一期一会である。せっかく出会ったのであれば、それが何であれ撮ってみたい。

そして、わたしが夜の海に潜るのは、撮影だけが唯一の目的ではない。何より、潜れることを楽しみたいし、そこで出会う生物を自分の目で観察することを楽しみたい。撮影は、あくまでその延長線上にある。

（よこた・ゆかこ）

サンゴの新しい世代が海中に旅立っていく。成長すれば着底する生物も、浮遊生活から一生をスタートする生物は多い。

あとがき

陸上、水中を通してさまざまな生物の奇抜な形状や色あいに目を奪われることは限りないが、その驚きに輪をかけるのが水中で出会う生物の幼生や幼体たちである。

光の加減により見せる体色を多彩に変化させる体や、潮に乗ってなるだけ遠くに移動しようとするせいか、あるいはなるだけ自分を大きく見せるためか、体に不釣り合いなほどに体の一部を伸長させるさまなど、本来撮影することを目的に潜っていながら、その美しさに見惚れて、シャッターを押す手が止まってしまうこともしばしばであったことも告白していい。ありふれた言いかただが、暗闇に照らされるその形や色合いは、そのすべてがわたし自身の想像を超えて、宇宙から来た地球外生命体のようにさえ感じることが多い。

水中生物の多種多様な求愛、産卵行動、そこから生まれる命のありかたや、卵からこうした幼生、幼体が生まれ、中層を漂い自分の住処を見つけて着底し、そこから透明感を失いながら徐々に幼魚から成魚となっていくその営みのひとつひとつを、少しずつではあるけれども観察してみていくことでこそ、生命の不思議やその奥深さをほんとうの意味で理解できるのだろうと思う。

一方で、こうした生物の生活や繁殖のサイクル、さまざまな海のシグナルによってタイミングや場所が決められていくことを考えるなら、それらが温暖化、化学物質の流入によって測りしれない影響を受けるであろうことは容易に想像できる。地質学的な時間の流れのなかで生物が経験してきた環境の変化にくらべて、人間の営為による影響がどれほど大きいのかはわからないが、単位時間あたりの変化量はすさまじいまでに大きいはずで、その変化に生物たちが適応していけるのかどうかの懸念は尽きない。

本書は、わたしたちが（とくに日本の）各地の海で出会った浮遊生物と、その幼生・幼体たちの美しく、奇抜な姿を、その経験のないかたがたと共有できればと企画されたものだ。そもそも自然を撮影した写真とは、それを含む情報とともに直接経験できない人びとと共有することで、自然のありようや生物の暮らし、あるいは彼らが将来にわたって生き続けることができる世界を模索するための架け橋になるべきものである。

本書を手にしていただいた方がたには、ぜひ彼らの生の営みとともに変わりゆく海の環境について思いを馳せていただければと思う。

横田有香子

Epilogue

私事で恐縮だが、かつて出版社に編集者として勤めていたとき、『「分ける」こと「わかる」こと』（坂本賢三著）という本を作ったことがある。古来より人間は、自分をとりまく森羅万象を、“分ける”ことによってその体系から理解しようと努めてきた。その叡智の跡を、科学史および哲学の立場から展開していただいたものだが、本書を作るにあたって、40年前に編集したこの本を持ち出すことになった。

アリストテレスは生物全体を、まずは動物と植物に分け、さらに動物を有血動物と無血動物に分けたことはよく知られている。それから2000年以上後の18世紀になって、生物学者カール・フォン・リンネが、植物界を「綱」「目」「属」「種」の4つの階層で分類、現在でもわたしたちが使っているように、生物の学名を属名と種名から表記する「二名法」を提唱した。まさに分類することで体系化する、際立った例である。

本書はもともと、横田有香子さんが撮影した浮遊生物たちの素晴らしく膨大な写真を前に、何か1冊作ろうと考えて企画がスタートしたものだが、いざはじめてみるとなかなかに手強い対象であることに気づいた。というのは、この分野の写真にとらえられる生物は、まだ既存の図鑑に載っていないものも多く——さらに本書の主役になった幼生、幼体たちならなおさらのこと——その美しさには目を奪われながらも、まさに霧のなかに立ち尽くす格好になってしまった。

結局、それぞれの分類群をご専門に研究する研究者のかたがたに同定をお願いすることになる。こうして、写真に写しだされているものが、それぞれ綱、目、科、属と分類、整理されてくるにつれて、本自体もひとつの形をとりはじめる。つまりは、分けることによって、その動物が属する分類群がわかるだけでなく、相互の関係やひいては動物界のなかでの位置、さらにはわたし自身がはじめて目にするはずの生物について、自分がよく知っている生物とのなにがしかの共通性と相違点を見いだしながら、より深い理解につながっていく。「分ける」という行為が「理解」、つまりは「わかること」につながっていくさまを、今回は実地に経験できたような気がしたものだ。

＊

本書の制作にあたって、貴重な寄稿をいただいた方々に、また撮影にご協力いただいた新江ノ島水族館、名古屋港水族館に厚く御礼を申し上げる。

水口博也

森 俊彰 Toshiaki Mori
公益財団法人ふくしま海洋科学館（アクアマリンふくしま）勤務。北里大学水産学研究科修了。大学で稚魚の形態変化（とくに仔稚魚期における長い鰭や、宝石のような頭部の棘）に魅せられ、パラオ共和国で夜の海に潜り浮遊する仔稚魚たちの生きた姿を観察する。現在は水族館で繁殖した仔稚魚の育成に取りくみつつ、着底するまでの浮遊期間の長さや、過酷な生存競争の世界を生き抜く力に改めて感動させられている。

若林香織 Kaori Wakabayashi
1981年、石川県能登町生まれ。富山大学大学院理工学教育部博士課程修了。博士(理学)。東京海洋大学や西豪州カーティン大学などでの研究員を経て、現在は広島大学大学院統合生命科学研究科准教授。専門は海洋生物学で、生殖や発生の観点から無脊椎動物の生態や進化の解明をめざす。生物の美しい形や力強く生きる姿に魅了されて研究者になった。その形や行動の意味を理解するために、自らも潜水して生物を観察している。

若林敏江 Toshie Wakabayashi
1965年生まれ。東京水産大学大学院水産学研究科博士後期課程退学、博士（水産学）。遠洋水産研究所・東北区水産研究所（現 水産研究・教育機構水産資源研究所）の研究等支援職員を経て、現在、同機構水産大学校水産学研究科教授。専門はイカ類の資源生物学。学生時代は頭足類稚仔の分類を専門とし、就職後は調査船や練習船に乗船し、プランクトンネットで採集された頭足類稚仔の分類を継続している。

戸篠 祥 Sho Toshino
1986年、大分生まれ。北里大学水産学部水産学研究科博士課程修了。日本各地でクラゲを採集し、多くの新種や日本初記録種を発見。現在は公益財団法人黒潮生物研究所で、黒潮流域のクラゲ類について研究を進めている。2019年、日本プランクトン学会論文賞受賞。著書に『世界で一番美しい クラゲ図鑑』（誠文堂新光社）。また『クラゲ類の生態学的研究』（生物研究社）、『Marine Aquarist』(エムピージェー)などクラゲ類に関する書籍への執筆を行う。

長谷川和範 Kazunori Hasegawa
国立科学博物館動物研究部海生無脊椎動物研究グループ・研究主幹。博士（水産学）。専攻は、動物系統分類学。1961年、新潟県生まれ。1993年、東京水産大学大学院水産学研究科資源育成学専攻博士課程中退。同年より国立科学博物館に勤務。軟体動物腹足類(巻貝のなかま)についての分類学的研究を行う。近年は深海性の種類の研究にも力を入れている。著書（共著）に、『動物系統分類学5 軟体動物（II）』内田亨・山田真弓監修、中山書店（1999年）、『標本の世界』松浦啓一編著、東海大学出版会（2010年）、『日本近海産貝類図鑑 第二版』奥谷喬司編著、東海大学出版部（2017年）など。

伊藤公一 Koichi Itoh
1974 年、愛知生まれ。近畿大学水産学部増殖学科卒業。大学ではクロマグロの研究を行っていた。城崎マリンワールドの飼育員としてセイウチやアシカや魚類、ウミウシの飼育をする傍ら、日本海西部但馬海岸における裸殻翼足類を採集し、日本初記録種を発見。日本貝類学会では裸殻翼足類を中心に翼足類についての発表を行っている

飴井佳南子 Kanako Amei
東京大学 農学生命科学研究科・博士課程 2 年。日本学術振興会特別研究員(DC1)。同大学大気海洋研究所 浮遊生物グループに所属。1997 年、広島県生まれ。北海道大学 水産学部 海洋生物科学科に入学後、海の無脊椎動物の美しさや研究の楽しさを知り、プランクトン教室に配属。同大学水産科学研究科にて修士課程修了。学部生から浮遊性多毛類を対象に研究を続け、現在は遺伝子情報から地球規模の多様性を明らかにしようとしている。

*

横田有香子 Yukako Yokota
東北大学工学部卒、米国のバイオテクノロジーの会社に勤務の後、ノースカロライナ大学医学部にて脳神経科学で PhD 取得。数多くの科学論文を執筆。自然科学への興味が尽きず、仕事以外の時間はほぼすべて生き物の撮影に費やす。とりわけ浮遊生物の姿を数多く撮影し、『世界で一番美しいクラゲ図鑑』などに写真を数多く提供。マダガスカルにてサンゴの保護活動を行う NGO でボランティアの経験等、海洋保護活動にも従事。

水口博也 Hiroya Minakuchi
京都大学理学部動物学科卒業後、出版社にて自然科学系の書籍の編集に従事。1984 年フリーランスとして独立。以来、世界中の動物や自然を取材して数々の写真集を発表。1991 年『オルカ アゲイン』で講談社出版文化賞写真賞。2000 年『マッコウの歌——しろいおおきなともだち』で、日本絵本大賞受賞。近年は地球環境の変化を追って極地への取材も重ねる一方で、自身の活動が野生動物に与える影響も考慮する取材方法を模索している。著書は『シャチ生態ビジュアル百科』『クジラ & イルカ生態ビジュアル図鑑』(誠文堂新光社)、『黄昏』(創元社)、『世界アシカ・アザラシ観察記録』(東京大学出版会)など多数。

ブックデザイン ―――――― 椎名麻美
プリンティング・ディレクション ―― 中島康貴（図書印刷株式会社）

ネイチャー・ミュージアム
稚魚、エビ、カニ、イカ、タコの子どもたちの生態
世界で一番美しい海に浮遊する幼生図鑑

2024年2月18日　発　行　　NDC483

編　　者　水口博也
写　　真　横田有香子
発 行 者　小川雄一
発 行 所　株式会社 誠文堂新光社
〒113-0033 東京都文京区本郷 3-3-11
電話 03-5800-5780
https://www.seibundo-shinkosha.net/
印刷・製本　図書印刷 株式会社

ISBN978-4-416-62329-9